BEOBACHTEN UND NACHDENKEN

EINE ANLEITUNG ZU NATURBEOBACHTUNGEN

VON

DR. RICHARD GEIGEL
PROFESSOR A. D. UNIVERSITÄT WÜRZBURG

MÜNCHEN · VERLAG VON J. F. BERGMANN · 1924

ISBN-13:978-3-642-93966-2   e-ISBN-13:978-3-642-94366-9
DOI: 10.1007/978-3-642-94366-9

Vorwort.

Außer einer ungemein glücklichen Kindheit und Jugend verdanke ich meinen Eltern unter noch vielem anderen die Liebe zur Natur und die Neigung, sie mit vererbten, ausgezeichneten Sinnen zu beobachten. Eine alberne oder unüberlegte Frage wurde freilich niemals geduldet: „Erst denken, dann reden!" hieß es da unweigerlich. Aber das, was noch nicht gewußt oder noch nicht verstanden werden konnte, das fand seine Befriedigung, getragen von der größten Liebe und unerschöpflichsten Geduld.

So kann ichs meinen Lesern nicht machen, aber ähnliches strebe ich in der Tat an. Was ich hier schreibe, soll kein Lehrbuch sein, soll Lehrbücher nicht ersetzen. Ich will mehr auf den Weg leiten, auf dem man seine Fragen an die Natur stellt, als eine reichhaltige Sammlung von Antworten geben. Wenn dabei einer oder der andere auch neues von Tatsachen kennen lernt und in sich aufnimmt, nun, dann wird er auch nicht schwer daran tragen.

Die zwei Hauptfehler, die man hier begehen kann, suchte ich nach meinen Kräften zu vermeiden und möchte wünschen, daß mir dies gelungen ist. Der erste wäre, Falsches zu bringen, der zweite, langweilig zu werden.

Wir wollen versuchen, an diesen beiden Klippen vorbeizusteuern.

Würzburg, Sommer 1924.

Richard Geigel.

Inhalt.

Wahrnehmen und Beobachten.

Du gleichst dem Geist,
Den du begreifst.

Goethe, Faust I.

Daß es außer uns auch noch andere Dinge auf der Welt gibt, davon unterrichten uns unsere fünf Sinne. Der Sinneseindruck wird wahrgenommen, „perzipiert", wird im Bewußtsein zur Anschauung, wird „apperzipiert", und wenn er uns wichtig genug zu sein scheint, auch mit anderen gleichzeitigen oder früheren Sinneseindrücken verglichen. So erhalten wir nach und nach eine Reihe von Begriffen, die wir aus den Sinneseindrücken ableiten, und im Gedächtnis einen Erfahrungsschatz von den Dingen der Außenwelt und von ihren Eigenschaften. Tritt dann noch der Wille hinzu, näheres hierüber zu erfahren, so wird aus der Wahrnehmung die Beobachtung.

Alles, was ist, ist im Raum. Alles, was geschieht, vollzieht sich in Raum und Zeit. Wollen wir nicht nur Dinge beobachten, gemäß ihrer Fähigkeit, unsere Sinne zu erregen und damit Vorstellungen von ihren Eigenschaften nach Helligkeit, Farbe, Gestalt, Festigkeit, Geruch, Geschmack usw. zu erwecken, sondern auch Änderungen an diesen Dingen, Vorgänge, so muß notwendig zur Vorstellung des Raumes auch noch die der Zeit kommen.

Beides aber, Raum und Zeit, zerlegt der Verstand in Teile nach Maß und Zahl. Zum Beobachten kommt das Messen und damit das wichtigste Hilfsmittel, mit dem der Mensch von Anfang an bestrebt war, die Natur zu erforschen, zunächst um sie seinen eigenen selbstsüchtigen Zwecken dienstbar zu machen. Allmählich ist dieses Hilfsmittel so mächtig und so wirksam geworden, daß seine von jeder materiellen Grundlage unabhängige Anwendung in der Rechnung und namentlich in der höheren Mathematik zum Zauberstab geworden ist, mit dem der Mensch noch nie Erfahrenes mit Sicherheit voraussagen und sich zum Meister der Naturkräfte machen kann.

Dieser letzte Standpunkt, der praktische, liegt uns hier ganz fern, kaum daß wir ihn gelegentlich der Anschaulichkeit wegen berühren wollen. Nicht was die Natur uns nützen oder schaden kann, soll uns hier bekümmern, nur selbstlose Freude am Kennen soll unser Ziel sein und uns leiten. Dabei scheidet, angesichts der ungeheuren Mannigfaltigkeit dessen, was ist und was geschieht, gleich ein großer Teil aus. Nicht einfache Erkenntnis der äußeren Erscheinungsform, namentlich der belebten Welt, streben wir an, wie sie in der Systematik des Tier- und Pflanzenreiches gelehrt wird, unser Augenmerk wollen wir vorzugsweise auf U r - s a c h e und W i r k u n g , auf die Erscheinung aber im wesentlichen Maße nur insoweit richten, als dies für den ersten Zweck der Erkenntnis notwendig oder förderlich ist.

Vorgänge, viel mehr als Erscheinungen, sollen also besprochen werden. Ist ja doch der Drang, für jede Wirkung auch eine Ursache aufzufinden und klar zu legen, einen Vorgang zu verstehen, wie man dies gewöhnlich heißt, in der menschlichen Vernunft so tief und mit einem solchen Zwang enthalten, daß niemand am „Satz vom zureichenden Grunde", wonach nichts ohne Ursache geschieht noch geschehen kann, auch nur den leisesten Zweifel hegen darf, ohne daß jeder ihm seinen richtigen Verstand sofort und mit Recht absprechen würde.

Jedem Gebildeten aber gewährt es tief innerlich eine neue Freude und Befriedigung, so oft er an einem weiteren Beispiel, bei einer neuen Beobachtung, für deren Richtigkeit ihm seine gut angewendeten Sinne haften, die Gültigkeit des Satzes vom Grunde erwiesen sieht. Wer nicht Fachmann in einer Naturwissenschaft ist, dem gelingt das an der unbelebten Natur leichter als an der belebten, läuft doch dort der Satz vom Grunde einfach auf das Verhältnis von Ursache und Wirkung hinaus; hier aber spielen Reiz und Motiv mit.

Unzählige Vorgänge vollziehen sich aber in Raum und Zeit, folgen sich, ohne daß der eine auch Wirkung oder Ursache des anderen wäre, sie erscheinen „zufällig", sie stehen wirklich nur in zeitlichem Zusammenhang, nicht im ursächlichen. Ob ein ursächlicher Zusammenhang besteht, darüber gibt es, so sonderbar dies manchem lauten mag, nie eine volle Gewißheit, nur eine größere oder kleinere Wahrscheinlichkeit. Auch wer die Wahrscheinlichkeitsrechnung, wie sie die Mathematik lehrt, nicht handhaben kann, macht doch, ohne sich dessen bewußt zu werden, unwillkürlich täglich und sein ganzes Leben lang Gebrauch davon. Und wenn zwei Vorgänge oft und immer wieder in gleicher Weise aufeinander folgen und wir daraus den Schluß ziehen, der erste müsse die Ursache für den zweiten sein, und wenn wir uns dabei sagen, es müßte sonderbar sein, wenn tausendmal nur zufällig das nämliche Zweite sich einstellt, wenn das Erste geschehen, das wäre doch im höchsten Maße unwahrscheinlich, so haben wir damit schon, freilich in sehr einfacher Weise, die Vorstellungen der Wahrscheinlichkeitsrechnung in Anwendung gebracht.

Wenn ich an einem Sommerabend an meiner Studierlampe sitze und ein Nachtfalter kommt zum offenen Fenster herein und versengt sich die Flügel am Licht, so ist dies ein Vorgang, der auf den ersten Blick alle Kennzeichen des Zufälligen an sich trägt. Was geht den Nachtfalter das Licht an, er hat es nicht angezündet, für ihn ist es auch nicht angezündet worden; und umgekehrt hätte ich das Licht auch im Winter angezündet, wo es gar keine Nachtfalter gibt. Aber fast jeden Sommerabend, oft an einem mehrmals, vollzieht sich derselbe Vorgang, wann immer das Licht angezündet wird, so kommen Falter herein und finden dort ihren Tod. „Das kann kein Zufall sein", so lautet bei jedermann die selbstverständliche Folgerung, „das kommt zu oft und immer ganz gleichmäßig", und sollte einer daran zweifeln, so zünde ich zu seiner Überzeugung das Licht, wenn draußen Nachtfalter fliegen, an, um den Vorgang absichtlich herbeizuführen. Richtig kommt ein unglückliches Insekt herein und verbrennt sich. Dabei machen wir noch die Wahrnehmung, daß solches nicht nur Nachtfalter, sondern auch andere Insekten, Mücken, Fliegen tun, und es ist leicht dem Zweifler die Meinung beizubringen, daß solche Insekten wirklich dem Licht zustreben, „vom Licht angezogen" werden. Damit ist ein allereinfachster Versuch gemacht und auch die feinsten erdachten Experimente laufen samt und sonders darauf hinaus, willkürlich die vermutete Ursache zu einem erwarteten Erfolg herbeizuführen, um zu sehen, ob dieser Erfolg wirklich eintritt und das so oft, bis für unser Bedürfnis schätzungsweise, nach der Rechnung zahlenmäßig die Wahrscheinlichkeit für den ursächlichen Zusammenhang so groß geworden ist, daß es töricht wäre daran zu zweifeln. Dazu kommt freilich noch ein weiterer Vorzug des Experiments, der absichtlich herbeigeführten Beobachtung. Bei ihm ist es leichter möglich, die Ursache reiner und ohne störende Nebenumstände herbeizuführen, die man als bloß zufällige, aber das Versuchsresultat doch beeinflussende, also im Einzelfall auf das Versuchsergebnis wirksame oft nur schwer ansprechen und beurteilen kann. Dazu gesellt sich noch ein zweiter, höchst wichtiger Vorteil, daß es im Versuch gewöhnlich viel leichter ist, durch Maß und Zahl nicht nur Ursache und Wirkung, sondern auch den Grad, das Maß, in dem die Ursache die Wirkung nach sich zieht, zu bestimmen.

Es gibt genug Verknüpfungen von Ursache und Wirkung, bei denen keine Ausnahme von der Regel je beobachtet wird oder je wurde, sichere und einwandfreie Beobachtung vorausgesetzt. Dann kann man freilich nicht sowohl von Wahrscheinlichkeit als vielmehr von Sicherheit reden. Jeder der Körper, der nicht unterstützt oder sonst festgehalten wird, fällt nach unten, noch keiner hat jemals ihn nach oben fallen sehen. Mit Recht bezeichnet man einen solchen ursächlichen Zusammenhang wie Schwere und Fallen als gesetzmäßig und spricht von Naturgesetzen, in denen die Naturkräfte tätig sind, die in ihrer Wirksamkeit schlechterdings keinerlei Ausnahme erleiden. Der Mathematiker würde in einem solchen Fall sagen, daß die Wahrscheinlichkeit des Eintreffens gleich Eins gesetzt werden muß. In sehr vielen Fällen kommt man in seiner Erfahrung nicht über einen größeren oder kleineren Grad der Sicherheit hinaus und kann so nur von einem größeren oder kleineren Bruchteil der Gewißheit sprechen, bis zu der sich die Wahrscheinlichkeit des ursächlichen Zusammenhangs erhebt, der anscheinend zwischen zwei Vorgängen bestehen mag. Das angezogene Beispiel mit dem Licht und dem Nachtfalter ist ein solches. Die Zahl der beobachteten Einzelfälle ist zu klein, um völlige Gewißheit zu geben. Niemand bürgt dafür, daß nicht eine ganze Anzahl von Insekten eben nicht ins Licht fliegen, obwohl sie die Gelegenheit dazu hätten. Das ist eben ein Beispiel aus der belebten Welt, und da handelt es sich nicht um so einfache Beziehungen zwischen Ursache und Wirkung wie in der unbelebten. Wie schon erwähnt, spielt hier der Reiz und bei den höchststehenden Geschöpfen das Motiv die Rolle der Ursache. Das läßt sich nicht in allen Fällen so klar übersehen, und wenn wir auch nicht daran zweifeln können, daß bei völliger

Einsicht das Gesetz vom zureichenden Grund für die belebte Welt so gut gilt wie für die unbelebte, so lassen sich doch sogenannte Naturgesetze aus der Erfahrung an der belebten Welt kaum mit der Sicherheit ableiten wie an der unbelebten. Das ist ja auch der vornehmste Grund, warum wir nur Vorgänge in der unbelebten Welt zum Gegenstand unserer Betrachtungen machen wollen. Und auch hier legen wir uns noch wesentliche Einschränkungen auf, indem wir beim Leser keinerlei andere Hilfsmittel voraussetzen als sie der gewöhnliche Haushalt eines jeden voraussichtlich enthält.

So können wir von allem dem Schönen und Interessanten, das dem Naturforscher auf seinem Gebiet entgegentritt, hier freilich nur den allerkleinsten Teil betrachten, müssen namentlich auf das Anstellen von Versuchen so gut wie ganz verzichten. Aber wenn wir nichts anderes unser eigen nennten als gute, durch immer bessere Beobachtung geschärfte Sinne und wenn wir nur das heranziehen wollten, was eigentlich das geistige Eigentum eines jeden Gebildeten sein sollte, so würde das, wenn auch nicht über die Leistungsfähigkeit, doch sicher aber über den Raum weit hinausgehen, der dem Verfasser zu Gebote steht.

In enger Auswahl kann und soll hier geboten werden zweierlei. Wie man beobachtet an Beispielen, auch des Alltäglichen und Unscheinbaren, die der Beobachtung leicht zugänglich und wert sind. Ferner wie die Beobachtung zum Nachdenken über Ursache und Wirkung anregen kann. Für den, der schon etwas gelernt hat, oder bei einer solchen Gelegenheit etwas lernt, kann auch die allereinfachste Beobachtung aus dem täglichen Leben der Anlaß zu recht weit gesponnenen, selbst verwickelten Gedanken folgen werden.

Hierfür gleich ein Beispiel!

Ein Blatt Papier.

Anstatt daß ihr bedächtig steht,
Versucht's zusammen eine Strecke,
Wißt ihr auch nicht, wohin es geht,
So kommt ihr wenigstens vom Flecke.
Goethe, Zahme Xenien VI.

Ich verlasse für einen Augenblick mein Zimmer, in dem ein Fenster offen steht und beim Wiedereintritt finde ich ein Blatt Papier und eine Karte, die sich auf meinem Schreibtisch befunden hatten, auf dem Boden liegen. Kann es auf der Welt etwas Gleichgültigeres geben? Das Blatt Papier liegt weiter vom Tisch entfernt als die Karte. Ganz gewiß sind beide nicht „von selbst" fortgeflogen. Wenn ich mich auf eine Ursache besinne, so ist das Wahrscheinlichste, daß ich die Tür heftig aufgerissen habe und daß der Luftzug beide Stücke vom Tisch herabgeworfen hat. Damit stimmt es, daß sich alle zwei auf der gleichen Seite des Tisches gefunden haben und das leichtere Blatt Papier ist weiter fort geflogen als die schwerere Karte. Das Blatt Papier erweist sich als wertlos und wird gleich in den Papierkorb geworfen. Weil der aber mehrere Schritte von mir entfernt ist und das Blatt Papier beim Wurf wohl nicht so weit fliegen würde, knülle ich es zu einer Kugel zusammen. Die werfe ich auch nicht direkt auf den Rand des Papierkorbs, sondern wohl berechnend im Bogen nach oben und eine andere Kraft, als die meines Armes allein, die Schwerkraft, besorgt es, daß sich die Bahn des Geworfenen nach unten krümmt, und richtig trifft es in den Korb.

Die Karte ist dagegen noch zu brauchen und ich werfe sie wie sie ist auf den Schreibtisch, ganz unwillkürlich mit der Kante voraus und mit leichtem Schwung, so daß sie sich horizontal um ihre Achse dreht und noch mit so großer Geschwindigkeit auf den Tisch fällt, daß sie fortrutschend fast auf der anderen Seite wieder hinuntergefallen wäre. Was kann es, frage ich wieder, irgend Nichtssagenderes geben als diesen alltäglichen Vorgang mit seinen Selbstverständlichkeiten? Wir wollen aber doch, des Beispiels wegen, versuchen, ob auch damit etwas durch Beobachten und Nachdenken zu machen sei.

Das allererste und allerwichtigste ist die von uns schon getroffene Entscheidung, daß Blatt und Karte nicht „von selbst" herabgefallen sein können. Das würde dem gesunden Menschenverstand und dem Satz vom Grunde widersprechen. Wir waren nicht Zeuge des Vorgangs und haben nur seine Wirkung beobachtet, aber wir waren gleich bereit, als Ursache das rasche Öffnen der Türe anzunehmen. Fernwirkende Kräfte gibt es zwar nicht und die Türe ist einige Schritte weit vom Tisch entfernt. Aber zwischen beiden befindet sich nicht leerer Raum, sondern Luft. Bewegte, also auch von der Türe in Bewegung gesetzte Luft, konnte die beiden Körper vom Tisch herunterstoßen, leicht genug dazu waren sie. Wäre es ein Tintenfaß gewesen oder ein Briefbeschwerer, da ginge es mit unserer Annahme nicht, aber diese beiden stehen auch noch fest und unverrückt auf ihrem Platz. Zudem ist das leichte Blatt, wie wir auf den ersten Blick feststellten, weiter weggeflogen als die Karte.

Eine Ursache für eine Bewegung, oder richtiger gesagt für eine B e w e g u n g s ä n d e r u n g , heißen wir eine K r a f t. Die Kraft für die Bewegung der beiden Körper hätten wir also gefunden. Sie lag in der bewegten Luft, für deren Bewegung war die Ursache die bewegte Türe und für diese die Kraft, mit der sich die Muskeln meines Armes zusammenzogen, als ich die Türe öffnete und wenn wir noch weiter rückwärts gehen wollen, der Verbrennungsvorgang in den Armmuskeln, wobei Kohlenstoff mit Sauerstoff, in winzigen Mengen freilich, sich chemisch verbanden. Und noch weiter: Kohlenstoff und Sauerstoff waren aus ihrer Verbindung miteinander, der Kohlensäure, im Blattgrün. von Pflanzen durch die Wirkung der Sonnenstrahlen getrennt worden, das gebildete Stärkemehl hatte ich verzehrt, als Glykogen in meinen Armmuskeln aufgespeichert, dann wurde unter dem Einfluß meines Willens eine allerwinzigste Verbrennung im Muskel mit Zusammenziehung seiner Fasern erzeugt, Kohlenstoff und Sauerstoff stürzten aus ihrer durch die Sonnenstrahlen bewirkten Entfernung wieder zusammen, leisteten Arbeit und der Enderfolg war schließlich, daß die ganz unbeteiligten zwei Stücke, das Blatt und die Karte, ihren Ort wechseln, sich bewegen mußten. Auf die allerletzte Ursache sind wir dabei noch nicht zurückgegangen, können es auch gar nicht, denn die Reihe von Ursache und Wirkung ist unendlich. Ganz der gleiche Vorgang spielte sich ab, als ich, wieder durch die Kraft meiner Armmuskeln, Blatt und Karte auf den von mir gewollten Ort warf. Dabei war die Anstrengung meinerseits noch geringer als beim Öffnen der Türe, denn da hatte ich auch noch deren schweres Holz in Bewegung zu setzen, und nur ein verschwindend kleiner Teil der dabei geleisteten Arbeit kam der Fortbewegung der beiden Papiere zugut. Das heißt nämlich, wenn unsere Vermutung über die Ursache ihres Fortfliegens überhaupt richtig war. Die Kraft der Sonnenstrahlen könnte auch viel einfacher die Luftbewegung mit ihren Folgen für die Papiere bewirkt haben, nicht auf dem beschriebenen langen und verwickelten Weg. Wenn Luft ungleichmäßig erwärmt wird, so bewegt sie sich von den kühleren und dichteren Stellen zu denen niedrigeren Drucks, zu den wärmeren, und so entstehen die Winde. Hat vielleicht ein Windstoß durchs offene Fenster die Blätter heruntergeworfen? Da stellen wir zunächst fest, daß draußen kein Wind geht, die Luft ist ganz ruhig, der Rauch aus dem Kamin des Nachbarhauses steigt kerzengerade in die Höhe. Wenn wir also hartnäckig sein und der Sache auf den Grund gehen wollen, so bleibt uns nichts übrig als den Vorgang vor unseren Augen sich wiederholen zu lassen und dabei auf alles gut aufzupassen. Das Blatt Papier ist zusammengeknüllt, also für den „Versuch", der den Vorgang ganz unter den gleichen Verhältnissen wiederholen soll, unbrauchbar. Aber die Karte legen wir auf den Tisch an ihre vorige Stelle und öffnen jetzt die Türe. Da bemerken wir, daß das nicht ganz leicht geht, wir müssen stärker ziehen, dann gibt die Türe plötzlich nach, sie geht nicht, sondern fährt mit einem Ruck auf. Zugleich fliegt auch die Karte vom Tisch fort.

Für die Karte wäre also die Frage erledigt und für das Blatt Papier ist kein besonderer Versuch mehr nötig. Hierfür gilt der „Schluß a fortiori", d. h. wenn der erzeugte Luftzug die schwerere Karte bewegen konnte, so konnte er es bei dem leichteren Blatt erst recht. Aus zwei Gründen: erstens vermag eine bestimmte Kraft einer Masse eine um so größere Beschleunigung zu verleihen, je kleiner die Masse, je leichter der Körper ist und zweitens der Druck, mit dem bewegte Luft auf einen Körper wirkt, also die beschleunigende Kraft, die sie auf ihn ausüben kann, wächst mit der Fläche, auf welche die bewegte Luft stößt. Aus diesen beiden Gründen, weil das Blatt Papier nicht nur leichter ist als die Karte, sondern der Luft auch noch eine größere Fläche zum Angreifen bietet, konnte es noch leichter und weiter fortgeschleudert werden.

Beim wiederholten Öffnen der Türe haben wir noch einiges beobachtet. Erstens ist es uns klar geworden, warum wir sie nicht artig und anständig geöffnet, sondern offenbar ungebührlich aufgerissen haben, weil es nämlich augenscheinlich anders gar nicht gehen wollte. Augenscheinlich hat sich dabei der Kraft meines Armes eine andere Kraft entgegengestellt, die erst überwunden werden mußte. Das ist nun auch etwa bei einem schweren Hoftor der Fall, und hier bemerken wir am Druck, den unsere Finger erleiden, mit denen wir am Tor ziehen, an der Zerrung unserer Muskeln, daß das Tor uns mit der nämlichen Kraft zieht, mit der wir am Tor ziehen. Das Gesetz von gleicher Wirkung und Gegenwirkung hat in der Natur eine ganz allgemeine Gültigkeit. Gegenüber der Zimmertüre ist aber ein ganz bemerkenswerter Unterschied festzustellen. Das schwere Hoftor setzen wir ganz allmählich in Bewegung mit immer gleicher Anstrengung, erst kaum bemerkbar, dann immer rascher bewegt es sich. An diesem Beispiel können wir uns so recht einen Begriff der Beschleunigung klar machen. Die erzeugte Geschwindigkeit nimmt mit der Zeit zu, und welchen Wert sie in einer bestimmten Zeit annimmt, das hängt von der Größe der Masse einer-, von der Größe der Kraft andererseits ab. Bei der Türe war es ganz anders. Sie hat sich auch am Anfang fast gar nicht gerührt, aber dann plötzlich und so rasch nachgegeben, daß sie mit großer Geschwindigkeit auffuhr, zu der ich eine leicht bewegliche Türe nicht durch sanften Zug, sondern nur durch einen gewaltsamen Riß gebracht hätte. Das hatte ich ja auch anfänglich vermutet und mich im stillen gefragt, warum ich denn so gar gewaltsam die Türe aufgerissen hätte. Jetzt ist auch das klar. Der Kraft meines Armes hat sich offenbar anfangs eine andere Kraft entgegengesetzt. Ein anderer, der von außen an der Türe zog, war nicht da, es konnte nur die Reibung sein, entweder der Angel durch Verrosten oder durch Verharzen und Zähwerden des Schmiermittels, oder die Verquellung des Holzes, Senkung der Türe am Schloß oder etwas ähnliches.

Wirkung der Kraft heißt man **A r b e i t**. Die Reibung hat offenbar auch die Rolle einer Kraft gespielt, indem sie bestrebt war, die Wirkung meiner Kraft abzuändern, zu vermindern und auf eine Kraft kann nur wieder eine Kraft wirken und sie ändern. Die Kraft der Reibung hat anscheinend keine Arbeit im gewöhnlichen Sinn geleistet, sie hat keine Zustandsänderung zuwege gebracht, sie hat nur die von meinem Arm angestrebte Änderung verhindert. Das hat sie also doch geleistet und man heißt diese Leistung **n e g a t i v e A r b e i t**. Das gleiche hätte auch ein zweiter Mann leisten können, der von außen mit Gewalt die Türe zugehalten hätte. Auch er hätte dabei mir gegenüber negative Arbeit geleistet. Ist er stärker, so bleibt die Türe zu, bin ich stärker, so geht sie auf, vielleicht nur halb, und dann ziehen wir beide daran hin und her, bald leiste ich, bald leistet er positive Arbeit mit der Bewegung der Türe, während immer der andere diese Bewegung verzögert und so negative Arbeit leistet. Ich kann also je nach Umständen mit meinem Arm negative oder positive Arbeit leisten und das kann die Reibung nicht. In der Natur dieser eigentümlichen Kraft liegt es, daß sie immer nur auf Körper in der Bewegung einwirkt; hört die Bewegung auf, dann auch die Reibung, und sie kommt wieder mit der Bewegung, sie kann keine Bewegung erzeugen oder beschleunigen, sie kann nur verzögern, sie kann nie positive Arbeit leisten, nur negative.

Wenn ich einen Körper in die Höhe werfe, so leiste ich Arbeit, indem ich die Schwerkraft überwinde und dem Körper eine gewisse Geschwindigkeit verleihe. Während der Körper steigt, leistet die Schwerkraft negative Arbeit, indem sie die Bewegung verzögert, bis der Körper am Scheitelpunkt seiner Flugbahn eine unendlich kleine Zeit zur Ruhe kommt und dann zu fallen anfängt. Dann leistet die Schwerkraft positive Arbeit, indem sie dem Körper eine immer mehr zunehmende Geschwindigkeit verleiht. Die Beschleunigung beträgt in jeder Sekunde 9,81 m, und wenn der Körper senkrecht herunter und auf den Boden fällt und dazu 2 Sekunden braucht, so kommt er unten mit einer Geschwindigkeit von 19,62 m/sec an. Eben dieselbe Geschwindigkeit mußte mein Arm dem Körper verleihen, um ihn in die Höhe zu werfen, ebensolang brauchte er um zu steigen und um zu fallen, die gleiche Arbeit leistete die Schwerkraft während des Steigens und während des

Fallens, das erstemal um die Bewegung von 19,62 m/sec zu vernichten, das zweitemal, um sie von der Ruhe aus zu erzeugen.

E n e r g i e heißt man alles, was Arbeit leisten kann. Der Körper, den ich in die Höhe werfe, kann durch seine Bewegung Arbeit leisten, er tut das, indem er durch seine Bewegung die Schwerkraft überwindet. Er hat Bewegungsenergie und das Maß der Arbeit, die er leistet, wird durch das Produkt der überwundenen Schwerkraft (sein Gewicht) mal dem Weg, auf dem diese überwunden wird (Steighöhe) gemessen. Hat der geworfene Körper den Scheitelpunkt seiner Bahn erreicht und kommt hier für einen Augenblick zur Ruhe, so hat er damit seine ganze Energie der Bewegung aufgebracht und kann damit keine weitere Arbeit leisten, er kann nicht weiter steigen. Aber er hat jetzt eine andere Lage eingenommen, er ist weiter vom Erdmittelpunkt entfernt und wenn er um diese Strecke wieder herunterfällt, so erreicht er wieder die gleiche Geschwindigkeit, mit der er sein Steigen begonnen hatte und damit die gleiche Energie der Bewegung wieder zurück, mit der er die Arbeit des Steigens hatte leisten können. W a s a n E n e r g i e d e r B e w e g u n g v e r l o r e n g e h t, w i r d a n E n e r g i e d e r L a g e g e w o n n e n u n d u m g e k e h r t. Die Energie der Bewegung, für die in der neuen Zeit sehr gut das treffende Wort „W u c h t" gebraucht wird, ist gleich dem halben Produkt der bewegten Masse mal dem Quadrat ihrer Geschwindigkeit.

Die nämliche Arbeit ist nötig, um diese Wucht zu erzeugen, wie um sie zu vernichten. Beim „Vernichten" geht sie aber nicht verloren, sondern es wird nur die Massenbewegung in Molekularbewegung, in Wärme umgesetzt. Die Wärmemenge, die beim Auffallen des Papiers auf den Boden oder auf den Tisch, im Papierkorb erzeugt wird, ist freilich viel zu klein, als daß man sie fühlen oder mit den feinsten Apparaten messen könnte, aber wir dürfen überzeugt sein, daß sie ganz dem Verhältnis entspricht, in dem Wärme zu mechanischer Arbeit steht, wonach die Arbeit von 426 K i l o g r a m m e t e r, d. h. die Arbeit, die geleistet werden muß, um 426 kg der Schwere entgegen, also gerade in die Höhe, um 1 m zu heben (Arbeit gleich dem Produkt der Kraft mal dem Weg, entlang dem sie wirkt), gleichwertig ist e i n e r K a l o r i e, d. h. der Wärmemenge, die dazugehört um 1 kg Wasser von Null Grad

um einen Grad zu erwärmen. Und wenn der Körper niederfällt und damit seine Wucht verliert, so kann er dabei gerade
so viel Kalorien Wärme erzeugen, wie sie der Arbeit beim
Erheben entsprechen. Jetzt überlege man: den Papierknäuel,
die Karte habe ich kaum um $^1/_2$ bis höchstens 1 m hoch
geworfen, jedes wiegt vielleicht 1 bis 2 g, die mechanische
Arbeit würde also höchstens etwa 0,002 mkg betragen,
der 426. Teil wäre rund 0,000005. Um so viel Grade könnte
die gebildete Wärme ein Kilogramm Wasser erwärmen
oder einen Kubikzentimeter Wasser um 0,005 Grad! Diese
ganze Wärme würde aber beim Auffallen des Körpers
nur dann frei werden, wenn nicht schon von vornherein
ein Teil der Wucht durch Reibung in der Luft, durch den
„Luftwiderstand" verbraucht worden wäre. Das sind Dinge,
die sich bei einer so rohen und ungünstigen Versuchsanordnung natürlich nicht feststellen lassen. Nur aus sehr
sorgfältig angestellten Versuchen, unter den günstigsten
Bedingungen, mit den genauesten Messungsmethoden hat
man die Lehre vom „m e c h a n i s c h e n   W ä r m e -
ä q u i v a l e n t", dem „G e s e t z   d e r   E r h a l t u n g
d e r   E n e r g i e" oder, wie man jetzt besser sagt, „d e r
E r h a l t u n g   d e r   A r b e i t" feststellen können. Wir
können das nicht selbst prüfen, aber wir haben keinen
Grund, daran zu zweifeln, daß auch bei den allerkleinsten
Massen und bei den unscheinbarsten Vorgängen wie bei der
Bewegung von einem Blatt Papier dieses Gesetz voll erfüllt
ist, wenn man den Vorgang auch nicht zahlenmäßig verfolgen kann. Und wenn wir auch von einer eigentlichen
Anstrengung beim Wurf eines Papiers gewiß nicht sprechen
können, so habe ich dabei doch eine, wenn auch noch so
geringe Kraft aufwenden und Arbeit leisten müssen, um
eine allergeringste Spur mehr, als wenn ich den Arm allein,
ohne die „Belastung" mit dem Papier bewegt hätte. Und
um eine dementsprechend äußerst kleine Spur mußte der
Verbrennungsprozeß in meinen Armmuskeln gesteigert
werden, um daraus die mechanische Leistung, die Massenbeschleunigung am Papier zu gewinnen.

Die Richtigkeit wohlbegründeter Naturgesetze kann
nicht deswegen in Zweifel gezogen werden, weil sie nicht
in jedem einzelnen Fall immer wieder nachgewiesen werden
kann, da wo unsere Methoden für das gerade vorliegende
Verhältnis nicht ausreichen. Das ist nicht nur erlaubt,
sondern entspricht einzig dem gesunden Menschenverstand,

die Gültigkeit des Gesetzes in jedem wesentlich gleichen Fall anzunehmen, der sich nur durch seine Dimensionen unterscheidet von dem, bei welchem die Gültigkeit bereits sicher nachgewiesen ist. Das gilt für alle Dimensionen nach Raum und Zeit, für Vorgänge, die sich an Trillionen von Zentnern, in Millionen von Jahren abspielen, genau so sicher wie an Milligrammen im Verlauf von Sekunden, wenn die Vorgänge wirklich sonst wesensgleich sind.

Ich habe übrigens meine Papierkugel gar nicht nach oben, sondern im Bogen in den Papierkorb geworfen. Als Steighöhe ist also die Höhe des Scheitels der Flugbahn anzunehmen. Die Erhebung bis zu dieser Höhe ist mechanische Arbeit, die Horizontalbewegung, die hinzukommen mußte, um den Papierkorb zu erreichen, erforderte für sich keine Arbeit, wenn nicht der Luftwiderstand dazu käme, der nur von einer gewissen Wucht des Körpers überwunden werden kann. Und diese Wucht müssen wir eben dem Körper beim Wurf verleihen. Ist die Wucht klein und der Widerstand groß, so wird die Geschwindigkeit des fliegenden Körpers rasch und stark verringert, er braucht länger, bis er sein Ziel erreicht. Und während dieser Zeit wirkt die Schwerkraft auf ihn, während dieser Zeit fällt er. Er fällt vom ersten Augenblick an, in dem er meine Hand verläßt, und braucht von da an eine gewisse Zeit, bis er durch die Schwerkraft zu Boden fällt. Diese Zeit ist aber schon verstrichen, bevor er sein Ziel erreicht, wenn er sich zu langsam darauf zu bewegt. Einem Blatt Papier kann ich aber überhaupt keine große Wucht verleihen, dazu ist seine Masse, sein Gewicht, zu klein und über eine gewisse, mäßige Geschwindigkeit bringe ich es beim Schleudern mit meinem Arm auch nicht hinaus.

Wenn ein Körper sich durch die Luft bewegt, so drängt er die Luft mit seiner Vorderseite vor sich her, jeder Quadratzentimeter davon verdrängt die gleiche Menge Luft, eine zehnmal so große Fläche also auch eine zehnmal so große Luftmenge. Der Luftwiderstand oder auch der Druck, den die Luft auf einen bewegten Körper ausübt, ist proportional der Fläche, auf die der Druck wirkt. Deswegen habe ich das Blatt Papier zur Kugel geballt, um die Fläche, bei gleichbleibender Masse, zu verkleinern; deswegen die Karte nicht mit der breiten Fläche, sondern mit der scharfen Kante voraus geworfen. Man braucht ja nur mit einem großen Stück Pappdeckel, etwa auch mit einem Buch in großem

Format durch die Luft zu schlagen, das eine Mal mit der Kante, das andere Mal mit der Breitseite voraus, um den Unterschied im Luftwiderstand z u f ü h l e n und dabei auch zu bemerken, wieviel rascher die Bewegung ausfällt, wenn die scharfe Kante vorne ist. Ich konnte aber voraussehen, daß sich die geworfene Karte bald in der Luft drehen würde, die Fläche käme nach vorn, ihre Wucht würde frühzeitig aufgebraucht, sie würde ihr Ziel nicht erreichen, sondern vorzeitig zu Boden fallen. Deswegen habe ich der Karte beim Wurf gleichzeitig eine rotierende Bewegung verliehen. Jeder rotierende Körper bestrebt sich, die Lage seiner Achse im Raum unverändert beizubehalten, mit um so größerer Kraft, je rascher die Umdrehung geschieht, je größer also die Winkelgeschwindigkeit der rotierenden Teile ist und je größer ihre Wucht, also auch je schwerer er ist.

Deswegen werden Kreisel, die lang laufen, lang ihre Achse im Raum beibehalten und lang nicht umfallen sollen, schwer, aus Metall gemacht. Damit die äußeren Teile eine möglichst große Geschwindigkeit bekommen, wird die Masse, aus der der Kreisel bestehen soll, als Scheibe gestaltet, die man durch einen raschen Zug mit einer Schnur in möglichst schnelle Rotation versetzt. Stünde die Achse ganz genau senkrecht, so würde sie es auch bleiben, bis durch die Reibung am Boden und den Luftwiderstand endlich die dem Kreisel verliehene Wucht aufgebraucht wäre und er einfach stehen bliebe. So absolut genau senkrecht kann man den Kreisel aber nie aufstellen, und ist er nur um den allerkleinsten Winkel geneigt, so will der Kreisel schon von Anfang an fallen. Wäre der Kreisel nicht in Gang, so würde er es natürlich auch gleich tun. Stellt man ihn auf die Spitze, so ist die Basis, auf der er steht, sehr klein, und stehen kann er nur, so lange sein Schwerpunkt senkrecht über der Basis liegt. Dann befindet er sich i m l a b i l e n Gleichgewicht, d. h. durch die Wirkung der genau nach unten ziehenden Schwerkraft allein fällt er nicht um. Sobald aber eine durch seinen Schwerpunkt gezogene Linie die Basis nicht mehr trifft, bringt ihn die Schwerkraft nicht in seine frühere Lage zurück, sondern vergrößert seine Neigung immer mehr, so daß er fällt. Dann, auf dem Tisch, dem Boden, ruht er auf einer größeren Basis, über die hinaus sein Schwerpunkt nicht so leicht verschoben werden kann. Anders, wenn der Kreisel nicht steht, sondern hängt, der Unterstützungspunkt nicht **u n t e r**, sondern **ü b e r** ihm liegt. Auch jetzt befindet er sich im Gleichgewicht, solange Schwerpunkt und Unterstützungspunkt in einer senkrechten Linie liegen, dieses Gleichgewicht ist aber **s t a b i l**. Man mag ihn aus dieser Gleichgewichtslage bringen nach welcher Seite man will, immer wird die Schwerkraft bestrebt sein, den Schwerpunkt wieder genau senkrecht unter den Aufhängepunkt zu bringen, die Gleichgewichtslage also wieder herzustellen.

Der rotierende Kreisel befindet sich aber im labilen Gleichgewicht, und er fällt nur deswegen nicht um, weil und so lang er rotiert. Dabei bemerkt man aber, wie jeder aus seiner Kinderzeit noch weiß, daß der anfangs möglichst senkrecht hingestellte Kreisel zunächst ziemlich ruhig steht; dann beginnt er, wenn sein Lauf schon etwas erlahmt, sich ein wenig zu neigen, also ganz langsam zu fallen, und zugleich bemerkt man eine ganz andere Rotation an ihm. Die Achse, um die er sich bisher gedreht hat, und um die er sich auch noch dreht, fängt an mit ihrem Ende selbst Kreise im Raum zu beschreiben, erst langsam, dann je mehr die Schwerkraft die Oberhand bekommt, immer schneller, so daß er nach keiner Seite ganz umfallen kann, weil er im nächsten Augenblick schon wieder nach einer anderen Seite fallen müßte. Dieser Art von Kreiselbewegung werden wir bald an einer anderen Stelle begegnen und mit einer Bedeutung, die manchem unerwartet sein wird. Die Karte habe ich auch durch Drehung gewissermaßen zum Kreisel gemacht, damit sie ihre Achse im Raum beibehält und immer mit der scharfen Kante vorausfliegt.

Der Luftwiderstand wirkt übrigens nicht auf alle Teile eines fliegenden Körpers gleich stark, bei einer Platte, also auch bei unserer Karte auf die im Sinn der Flugbahn vorn gelegenen stärker als auf die hinten. Fällt der Mittelpunkt der Druckwirkung, der „dynamische Mittelpunkt", nicht in die Linie, die senkrecht durch den Schwerpunkt geht, so erfährt der Körper eine Drehung. Wenn es mir gelingt, eine Platte, z. B. auch meine Karte, ganz genau wagrecht zu halten und so fallen zu lassen, so fällt sie, wagrecht bleibend, langsam wegen des beträchtlichen Luftwiderstandes, zu Boden. Der Luftwiderstand trifft alle Teile der Fläche im gleichen Grad, der dynamische Mittelpunkt liegt senkrecht unter dem Schwerpunkt, vorausgesetzt, daß die Karte überall gleich dick und schwer ist. Lasse ich die

Karte genau mit einer Kante nach unten gewendet los, so fällt sie viel rascher und auch ohne Drehung zu Boden. Halte ich die Karte aber schief, so fällt sie gar nicht senkrecht nieder, sondern weicht nach der Seite hin ab, wo die Kante weiter unten ist. Die Fläche gleitet auf der widerstehenden Luft, und die Art der Bewegung heißt man auch wirklich den G l e i t f l u g . Die Bewegung ist im allgemeinen rasch, trotzdem nähert sich das Blatt nur langsam dem Boden, weil es schief, auf langem Weg fällt. Auf die vordere Hälfte der Karte wirkt der Luftwiderstand stärker als auf die im Flug hintere, der dynamische Mittelpunkt liegt weiter vorn, der Schwerpunkt natürlich immer noch in der Mitte. Im Schwerpunkt greift die Schwere an, im dynamischen Mittelpunkt der Luftwiderstand, die Karte erfährt also eine Drehung, und zwar wird die vordere Hälfte nach oben, die hintere nach unten gedreht. Damit fliegt die Karte nicht mehr genau mit der Kante voraus, sie bietet eine größere Fläche für den vorn angreifenden Luftwiderstand, ihre Bewegung wird langsamer, bald wird durch die Drehung die hintere Kante zur unteren und die Karte wird nach dieser Seite hin fallen, also umkehren, worauf sich bald das nämliche Spiel wiederholt. Die ganze Bahn des fallenden Blattes setzt sich also aus gekrümmten Teilen zusammen, die mit einer anfangs raschen, dann langsameren Bewegung wechselnd nach der einen, dann nach der anderen Seite durchlaufen werden. Von vornherein läßt sich die Lage der Umkehrpunkte nicht wohl voraussehen. Daher kommt die allgemein bekannte Schwierigkeit, ein Stück Pappdeckel oder einen ähnlichen Körper aufzufangen, wenn er aus einer größeren Höhe heruntergeworfen wird. Bei kleinen oder sehr leichten flachen Körpern kann die Drehung durch den Luftwiderstand noch weiter gehen, so daß sich das Blatt vollständig überschlägt. Dann setzt sich die Bahn des fallenden Körpers aus lauter Bogenlinien zusammen, deren einzelne Teile auch mit rascher, dann abnehmender Geschwindigkeit durchlaufen werden, deren Richtung aber im ganzen sich nicht ändert. Dann fällt der Körper bald mehr senkrecht, bald mehr nach der Seite, immer aber nach der gleichen Seite zu und kehrt dabei bald die eine, bald die andere Seite nach oben. Diese Art des Fallens im r o t i e - r e n d e n F l u g kann man an jedem windstillen Herbsttag an tausenden kleinen Blättern leicht feststellen. Auch die andere Art des s c h a u k e l n d e n F a l l e n s ist uns aus hundertfältiger Erfahrung an herabfallenden Papierbögen, Karten, großen Blättern wohlbekannt.

Bekanntlich spielt der Gleitflug bei den Flugzeugen eine wichtige Rolle. Durch richtige Stellung der Tragflächen kann man es dahin bringen, daß nach Abstellen oder Versagen des Motors sich das Flugzeug der Erde in schiefer Richtung nähert, langsam genug, um den tödtlichen Sturz zu vermeiden. Während es um 1 m fällt, bewegt es sich etwa um 6 m nach vorn. Die Kunst des Führers besteht darin, dabei den Flug nach einem beabsichtigten Ziel am Boden hinzulenken und unmittelbar vor dem Aufprall auf den Boden durch richtige Stellung der Tragflächen die Geschwindigkeit der Bewegung des Flugs zu mäßigen und „sanft aufzusetzen". Auch das Überschlagen des Flugzeugs wie beim rotierenden Flug kann ein verwegener Flieger mit Erfolg wagen. Ohne den Motor abzustellen kann er durch Verstellung der Tragflächen das Flugzeug vorn so stark heben, daß es nach hinten vollständig umschlägt. Ich habe im Krieg solche Purzelbäume hoch in der Luft, allerdings nicht über dem Feind, selbst gesehen.

Bei fliegenden Körpern, die gerade und mit einem bestimmten Teil zuerst auftreffen sollen, muß dafür gesorgt sein, daß entweder der Schwerpunkt oder der dynamische Mittelpunkt stark exzentrisch liegt, jedenfalls die beiden weit auseinander liegen. Dann stellt sich im Fallen der Schwerpunkt unten, der dynamische Mittelpunkt nach oben ein und der Körper fällt senkrecht nieder. Ein Beispiel gibt der Pfeil, an dessen hinten am Schaft angebrachter Befiederung der Luftwiderstand angreift und diesen Teil am meisten aufhält, während die scharfe und schwere Spitze weniger Widerstand findet und vorn bleibt, und zwar auf der ganzen Flugbahn. Nur der befiederte Pfeil gibt die Bürgschaft, daß er immer mit der Spitze auftrifft und gestattet auch allein nicht nur einen weiten, sondern auch gezielten und sicheren Schuß. An den Fliegerpfeilen, die im Krieg anfangs ihre Rolle spielten und die nur senkrecht fallend zur Verwendung kamen, war eine Befiederung nicht erforderlich, da dem Pfeil keine besondere Flugbahn vorgeschrieben, er vielmehr dem freien Fall überlassen wurde. Doch wurde auch hier dafür gesorgt, daß der Pfeil stets mit der Spitze auffallen mußte durch einen besonders weit nach vorn gelagerten Schwerpunkt. Die große Durchschlagskraft dieser Geschosse ist verständlich, wenn man sich

erinnert, daß im Fall die Schwerkraft die gleich große Arbeit
leistet, die beim Steigen überwunden wurde. Daraus folgt,
daß wenigstens im luftleeren Raum ein in die Höhe geschleu-
derter Körper mit der gleichen Geschwindigkeit beim Niederfallen unten ankommen muß, die er als Anfangsgeschwindigkeit beim Steigen besessen hatte. Wenn also ein Flieger
einen Pfeil auf eine Höhe von 1000 m gehoben hat und ihn
dort abwirft, so kommt dieser unten an mit der Geschwindigkeit, die ihm ein Feuerrohr verliehen hätte, das ihn bis zur
gleichen Höhe von 1000 m hinauf hätte schleudern können.
Ganz genau trifft dies allerdings nicht zu. Beim Steigen
sowohl wie beim Fallen wird ein Teil der Energie der Bewegung durch den Luftwiderstand aufgebraucht und in
Wärme umgesetzt, so daß der Pfeil beim Fallen doch eine
etwas kleinere Geschwindigkeit, also auch Durchschlagskraft
hat, als sie ihm theoretisch zukäme.

Mit unseren beiden Stücken, dem Papierblatt und der
Karte, wären wir also glücklich so weit, daß sie an ihrem
Ziel angelangt sind, beide durch meinen Wurf, beide im
Bogen fliegend, die Karte in einem flachen (wie beim direkten
Schuß, Flachbahngeschütz), die Papierkugel in hohem Bogen
(indirekter Schuß, Steilfeuer). Ein Bogen war die Flugbahn
aber beide Male. So sehr sind wir gewohnt, die Flugbahn
nach unserem Willen zu gestalten, auch im Bogenwurf
das zu treffen, was wir wollen, sei es im flachen oder im
hohen Bogen, daß manche nicht anders glauben, als daß sie
wirklich dem Geschoß eine bogenförmige Flugbahn verleihen
und wirklich „im Bogen werfen" können. Das ist jedoch
keineswegs der Fall. Wir können wohl unseren Arm oder
eine von ihm gehaltene Schleuder im Bogen, in einer gekrümmten Bahn herumführen, in demselben Augenblick
aber, in dem der Stein unsere Hand oder die Schleuder
verläßt, fliegt er gerade aus, und zwar in der Richtung der
Tangente, die an den Punkt der bisherigen krummen Bahn
da gelegt ist, wo er sie verlassen hat. Von da an können wir
seine Bahn in keiner Weise mehr beeinflussen, in der Richtung, in der er unsere Hand oder Schleuder verlassen hat,
würde er sich in alle Ewigkeit fortbewegen, wenn nicht
andere Kräfte auf ihn einwirken würden. Die Eigenschaft
jedes Körpers, jeder Masse, nicht ohne eine Einwirkung
von außen aus der Ruhe sich in Bewegung zu setzen, nicht
aus der Bewegung zur Ruhe zu kommen, ganz allgemein
an Richtung und Größe der Bewegung nichts zu ändern,

heißt man die **Trägheit** der Masse. Nach dem Gesetz der Trägheit ist also auch meine Papierkugel weitergeflogen, nachdem sie meine Hand verlassen hatte. Ich hielt sie nicht mehr in der Hand, konnte also ihre Flugbahn, die sie in gerader Richtung eingeschlagen hatte, gar nicht mehr beeinflussen, sie nicht mehr ändern, krümmen. Ich konnte also gar nicht „im Bogen werfen". Ich konnte aber wissen und wußte durch vielfältige Erfahrung, daß ganz ohne mein Zutun die Flugbahn sich doch nach unten krümmen würde, der von mir schief nach oben geworfene Papierball schief von oben in den Papierkorb fallen müßte.

Wirken auf einen Körper zwei verschiedene Kräfte in der gleichen Richtung und greifen am gleichen Punkt an, so addiert sich ihre Wirkung, wenn sie im gleichen Sinn wirken, wenn im entgegengesetzten Sinn, dann folgt der Körper der stärkeren Kraft, von ihrer beschleunigenden Wirkung ist aber die der anderen abzuziehen. Bildet die Richtung der beiden Kräfte einen Winkel, so liegt die Richtung der Wirkung beider zwischen den Richtungen der zwei Kräfte. Bezeichnet man mit Strecken die Richtung und Größe der Kräfte und konstruiert mit dem Winkel, in dem sie am selben Körper angreifen, ein Parallelogramm, so gibt die Diagonale, die man vom Angriffspunkt aus zieht, Größe und Richtung der gemeinschaftlichen Wirkung der beiden Kräfte an. In diesem **Parallelogramm der Kräfte** ist jede einzelne Kraft eine **Komponente**, die Diagonale gibt die Größe und Richtung der **resultierenden** Kraft an. Weiter: Man kann stets statt zweier oder auch mehrerer Kräfte eine einzige Kraft setzen, indem man nach dem Parallelogramm der Kräfte zuerst aus zweien die Resultierende konstruiert, dann aus dieser Resultierenden mit einer weiteren Kraft wieder die resultierende usw., wobei die Reihenfolge, in der das geschieht, ganz gleichgültig ist. Und umgekehrt kann man auch jede Kraft als Resultierende von zwei oder mehr Kräften auffassen, ihre Größe und Richtung als Diagonale nehmen, zu der man ein Parallelogramm konstruiert, dessen Seiten dann die Komponenten der Resultierenden darstellen. Beim Beobachten von Naturvorgängen muß man dies immer im Kopf haben, namentlich die Zerlegung einer Kraft in zwei Komponenten, die senkrecht aufeinander stehen, oder die Herstellung einer Kraft aus zwei zueinander senkrechten Komponenten gibt ungemein häufig den Schlüssel

2*

zu Bewegungsvorgängen. So namentlich bei „zwangs-
läufigen" Bewegungen, wo dem bewegten Körper durch
irgend einen unüberwindlichen Widerstand eine bestimmte
Bahn vorgeschrieben ist, gibt die Konstruktion des Parallelogramms der Kräfte sofort Klarheit über Größe und Richtung
der wirkenden Kraft, wenn man die eine Komponente
senkrecht gegen den Widerstand legt, die andere, parallel
dem Widerstand laufende Komponente entspricht dann der
Kraft, die einzig zur Wirkung kommt. Durch den Tisch
konnte die schief auffallende Karte nicht dringen, sie konnte
sich nur parallel der Tischplatte noch fortbewegen.

Auf die Bahn eines geworfenen Körpers wirken zwei
Kräfte ein. Durch die Kraft der Schleuder, der Pulvergase
beim Schuß usw. erhält der Körper eine Geschwindigkeit
in einer bestimmten Richtung, die Schwerkraft ist bestrebt,
ihm eine Geschwindigkeit senkrecht nach unten zu verleihen.
Würde die Schwerkraft nur alle Sekunden einmal einen
Augenblick wirken, so könnte man auch hier an allen
Punkten der Flugbahn, wo der Körper immer gerade nach
einer Sekunde sich befindet, ein Parallelogramm konstruieren
und so seine Bahn für die nächste Sekunde bestimmen.
Die ganze Bahn würde dann eine gebrochene Linie darstellen.
Die Schwerkraft wirkt aber nicht intermittierend, sondern
stetig und die Flugbahn wird keine gebrochene Linie, sondern
eine stetig gekrümmte, eine Kurve. Der Wahrheit würde
man sich schon mehr nähern, wenn man nicht alle Sekunden
die Flugbahn bestimmen sollte, sondern alle Zehntel, besser
noch alle Hundertstel Sekunden. Von der Wahrheit
würde man nicht mehr abweichen, wenn man die Intervalle
unendlich klein nehmen würde. Die höhere Mathematik
gibt die Regeln an, nach denen man das erreichen kann
und da ergibt sich, daß die Bahn eines fortgeschleuderten
Körpers eine sog. Parabel darstellt oder besser gesagt darstellen würde, wenn die Kurve, in der sich der Körper bewegt,
nicht durch den Luftwiderstand abgeändert würde. Das
verwickelt die Sache ungemein, denn der Luftwiderstand
ist nicht auf der ganzen Bahn gleich groß. Seine Größe
ist nicht nur von der Beschaffenheit der Luft, ihrer Dichte,
ihrem Wassergehalt, Temperatur und von der Gestalt des
bewegten Körpers abhängig, sondern auch von der Geschwindigkeit der Bewegung selbst. Ist die Bewegung
einmal doppelt so schnell als das andere Mal, so ist der
Widerstand dann viermal so groß, bei der dreifachen Ge-

schwindigkeit neunmal, der Widerstand wächst mit dem Quadrat der Geschwindigkeit.

Man braucht das alles nicht zu beherrschen, die Rechnung kann man dem Fachmann überlassen, aber man muß davon etwas wissen, wissen, daß es so etwas gibt, dann wird man bei unzähligen Beobachtungen eine viel klarere Einsicht in den Vorgang bekommen.

Der Luftwiderstand verkürzt die Flugweite um so mehr, je länger der Körper fliegt, je kleiner dabei seine Masse, also auch seine Wucht ist und je größer die Fläche, die er nach vorn gegen die drückende Luft wendet. Dazu kommt eigentlich auch noch die Reibung an den Seiten und Wirbelbildung auf der Rückseite. Das würde uns aber hier zu weit führen, so wichtig diese Dinge auch bei Bau von Flugzeugen und Luftschiffen sind. Sonst kommen in ruhiger Luft keine anderen Kräfte in Betracht, wodurch die Flugbahn geändert würde. Ist die Luft aber bewegt und bläst sie gerade von hinten oder von vorn, so kann sie die Flugweite merklich vergrößern oder verkleinern, bläst sie von der Seite, so kann sie den Körper aus der Ebene, die durch den Anfang, den Scheitel und den Endpunkt seiner Bahn gelegt ist, die immer senkrecht zur Horizontalebene steht und die der Körper sonst unter keinen Umständen verlassen würde, heraustreiben.

Bei sehr langen Flugbahnen kann allerdings auch bei ganz ruhiger Luft eine Abweichung nach der Seite vorkommen, an die man nicht gleich denkt, die aber bei sehr weitem Schuß recht bemerkbar werden kann. Verläßt ein Geschoß das Rohr, so fliegt es ganz genau in der Richtung der Seelenachse weiter. In dieser Richtung wurde es durch den Stoß der Pulvergase fortgetrieben, aber die Mündung des Rohres ist nicht ruhig im Raum, sondern bewegt sich mit der ganzen Erdoberfläche in einem Kreise um die Erdachse in 24 Stunden einmal herum. Der Kreis ist am größten am Äquator und um so kleiner, je näher man den Polen kommt. Diese seitliche Geschwindigkeit besitzt auch das Geschoß neben der Geschwindigkeit in der Richtung der Seelenachse und die Richtung seiner Bewegung fällt also in die Diagonale eines Parallelogramms mit den Seiten: Geschwindigkeit in Richtung der Seelenachse und seitliche Ablenkung durch die Erdrotation. Schießt man von Nord nach Süd, so kommt das Geschoß in einer Gegend an, in der sich alles rascher von West über Süd nach Ost bewegt als der Ort, wo das Geschütz abgefeuert worden war. Statt den Punkt zu treffen, auf den seine Seelenachse gerichtet war, trifft es einen anderen Punkt, der mittlerweile an die Stelle seines Ziels gerückt ist und der, vom Schützen aus gesehen, rechts vom Ziel liegt. Das Geschoß ist also nach rechts abgewichen. Schießt man umgekehrt von Süd nach Nord, so hat die Geschützmündung und mit ihr das Geschoß eine größere Geschwindigkeit von West nach Ost als die Gegend, wo es auftrifft. Das Geschoß behält diese seitliche Geschwindigkeit im Fliegen bei und trifft wieder zu weit rechts von seinem Ziele ein. Nur bei sehr weiten Flugbahnen und sehr langer Flugzeit bekommt diese Rechtsablenkung durch die Drehung der Erde eine praktische Bedeutung. Sie ist am größten beim Schuß von Nord nach Süd oder umgekehrt, am kleinsten resp. verschwindend bei Richtung W—E.

Diese Rechtsablenkung des Geschosses, die auf der südlichen Halbkugel zur Linksablenkung wird, am Äquator selbst verschwindet, kommt glatten Rohren natürlich ebenso zu wie gezogenen und wird bei diesen nur bemerkbarer, weil sie im ganzen weiter schießen. Dagegen ist bei gezogenen Rohren noch eine andere Art seitlicher Ablenkung bemerkbar, wie ein jeder gediente Mann weiß, die auf beiden Seiten des Äquators die nämliche ist und in ihrer Richtung nur abhängig von der Richtung der Züge, ob sie — von hinten gesehen — dem Geschoß eine Drehung von links nach rechts oder umgekehrt verleihen. Wohl alle Kriegswaffen haben einen „Rechtsdrall". Gezogene Feuerwaffen schleudern nicht Rundkugeln, sondern immer Langgeschosse, damit sie eine möglichst große Masse, also auch Wucht haben und der Luftwiderstand nur an einer verhältnismäßig kleinen Fläche angreift. Deswegen ist die Vorderseite spitz oder eiförmig gestaltet. Deswegen liegt auch der Schwerpunkt des Geschosses nicht genau in der Mitte, deswegen wirkt die Schwerkraft auf die hintere Hälfte stärker, versucht also den Geschoßboden zu senken, die Spitze will sich heben. Das bedeutet aber, daß das rotierende Geschoß seine Achse im Raum nicht beibehalten kann, wie es will, es kommt, wie wir schon gesehen haben, zur Kreiselbewegung, die Spitze weicht nach rechts ab, das Geschoß fliegt nicht mehr genau mit der Spitze, sondern etwas mit der Seite voraus. Dann drückt es der von vorn wirkende Luftwiderstand auf die Seite und je weiter das Ziel entfernt liegt, desto mehr muß dies durch die „Seitenverschiebung" des Visiers beim Zielen berücksichtigt und ausgeglichen werden.

Beim senkrechten Schuß genau nach oben, aus glattem Lauf macht sich das alles nicht bemerkbar und bei vollkommen ruhiger Luft sollte man meinen, müßte das Geschoß auch ganz genau wieder zu seinem Ausgangspunkt zurückkehren, sogar, wenn die Richtung absolut genau lotrecht gegeben wäre, müßte es in die Mündung wieder hineinfahren, die es soeben verlassen hatte. Das würde aber doch nicht zutreffen und das Geschoß würde immer ein wenig östlich vom Lauf niederfallen. Je höher eine Luftschicht ist, einen desto größeren Kreis beschreibt sie bei der Umdrehung der Erde in der Richtung West über Süd nach Ost. Das Geschoß kommt, gerade wenn die Luft ganz ruhig ist, d. h. ihre Schichten sich gegen die Erdoberfläche und gegeneinander sich nicht verschieben, beim Steigen in Luftschichten, die sich rascher von West nach Ost bewegen als die Schicht, an der Erdoberfläche, und die Luft oben muß das Geschoß etwas mit sich fort gegen Ost mitnehmen. Umgekehrt hemmen die langsameren Luftschichten unten beim Niederfallen seinen Lauf nach Osten, aber ohne einen vollständigen Ausgleich herbeizuführen. Denn oben bewegt sich das Geschoß nur langsam, hat also Zeit, von der Luft mitgenommen zu werden, während es sich beim Fallen ganz unten sehr schnell bewegt und die Luft in so kurzer Zeit durcheilt, daß es von seinem Lauf nur sehr wenig abgelenkt werden kann. Der Erfolg muß also sein, daß es östlich vom Gewehr niederfällt.

Der Luftwiderstand macht, wie wir sahen, daß das Geschoß mit einer Geschwindigkeit den Erdboden trifft, die kleiner als die Mündungsgeschwindigkeit ist. Die Durchschlagskraft ist abhängig von der Wucht des Geschosses, dem Produkt Masse mal dem halben Quadrat der Geschwindigkeit. Da der Luftwiderstand die Geschwindigkeit vermindert, so kommt es, daß z. B. Infanteriegeschosse auf sehr große Entfernungen (sie können bis zu 5 km weit fliegen) matt werden und auch schwere Artilleriegeschosse haben auf sehr große Entfernungen eine wesentlich verkleinerte Durchschlagskraft. Auf ganz enorm weite Entfernungen — 100 km und darüber hat die deutsche Artillerie geschossen — kann man das Feuer nur tragen, wenn man die Flugbahn so legt, daß das Geschoß sehr bald in sehr große

Höhen kommt, wo die Luft sehr dünn und demgemäß ihr Widerstand viel geringer ist als unten.

Ein Papierpfropf aus blind geladenem Gewehr verliert seine Durchschlagskraft, die er auf allernächste Entfernung fast wie eine Kugel hat, in der Luft viel schneller als die schwere Kugel. Der Pfropf dringt nur bei einem Nahschuß aus einer Platzpatrone in die Weichteile ein und das nicht tief, weil eben das Holz oder der Pfropf viel leichter ist, eine viel kleinere Masse hat als die Kugel. Die zusammengeballte Papierkugel hätte ich im Scherz einem an den Kopf werfen können, wohl ohne daß es übel aufgenommen worden wäre. Ein mit gleicher Geschwindigkeit geworfener Stein würde eine blutige Verletzung oder wenigstens eine Beule verursachen, und auch ein Apfel, der einem mit Gewalt an den Kopf fliegt, wird nicht mehr als ein Scherz aufgefaßt.

Aber auch sehr leichte Körper sind in ihrer Bewegung nur so lang harmlos, als ihre Geschwindigkeit keine sehr große ist. Ob mich ein Körper mit großer Geschwindigkeit trifft oder ich ihn, kann mir gleichgültig sein. Ob ich meinen Kopf an eine Türe renne oder ob die Türe mit eben derselben Geschwindigkeit vom Zugwind gegen meinen Kopf geworfen wird, bedeutet für meinen Kopf ganz das gleiche unangenehme Ereignis. Wenn aus einem Flugzeug etwa das Mundstück einer Zigarette hinausgeworfen wird und zufällig zwischen die Flügel des Propellers kommt, so kann es einen Flügel glatt durchschlagen. Die Papierhülse oder der Zigarrenstummel ist in Ruhe, wird aber vom sausenden Flügel, vielleicht mit der Geschwindigkeit von 200 m/sec. getroffen und das ist geradeso, als wenn ich aus allernächster Nähe auf den Flügel blind geschossen hätte. An solchen einfachen Beispielen können wir uns auch den Begriff der r e l a t i v e n G e s c h w i n d i g k e i t klar machen, auf die es bei jedem Stoß allein ankommt. Wenn bei einem Eisenbahnunglück ein Zug auf einen anderen, stehenden, auffährt, so ist die zerstörende Wirkung nicht so arg, als wenn zwei Züge, jeder mit der gleichen Geschwindigkeit, aufeinander stoßen. Sieht der Führer der Maschine die Gefahr des Zusammenstoßes kommen, so sucht er seinen Zug in der gleichen Richtung mit dem anderen in Bewegung zu setzen, um die Gewalt des Stoßes zu vermindern.

Bei einem Stoß so gewaltiger Massen, wo so viel Wucht vernichtet wird, entsteht nicht nur viel Wärme, meistens wird auch die umgebende Luft in dem Maße erschüttert, daß man den Vorgang h ö r t. Er vollzieht sich mit lautem Krachen, Getös, Knall. Dagegen den Fall der Karte, die beim schiefen Wurf, mit so geringer Geschwindigkeit aufschlägt, das kann man nicht oder kaum hören! Sie rutscht vielleicht lautlos noch ein wenig weiter und kommt dann zur Ruhe. Auch bei diesem unbedeutenden Vorgang ist noch manches zu bemerken.

Die Reibung an der Tischplatte ist eine sehr geringe. Die Platte ist poliert, glatt, und die Reibung ist auch von der Beschaffenheit der Berührungsflächen abhängig, bei rauhen, unebenen größer, deswegen konnte die Karte auch trotz ihrer kleinen Wucht noch eine Strecke weit fortrutschen. Auch deswegen, weil sie als leichter Körper nur mit einer sehr kleinen Kraft von der Schwere gegen ihre Unterlage gepreßt wurde. Die gleitende Reibung ist in ihrer Größe direkt proportional dem Druck, mit dem die sich berührenden Körper gegeneinander gepreßt werden. Dagegen kommt die Wucht der Karte für ihr Weitergleiten nicht mehr ganz zur Geltung, weil die Karte schief aufgefallen ist. Wäre sie ganz senkrecht auf den Tisch aufgefallen, so wäre sie durch den Widerstand an der Tischplatte sogar augenblicklich und an Ort und Stelle zur Ruhe gekommen. Wir können das ja einmal machen und als Gegenversuch die Karte in ganz geringer Höhe halten und dann möglichst flach über den Tisch hin schleudern. Jetzt wenden wir wieder unseren Satz vom Parallelogramm der Kräfte an und finden leicht, daß man die Bewegung der Karte in zwei Komponenten zerlegen kann, die senkrecht zueinander stehen. Die eine steht auch senkrecht zur Tischplatte, die andere parallel mit dieser. Im einen Fall ist die horizontale Komponente gleich Null, der Körper bewegt sich nur senkrecht und wird von der Tischplatte aufgehalten, ohne daß dabei eine horizontale Komponente überhaupt auftritt, im anderen Fall tritt eine sehr bedeutende horizontale Komponente auf, die das Weitergleiten verursacht, und nur ein kleiner Teil, die kurze, zum Tisch senkrechte Komponente wird durch den Widerstand des Tisches vernichtet.

So, jetzt wären wir an dem allerunscheinbarsten und gleichgültigsten Vorgang vom Hundertsten ins Tausendste gekommen. Und wir könnten, wollten wir überhaupt, an kein Ende kommen, aber schließlich wird so etwas langweilig.

Ich wollte nur an diesem Beispiel die Art und Weise zeigen, wie man sich, wenn man will, an einer Sache festbeißen und durch Fortspinnen von Gedankenreihen sich manches im Gedächtnis wieder wachrufen, manches sich erst klar machen kann, was man gelegentlich bei einer anderen, wichtigeren Beobachtung wieder braucht. Und wo eine unlösbare Schwierigkeit aufzutauchen scheint, mag man sich veranlaßt sehen, sich in einem Lehrbuch oder bei einem Mehrbewanderten Rats zu erholen, je nachdem Zeit, Lust und Musse es gestatten oder die Wichtigkeit des Gegenstandes dazu auffordert.

Jetzt aber zu ganz etwas anderem!

Das Himmelsgewölbe.

Im freien Feld, wo nicht Bäume, Häuser, Berge unseren Blick einschränken, oder noch glatter auf dem Meer, scheint die Unterlage, auf der wir uns befinden, ringsum von einer kreisförmigen Linie, dem H o r i z o n t, begrenzt. Der Boden, auf dem wir stehen und uns bewegen, macht im allgemeinen den Eindruck einer Ebene und durch diese ist für uns der Weltraum in zwei Halbkugeln geteilt, wir sprechen von oben und unten, wissen dabei aber ganz gut, daß die Erde eine Kugel ist und daß in anderen Weltteilen Berge, Bäume, Menschen eine andere Richtung haben als bei uns, daß für jene oben und unten anders gerichtet sind als für uns.

Richtige Antipoden, die mit den Beinen gerade gegen unsere gerichtet sind, haben wir in Deutschland auf festem Boden freilich nicht, aber wenn einer auf einem Schiff, das etwa 1665 km östlich von der Südspitze von Neuseeland schwimmt, etwas über Bord wirft, so fällt der Gegenstand einem, den ich in Würzburg fallen lasse, schnurstracks entgegen. Unsere Antipoden können sich nur auf Schiffen befinden und für die ist dann oben, was für uns unten ist und umgekehrt. Da der Raum sich nach allen Seiten ins Unendliche ausdehnt, so scheint der Himmel, wie man ja den Ort nennt, an dem die Gestirne stehen, sich kugelförmig um uns auszudehnen und durch den Boden, die Ebene, die am Horizont ihr Ende zu finden scheint, ist er in zwei Halbkugeln geteilt. Das Himmelsgewölbe macht uns aber gar nicht den Eindruck einer Halbkugel, sondern erscheint uns entschieden flacher, etwa wie ein tiefes Uhrglas. Bei bewölktem Himmel, den wir auch ganz allgemein als „gedrückt" bezeichnen, ist dies wohl begreiflich, da erstreckt sich unser Blick tatsächlich nach den Seiten hin viel weiter aus als in die Höhe.

Wenn z. B. eine Wolkendecke in 1 km Höhe den ganzen Himmel überzieht, so findet das Gesichtsfeld nach oben seine Grenze in 1 km Entfernung, in horizontaler Richtung aber liegt, wie eine einfache Rechnung lehrt, die Wolkenschicht vom Beobachter 114 km weit entfernt. Wäre die Wolkendecke nur 500 m hoch, so würde sie in horizontaler Richtung auch erst in einer Entfernung von $77^1/_2$ km vom Blick getroffen werden. Kurz, bei bedecktem Himmel ist das, was wir überschauen können, wirklich uhrglasförmig gestaltet, das ist keine Täuschung. Beim klaren Himmel ist das anders.

Schauen wir irgend einen Teil des unbedeckten Himmels unverwandt an, so erscheint uns die fixierte Stelle eben, lassen wir aber den Blick von unten nach oben oder umgekehrt wandern, so erhalten wir den Eindruck der Krümmung. Das Himmelsgewölbe erscheint dabei aber, wie schon erwähnt, nicht als Halbkugel, eher noch als Kugelabschnitt. Auch der unbewölkte Himmel sieht demnach immer gedrückt aus, nicht nur der bedeckte. Der wolkenlose Himmel um so gedrückter, je heller er ist. Den Eindruck des Gedrücktseins haben wir aber nur, wenn wir den Blick von oben nach unten, vom Zenit zum Horizont, oder umgekehrt wandern lassen und nur bei aufrechter Körperstellung. Er verschwindet, wenn wir den Kopf zurückbeugen oder in Rückenlage den Himmel betrachten. Der Grund dafür liegt im folgenden:

Bei Bewegung unserer Augen überschätzen wir den von den Augenachsen durchmessenen Winkel in der Nähe des Horizonts und unterschätzen ihn in der Nähe des Zenits. Die Sonne kann in unseren Breiten, wie wir wohl wissen, gar nicht höher stehen als 67 Grad, und doch meinen wir, daß sie an einem heißen Sommertag fast scheitelrecht über uns steht, oder daß wenigstens bis zum Zenit gar nicht mehr viel fehlt, und dabei fehlen doch noch volle 23 Grad, mehr als die höchste Erhebung der Sonne über dem Horizont um die Wintersonnenwende mittags beträgt (19 Grad).

Wenn man glaubt, den Blick bis zur halben Höhe des Himmelsgewölbes erhoben zu haben, so blickt man in der Tat bestenfalls 31 Grad hoch, statt 45. Das gilt für eine mondleere Nacht, wo solche Versuche durch Anfixieren von Sternen in bekannter Höhe leicht anzustellen sind.

Bei Mondschein ist der Fehler noch größer, mit 27 Grad Elevation und bei Tag schon bei einer von $22^1/_2$ Grad glaubt man seinen Blick bis zur Hälfte der Vertikalen erhoben zu haben. Der Eindruck des Gedrücktseins des Himmelsgewölbes hängt mit dieser falschen Winkelschätzung zusammen. Bei zurückgelegtem Kopf und kurzen Wendungen des Blicks hat man den Eindruck der Abflachung nicht. Die Höhe von allem, was am Himmel zu sehen ist, von Gestirnen, Wolken, Feuerkugeln, wird allgemein und zwar viel zu hoch geschätzt.

Zur Unsicherheit in der Winkelschätzung in der Höhe trägt übrigens auch bei, daß hier gewöhnlich jeder Maßstab fehlt, während beim horizontalen Blick, z. B. gegen den gerade aufgehenden Mond, noch mehrere Dinge vor ihm liegen, die wir ganz unwillkürlich beim Schätzen der Entfernung mit berücksichtigen. Sie fehlen beim Blick in die Höhe und da schätzt man dann die Entfernung geringer ein. Bemerkenswerterweise werden Schätzungen viel richtiger, wenn man sie neben einem hohen Turm, Schornstein, Mast oder dergleichen vornimmt, dabei also einen Maßstab mitverwenden kann.

Wer darauf achtet, wird öfter bemerken, daß falsche Schätzung der Entfernung auch falsche Schätzung der Größe des Objektes nach sich zieht. So liegt z. B. unter meinem Fenster im zweiten Stock, ein Stockwerk tiefer, ein Schieferdach mit eingelassenen Fenstern. Ich kann eines davon im Spiegelbild meines Fensters oben sehen, wenn ich den Fensterflügel nach außen stelle. Durch Drehen meines Fensterflügels kann ich das Spiegelbild bald auf das Schieferdach, bald auf den Boden im Garten werfen und dabei beides, das Schieferdach und den Garten, auch direkt durch meinen Fensterflügel betrachten. Sobald das Spiegelbild des Oberfensters auf das Dach fällt, erscheint es mir geradeso groß wie die anderen Oberfenster neben ihm. Fällt es aber auf den Boden unten im Garten, der etwa doppelt so weit von mir entfernt ist wie das Dach, so erscheint es mir doppelt so groß. Das Bild, das es in meinem Auge entwirft, ist in beiden Fällen gleich groß, der Winkel, in dem es mir erscheint, ist der gleiche, und dabei e r s c h e i n t mir das eine Mal ein doppelt so großes Bild als wie das andere Mal! Würde ich das Oberfenster ausheben, in den Garten tragen und auf den Sand legen, es dann von oben aus betrachten, so würde ich es für gleich groß halten wie die anderen im Dach, obwohl es mir aus der doppelten Entfernung eigentlich nur halbmal so groß erscheinen kann. Aber das kleinere Bild stimmt mit der größeren Entfernung und deswegen halte ich es für gleich groß wie die anderen.

Die beschriebene Täuschung mit dem Fenster ist eine vollkommen zwangsmäßige, unter den angegebenen Bedingungen erscheint mir das Fenster viel zu groß und keine Überlegung, daß es ja doch dasselbe Fenster sei, kann gegen diesen Sinneseindruck aufkommen. Ähnlichen Täuschungen begegnen wir oft, auch bei Beobachtungen am Himmel. Aus hundertfältiger Erfahrung weiß jeder, daß der Mond beim Auf- und Untergehen viel größer aussieht als wenn er hoch oben am Himmel steht. Eigentlich ist der vertikale Durchmesser des Mondes, wenn er dem Horizont nahesteht, sogar etwas kleiner als hoch oben. Lichtstrahlen, die vom leeren Weltraum in die Atmosphäre kommen, werden hier „zum Lot gebrochen" und ein Stern erscheint uns also immer höher, als er wirklich ist. Nur im Zenit besteht kein Unterschied zwischen dem wirklichen und dem scheinbaren Ort, weil beim senkrechten Einfall eines Lichtstrahls keine Ablenkung seiner Richtung erfolgt. Je schiefer der Einfall des Strahles ist, desto größer wird seine Ablenkung und desto größer ist für ein Gestirn der Unterschied zwischen wirklichem und scheinbarem Ort, je näher es dem Horizont steht. Der untere Rand des aufgehenden Mondes steht dem Horizont näher als der obere. Sein Bild wird durch die Strahlenbrechung mehr gehoben als das Bild des oberen Randes. Der rechte und linke Rand ist aber durch Strahlenbrechung gleich verschoben, der Querdurchmesser muß also nicht verändert, der vertikale Durchmesser aber verkleinert erscheinen, weil eben der untere Rand mehr gehoben ist als der obere. Der Unterschied ist immerhin so beträchtlich, daß der auf- oder untergehende Mond uns deutlich von oben nach unten abgeplattet erscheint. Auch bei der Sonne kann man das nicht selten beobachten, wenn durch die dunstige Atmosphäre das Sonnenlicht, wenn die Sonne sehr tief steht, so stark gedämpft wird, daß man sie ohne geblendet zu werden betrachten kann. Mißt man dabei das Bild von Sonne oder Mond mit einem Winkelmesser, einem „Theodoliten", so ergibt sich der Vertikaldurchmesser wirklich kleiner als der horizontale. Die Abplattung beider Gestirne ist also keine Täuschung, dagegen ergibt die Winkelmessung, daß das Bild von Sonne und Mond nahe dem Horizont, im Querdurchmesser geradeso groß ist, wie wenn beide hoch oben am Himmel stehen. Und dabei ist der Unterschied in der Größe der Bilder so auffallend, daß jeder Unbefangene das eine Mal den Mond, wenn er aufgeht, als riesengroß, wenn er in einer Winternacht hoch oben steht, als dagegen winzig klein bezeichnen wird. Andererseits ist die Abplattung des Bildes unscheinbar, und man muß schon besonders darauf achten, um sie zum Bewußtsein zu bringen. Und doch ist, wie gesagt, die Abplattung physikalisch bedingt und der ganze Größenunterschied beruht nur auf einem Schätzungsfehler unsererseits, indem wir, wie schon früher auseinandergesetzt, eine falsche Einschätzung der Entfernung vornehmen bei Gegenständen, die sich hoch oben, dem Zenit nahe, befinden. Das Gleiche trifft auch in der Größenschätzung ganzer Sternbilder zu, macht sich auch bei Beobachtungen irdischer Gebilde geltend und verdient es schon, daß wir noch einen Augenblick dabei verweilen.

Sonne und Mond und auch die Sternbilder sehen wir bei ihrem Tiefstand etwa doppelt so groß, bei ihrem Höchststand etwa halb mal so groß, als wenn sie sich in mittlerer Höhe uns darstellen. Der Unterschied kann also das Vierfache des scheinbaren Durchmessers betragen. Er ist am auffallendsten allerdings beim Mond und scheint, wenn wir unsere Erinnerung fragen, sogar von der Jahreszeit abzuhängen. Wenigstens erinnern wir uns, wie klein uns der Mond in kalten Winternächten vorgekommen ist, wie ungeheuer groß, wenn er in einer schönen Sommernacht als Vollmond hinter den nahen Hügeln hervorkam. Der höchste Stand des Mondes beträgt in unseren Breiten etwa 67 Grad, am Horizont natürlich Null. Sonne und Mond bewegen sich annähernd auf derselben Bahn, der Ekliptik, die mit dem Himmelsäquator einen Winkel von rund 23 Grad bildet. Steht die Sonne hoch, so ist nach 12 Stunden der Vollmond ihr gegenüber tief stehend und umgekehrt. Im Sommer also, wo die Sonne hoch steht, steht der Vollmond tief. Dieser erreicht im Winter seine größte Höhe der jetzt tiefstehenden Sonne gegenüber. Deswegen erscheint uns der Vollmond um diese Zeit in den kalten Winternächten sehr klein, weil er hoch oben steht, im Sommer groß, auch wenn er im Süden den jetzt möglichst hohen Stand erreicht. Vor allem spielt auch die Konvergenzbewegung der Augen eine Rolle, die ganz ohne unser Zutun eintritt, wenn wir den Blick erheben. Wir sind unwillkürlich bestrebt, mit unseren zwei Augen immer einfach zu sehen, die Bilder, die in jedem Auge entstehen, zur Deckung zu bringen. Dazu machen wir mit den Augenmuskeln beim Nahsehen die Sehachsen der beiden Augen so konvergent, daß sie sich immer in dem Gegenstand, den wir betrachten wollen, schneiden. Je näher das Objekt ist, desto konvergenter müssen also die Sehachsen sein und für unendlich weit entfernte Dinge (Gestirne können mit ihrem ungeheuer großen Abstand dafür gelten) müssen die Sehachsen parallel gerichtet sein. Wir sind ferner gewohnt, aus der Anstrengung unserer Muskeln, mit denen wir den Augapfel bewegen, die Konvergenz der Sehachsen zu beurteilen und darauf gründen wir wieder die Schätzung der Entfernung. Ein Haus, ein Baum erscheint uns aus der Ferne viel kleiner, weil sie ein kleineres Bild auf der Netzhaut entwerfen als in der Nähe und die Größe des Bildes ist direkt abhängig von dem Winkel, unter dem der Gegenstand erscheint. Kleine Kinder beurteilen die wirkliche Größe tatsächlich nur danach, es sind „kleine Männchen", „kleine Häuschen", die sie in der Ferne zu sehen glauben. Erst die Erfahrung lehrt das Urteil durch gleichzeitige Schätzung der Entfernung zu berichtigen. Ist diese Schätzung der Entfernung fehlerhaft, so wird auch die Größe eines und desselben Gegenstandes notwendig falsch beurteilt, auch dann, wenn er unter dem gleichen Winkel erscheint. Das trifft nun wirklich beim Blick nach oben zu. Ohne daß wir es wollen, werden dabei die Sehachsen unserer Augen mehr konvergent. Die Konvergenz sind wir bei nahegelegenen Objekten gewohnt als Maßstab zu benützen für die Einschätzung der Entfernung. Wir tun dies unwillkürlich auch bei den Sternbildern und schätzen sie, wenn sie hoch oben stehen und unsere Sehachsen mehr konvergent, näher und demgemäß kleiner ein, als wenn sie tiefer stehen. Nahe am Horizont werden sie im Auge geradeso groß abgebildet, aber wir schätzen sie weiter und deswegen scheinen sie uns größer zu sein. Die Täuschung verschwindet, wenn man sich auf den Rücken legt oder den Kopf stark nach hinten überlegt oder beim Betrachten durch einen Spiegel. Ferne Berge erscheinen uns immer zu hoch; auch diese Täuschung verschwindet, wenn wir den Kopf stark neigen oder durch einen Spiegel oder mit halbgeschlossenen Augen sehen. Es ist auffallend, wie die ganze Perspektive einer Gegend sich ändert, wenn man den Kopf stark seitwärts neigt oder gar, wie es Knaben manchmal zum Scherz tun, den Kopf durch die gespreizten Beine steckend zum Horizont blickt. Auch die falsche Winkelschätzung in der Höhe, von der wir früher sprachen, hängt damit zusammen.

Die Farbe des Himmels

ist in der Nacht zwischen den leuchtenden Gestirnen schwarz, am Tag blau, aber doch, auch wenn wir von den Dämmerungserscheinungen zunächst absehen, von recht verschieden tiefer Bläue, je nach Ort und Wetterlage. Berühmt ist das tiefe Blau des italienischen Himmels, das Blau höherer Breiten soll noch schöner sein, und vom Tropenhimmel macht sich, wie versichert wird, die Mehrzahl eine ganz falsche Vorstellung. In den meisten Fällen ist dort das Blau sehr stark mit Weiß gemischt. Unzweifelhaft ist es das Sonnenlicht, das uns den Himmel überhaupt sichtbar macht. Das Sonnenlicht macht uns aber den Eindruck von gelb und der Himmel ist blau. Es ist auch wirklich gar nicht so einfach eine Erklärung zu geben, wie das Himmelsblau zustande kommt und wie es geschehen kann, daß wir von der Luft, diesem so dünnen und im ganzen so durchsichtigen Stoff, überhaupt etwas sehen können. Wir müssen da wirklich etwas weiter ausholen und einen ganz kleinen Ausblick in die Lehren der Kolloidchemie tun, einem der allerjüngsten Zweige der Chemie.

In dreierlei Formarten stellt sich der Stoff unseren Sinnen dar, in der festen, der flüssigen und der gasförmigen. Ein räumlich begrenzter Stoff heißt Körper. Alle Körper sind, wie man annehmen muß, aus sehr kleinen, mechanisch nicht mehr teilbaren Teilchen, den M o l e k ü l e n, zusammengesetzt. Wie diese Moleküle aneinander gereiht und miteinander verbunden sind, das bedingt die F o r m a r t, in der der Körper uns erscheint, ob fest, tropfbar flüssig oder gasförmig, „elastisch flüssig", wie man es sonst hieß. Nur über die Verbindung der Moleküle sagt die Formart etwas aus, nicht über die Moleküle selbst und ihre Beschaffenheit. Es hat also gar keinen Sinn, sich den Kopf darüber zu zerbrechen, ob die Moleküle fest oder sonstwie sind, sie haben überhaupt keine Formart, weil sie gar keine, als Einzelwesen, die sie sind, haben können.

Je näher sich in einem Körper die kleinsten Einzelteile stehen, desto d i c h t e r ist der Körper. Aber wenn wir auch durch den allerdichtesten in Gedanken einen Weg bahnen, so treffen wir dabei immer abwechselnd auf einen von Stoff erfüllten Raum, dann wieder auf einen leeren (mit Äther gefüllten), dann wieder auf Stoff usw. Eine p e r i o d i s c h e   Ä n d e r u n g   also, deren Periode abhängig ist von der Zahl der Stoffteilchen, die in einem gegebenen Raum verteilt sind. Es gibt eben gar keinen in allen seinen Teilen wirklich gleichartigen, einen homogenen Körper, es kann nur zerstreut angeordnete Stoffteilchen geben, auch da, wo wir keine Mittel haben, diese Zerstreuung, die D i s p e r s i o n , zu erkennen oder gar zu messen. Wir können höchstens sagen, daß in einem gegebenen Fall eine einzige Stoffart in Äther verteilt vorliegt und einen so beschaffenen Körper mag man dann ruhig als h o m o g e n . bezeichnen, im Gegensatz zu anderen, bei denen, wenn man sie, wenn auch nur in Gedanken, durchdringt, nicht immer die gleichen Stoffteilchen antrifft, sondern periodisch Teilchen, die sich in ihren physikalischen oder chemischen Eigenschaften voneinander unterscheiden.

Ein solches System nennt man ein d i s p e r s e s . Durch physische Trennungsflächen gegeneinander abgegrenzte Teile eines Gebildes heißt man, nach der Definition von W. O s t w a l d ,   P h a s e n . In jedem dispersen System unterscheidet man die d i s p e r s e   P h a s e , den fein verteilten Körper, und das D i s p e r s i o n s m i t t e l , in dem jener verteilt ist. Je feiner die Verteilung, je kleiner das einzelne Teilchen ist, desto höher ist der G r a d   der Dispersion.

Die Luft besteht bekanntlich aus 1 Teil Sauerstoff und 4 Teilen Stickstoff. Man könnte das ein disperses System von Sauerstoff in Stickstoff nennen. Die Mischung ist aber von molekularer Feinheit, auch der allerkleinste Teil von Luft, den man abtrennen kann, ist immer gleich zusammengesetzt, enthält immer 1 Teil Sauerstoff und 4 Teile Stickstoff, und es ist gebräuchlich, solche Gemenge von allerfeinster Mischung, als „molekulardisperse“, noch als homogen im gewöhnlichen Sinne anzusehen, weil nirgends eine Trennungsfläche zwischen den verschiedenen Stoffen, hier des Sauerstoffs und des Stickstoffs, vorhanden ist. Dagegen sind andere disperse Systeme in der Luft häufig, sogar solche, die man oft mit bloßem Auge auflösen kann, wie Rauch und Staub (disperse Phase fest, Dispersionsmittel Gas) oder flüssig in Luft wie Wolken und Nebel. Bei höheren Graden der Dispersion versagt das freie Auge und schließlich sogar das Mikroskop, doch gelingt es bisweilen, bei starker seitlicher Beleuchtung den dispersen Charakter des Gemisches festzustellen, an optischen Erscheinungen zu erkennen, auch ohne daß es gelingen will, die einzelnen Teilchen der dispersiven Phase wirklich zu sehen. Letzteres geht noch, wie jeder weiß, wenn man im verdunkelten Zimmer durch einen Spalt des Fensterladens einen Sonnenstrahl eintreten läßt. Tausende von Stäubchen, von deren Anwesenheit in der scheinbar leeren Luft man keine Ahnung hatte, leuchten bei dieser seitlichen und starken Beleuchtung auf. In rauchiger Luft zieht der Sonnenstrahl einen mehr oder weniger hell leuchtenden Streif. Noch feinere Teilchen verraten sich auch durch ein Aufleuchten bei seitlicher Beleuchtung, durch einen milchweißen oder nach Umständen auch farbigen Streif. Um allerkleinste Körperchen vom Durchmesser einer Lichtwellenlänge etwa, so klein, daß auch die besten Mikroskope kein Bild mehr davon geben, geht der Lichtstrahl nicht geradlinig vorbei, sondern wird von seinem Weg durch „Beugung" abgelenkt, die Strahlen von verschiedener Wellenlänge im ungleichen Maß, die roten weniger als die gelben und blauen. Darauf beruht die Farbe des Himmels auch. Stets finden sich in der Luft so kleine Teilchen schwebend, Wassertröpfchen, Eiskristalle, allerfeinste Staubteilchen, daß sie bei seitlicher Beleuchtung durch die Sonne durch Beugung sichtbar werden und je nach dem Stand der Sonne zu den meisten Tagesstunden die blaue Farbe, am Morgen und Abend in der Nähe des Horizonts auch Gelb und Rot erzeugen. Manche — und wahrscheinlich haben sie recht — nehmen sogar an, daß das Himmelsblau durch Beugung des Lichts an den Sauerstoffmolekülen erzeugt wird, also in einem System von molekularer Dispersion.

Sonach ist es auch leicht begreiflich, daß die Farbe des Himmels je nach dem Gehalt der Luft an schwebenden allerkleinsten Teilchen, namentlich auch je nach ihrem Gehalt an Wassertröpfchen, Eisnadeln, nach ihrer Feuchtigkeit und dem Grad ihrer Reinheit ein sehr verschiedenes Aussehen haben wird. In größerer Höhe über dem Boden, wo die Luft viel reiner ist, weil viele Beimengungen von Staub usw. sich nicht so hoch erheben können, ist die Luft nicht nur durchsichtiger, sondern auch tiefer blau gefärbt als in den Niederungen. Damit hängt wieder die Einschätzung der Entfernungen zusammen. Die „Luftperspektive" ist im Hochgebirge ganz anders und daher kommt es, daß der

Neuling in den Bergen das Ziel, das er seiner Wanderung gesetzt hat, durchgehends viel später erreicht als er eingeschätzt hatte.

Was wir also Himmel und Himmelsgewölbe heißen, ist nichts anderes als von der Sonne — in viel geringerem Grade vom Mond — beleuchtete Luft. Das stört am Tag die Beobachtung der viel lichtschwächeren Gestirne und wir können die Sterne nur während der Nacht sehen und auch da in ganz mondleeren Nächten viel besser als wenn der Mond scheint. Am Abend, wenn die Erleuchtung durch die Sonne mehr und mehr erblaßt, dann erwacht Stern an Stern, um am Morgen ebenso einer um den anderen zu erblassen. Dazu kommt freilich noch ein anderer Umstand, der in unserem Auge liegt. Dieses wird durch seitlich einfallendes starkes Licht geblendet, die Pupille verengt sich und man kann dann das, was man fixiert, das, was man wahrnehmen will, nicht so gut sehen. Deswegen haben die alten Araber, von denen noch heute übliche Sternnamen herrühren, sich langer Röhren bei der Beobachtung der Sterne bedient und auch die Gänge in den Pyramiden haben zum Teil sicher solchen Zwecken gedient. Wenn man bei uns von besonders tiefen Ziehbrunnen erzählt, daß man von ihrem Wasserspiegel aus die Sterne am hellen Tage erkennen könne, so habe ich zwar leider nie Gelegenheit zur Bestätigung gehabt, habe aber keinen Grund, an der Möglichkeit zu zweifeln.

Tag und Jahr.

Er findet sich in einem ew'gen Glanz
Uns hat er in die Finsternis gebracht,
Und euch taugt einzig Tag und Nacht.
Goethe, Faust I.

„Am Tag ist's hell, in der Nacht ist's dunkel, weil am Tag die Sonne scheint und in der Nacht nicht. Die Sonne geht im Osten auf, im Westen unter. Im Winter geht die Sonne später auf als im Sommer und früher unter, deswegen sind im Winter die Tage kürzer und die Nächte länger. Weil im Winter die Sonne kürzere Zeit scheint, ist es auch kälter als im Sommer."

Wirklich beschränkt sich die Beobachtung vieler Menschen, vielleicht der meisten, auf diese Tatsachen, die freilich auf das Befinden der Menschheit vom allergrößten Einfluß sind. Dazu haben alle noch in der Schule gelernt, daß die Erde sich in 24 Stunden einmal um sich selbst dreht, wodurch Tag und Nacht entstehen, und in 365 Tagen einmal um die Sonne, wodurch die Jahreszeiten hervorgebracht werden. Wenn wir etwas weiter vorgehen wollen, so handelt es sich zunächst nicht um Ursache und Wirkung im physikalischen Sinn, sondern um geometrische Verhältnisse, und wenn wir uns mit diesen vertraut gemacht haben, so haben wir damit auch die Erklärung in der Hand für Beobachtungen, die wir schon tausendmal gemacht haben, ohne darüber nachzudenken.

Für unsere Zwecke reicht zunächst das hin, was wir alle in der Schule von der Kugel gelernt haben. Alle Punkte der Oberfläche sind von einem Punkte im Innern der Kugel, dem Mittelpunkt, gleichweit entfernt. Jede gerade Linie, die durch den Mittelpunkt beiderseits bis zur Oberfläche gezogen wird, ist ein Durchmesser der Kugel. Ihrer gibt es unendlich viele, von denen keiner vor dem anderen ausgezeichnet ist. Das wird aber anders, wenn die Kugel rotiert. Dann ist der Durchmesser, um den die Drehung erfolgt, die **A c h s e** der Kugel, seine Schnittpunkte mit der Oberfläche sind die **P o l e.** Die Ebene, die durch den Mittelpunkt senkrecht zur Achse gelegt wird, ist die Äquatorialebene, der Kreis, in dem diese Ebene die Oberfläche schneidet, ist der **Ä q u a t o r.** Jede Ebene, die irgendwo durch die Kugel gelegt wird, bildet mit der Oberfläche einen Kreis, einen um so kleineren, je weiter sie am Mittelpunkt vorbei geht; es kann kein größerer Kreis gebildet werden als wenn die Ebene durch den Mittelpunkt geht. Solche „**g r ö ß t e K r e i s e**", die durch die Pole gehen, heißen **M e r i d i a n e.**

Von den Weltkörpern, die außer der Erde im Raum verteilt sind, ist ohne Zweifel die Sonne fast allein von körperlicher Wichtigkeit für das Leben auf der Erde, für das Wohlergehen der Menschheit. Deswegen bezeichnet man auch die Himmelsgegenden nach dem Laufe und Stand der Sonne, sagt für Osten Sonnenaufgang (sol oriens), für Westen Sonnenuntergang (sol occidens), „Gegen Mittag" blicken wir, wenn wir unser Auge nach Süden richten, wo die Sonne täglich am höchsten steht, und gerade gegenüber liegt die Mitternacht. Geradesogut könnte man ja auch von Auf- und Untergang des Mondes und aller anderen Gestirne reden, sie gehen alle im Osten auf, im Westen unter, und ihre größte Erhebung über dem Horizont, dem Punkt ihrer „Kulmination", erreichen sie, wie auch die Sonne, in der Südrichtung. Die Bewegung der Sterne ist sogar eine viel regelmäßigere und gleichmäßigere als z. B. die der Sonne. Jeder Fixstern geht immer am gleichen Punkt des Horizonts für uns auf, am gleichen unter und das tut die Sonne, wie jeder weiß, nicht.

Deswegen ist es zweckmäßig, mit der scheinbaren Bewegung des Fixsternhimmels zu beginnen und sich diese erst klar zu machen. Scheinbar ist sie, denn wirklich bleiben die Sterne für uns durch sehr lange Zeiten, die die Dauer eines Menschenlebens weitaus übertreffen, am nämlichen Ort im Raum stehen. Nicht der Himmel bewegt sich um die Erde, sondern die Erde dreht sich in 24 Stunden immer einmal um ihre Achse, die ihrerseits ihre Lage im Raum unverrückbar, für viele Menschenalter wenigstens, beibehält. Die beiden Punkte, an denen die Erdoberfläche von der Erdachse getroffen wird, heißen die Pole.

Stellen wir uns einen Menschen vor, der am **N o r d p o l** aufrecht steht und den Fixsternhimmel beobachtet, so wird sein Angesicht durch die Bewegung der Erde mitgedreht, von West über Süd nach Ost, dadurch kommen immer neue Sterne von Osten her in sein Gesichtsfeld und im Westen verschwinden andere, die er vorher sah. Das ist überall so, ob er den Blick hebt oder senkt, nur darf er selbst sich nicht drehen, sonst sieht er nie etwas Neues und nie verliert er eines der Gestirne aus den Augen. Denn kein Stern geht dort auf und keiner geht unter. Jeder behält seinen Abstand vom Horizont unverändert bei. Rührt sich der Beobachter nicht, so beschreiben alle Sterne um ihn herum parallele Kreise. Nur e i n Stern bleibt dabei unverrückt stehen, das ist der, der in seinem Scheitelpunkt steht, durch den die Verlängerung der Erdachse geht, in nächster Nähe des Himmelspols, anscheinend regungslos und zu jeder Zeit, der Polarstern.

Diese Beobachtung könnte während der ganzen Polarnacht, die in polaren Gegenden Wochen und Monate, je nach der geographischen Breite des Beobachtungsortes, dauert, fortgesetzt werden so lang eben die Sonne nicht sichtbar ist. Und wenn die Sonne sich im Frühjahr über den Horizont erhebt und damit die Sterne erbleichen, so läuft die Sonne auch wieder scheinbar um den Beobachter herum wie vordem die Sterne. Der Kreis, den sie beschreibt, ist aber nicht ganz genau dem Horizont parallel, sondern erhebt sich mit jedem Tag mehr, bis in den Sommer, dann wieder sinkt die Bahn der Sonne langsam erst, dann rascher, bis sie im Herbst unter den Horizont untertaucht und verschwunden bleibt bis zum nächsten Frühjahr. Auf den „ewigen Tag" ist die „ewige Nacht" der Polargegenden gefolgt.

Wieder ist Gelegenheit gegeben, den scheinbaren Lauf der Gestirne zu verfolgen und da kann der Beobachter seine Wahrnehmungen vervollständigen und feststellen, daß der Kreis, den ein Gestirn in 24 Stunden beschreibt, um so größer ist, je näher es dem Horizont steht, und um so kleiner, je näher dem Pol, der selbst gar keine Bewegung zeigt. Je größer die Höhe und je kleiner also der Polabstand, desto kleiner ist der Weg, der in 24 Stunden zurückgelegt wird, desto kleiner also die scheinbare Geschwindigkeit des Gestirns.

Jetzt soll der Beobachter auf der Erde seinen Platz wechseln und sich an den Ä q u a t o r begeben. Dort gehen im Osten an allen Stellen vom Norden an bis zum Süden Gestirne auf und im Westen gehen an allen Stellen Gestirne unter. Je weiter ein Gestirn nach Süden oder nach Norden steht, desto kleiner ist der Weg, den es bis zu seinem Untergang beschreibt. Der Stern, der genau im Osten aufgeht, der geht auch genau im Westen unter und hat den weitesten Weg zurückzulegen, er geht dabei durch den Scheitelpunkt des Beobachters, die Höhe seines „Kulminationspunktes" beträgt 90 Grad. Seine Bahn ist die Hälfte eines größten Kreises, alle anderen Sterne weiter südlich und weiter gegen Norden zu laufen ihm parallel, aber in um so kleineren Kreisen, je weiter sie von ihm nach Süden oder Norden abstehen. Nur an zwei Punkten, genau im Norden und genau im Süden, ändert sich gar nichts, da bleibt alles in Ruhe. Jedes Gestirn ist 12 Stunden über und eben soviel unter dem Horizont. Also in allem der gerade Gegensatz von dem, was der Beobachter am Pol bemerkt. Am Äquator die Bahn der Gestirne senkrecht zum Horizont, am Pol parallel zu diesem, am Äquator ist jeder Stern einmal sichtbar, jeder geht auf und unter, ist 12 Stunden sichtbar, 12 unsichtbar, am Pol geht gar keiner auf und unter, alle, die überhaupt sichtbar sind, sind es in der Nacht immer. Das ist aber am Pol nur die Hälfte aller Gestirne, die es gibt. Was auf der südlichen Hälfte des Himmelsgewölbes steht, taucht für den Beobachter am Nordpol niemals auf, was sich auf der nördlichen Halbkugel befindet, das bleibt dem Beobachter am Südpol immer verborgen. Der Beobachter am Äquator aber übersieht das ganze Himmelsgewölbe nach Norden wie nach Süden, auch er überblickt auf einmal natürlich immer nur die Hälfte aller Sternbilder, aber nach und nach alle, indem die einen im Westen untergehen und dafür im Osten andere erscheinen. Dazu ändert sich der Stand der Sonne im Verlauf eines Jahres derart, daß nach und nach im Verlaufe der Nächte andere Sternbilder oben und deswegen sichtbar sind, andere tagsüber sichtbar wären, wenn das Sonnenlicht nicht störte. Auf diese Art kann man am Äquator nach und nach in Jahresfrist alle Sterne sehen. An den Polen übersieht man in einer einzigen Polarnacht auf einmal alles, was dort überhaupt sichtbar werden kann, man braucht sich dazu nur selbst umzudrehen und im „ewigen Tag" sieht man tage-, wochen- oder monatelang gar keinen Stern, weil die Sonne stört.

Nur eines ist für beide Beobachter, für den am Pol und für den am Äquator, ganz gleich: Die Bahnen aller Gestirne sind miteinander parallel. Begreiflicherweise, denn

die scheinbare Bahn der Gestirne entsteht ja durch die
Drehung, die der Beobachter selbst mitsamt der Erde um
deren Achse erfährt, nur steht der Beobachter am Pol mit
seinem Körper in der Verlängerung der Erdachse und alles
dreht sich also wirklich um die Längsachse seines eigenen
Körpers herum, dagegen der Beobachter am Äquator steht mit
den Füßen senkrecht zur Erdachse und sein Kopf wird in
24 Stunden einmal um seinen Fußpunkt herumgeführt,
das Himmelsgewölbe mit allem, was darauf steht, scheint
sich also vom Fuß zum Kopf oben herum zu drehen.

Für einen, der zwischen Äquator und Pol
sich befindet, also schief zur Erdachse steht, kann die scheinbare Bewegung der Gestirne weder eine ganz flache, wie am
Pol, noch eine ganz senkrechte, wie am Äquator sein. Sie
muß in ihrer Richtung zwischen beiden stehen, muß schief
sein, indem die Sterne im Osten aufgehen, zugleich in die
Höhe und nach Süden aufsteigen und sich nach ihrem
höchsten Stand (ihrer Kulmination) auf der westlichen Seite
nach abwärts und zugleich nach Norden bewegen. Je näher
sich der Beobachter dem Pol befindet, in je höherer geographischer Breite, desto flacher wird die Bahn der Sterne,
desto weiter im Norden gehen sie auf und unter, desto weniger
erheben sie sich, wenn sie durch die Nord-Südlinie (den
Meridian) gehen. Und umgekehrt, je näher der Beobachter
dem Äquator steht, desto steiler ist der Bogen der Gestirne,
desto weniger weit nördlich ist der Punkt des Auf- und
Untergangs gegenüber dem Scheitelpunkt ihrer Bahn gelegen. Was hier für den Beobachter auf der nördlichen
Halbkugel Norden ist, das ist natürlich für einen auf der
südlichen die Südrichtung.

Die Achse, um die sich die Erde dreht, trifft in ihrer
Verlängerung, wie schon erwähnt, fast genau auf einen
ziemlich hellen Stern. Es ist der letzte Stern im Schwanz
des kleinen Bären und heißt der Polarstern. Er steht also
über einem Beobachter am Pol scheitelrecht und einer
am Äquator kann ihn genau im Norden gerade noch am
Horizont erblicken. Überall scheint der Polarstern still-
zustehen und die anderen Sterne bewegen sich in Parallel-
kreisen, die auf der Weltachse (der Verlängerung der Erdachse) senkrecht stehen. Begibt sich der Beobachter am
Äquator nach Norden, so erhebt sich allmählich der Polarstern über den Horizont. Seine Erhebung ist gleich der
geographischen Breite, unter der beobachtet wird, Polhöhe

und geographische Breite bedeuten das nämliche. Unter der geographischen Breite beispielsweise von 50 Grad steht der Polarstern 50 Grad über dem Horizont. Alle Sterne, die nicht mehr als 50 Grad vom Polarstern entfernt sind, können bei ihrer Drehung um die Weltachse gar nicht tiefer zu stehen kommen als der Horizont, sie gehen also nie unter, sie sind „z i r k u m p o l a r". Für den Nordpol sind alle Sterne der nördlichen Himmelshalbkugel zirkumpolar, für den Äquator ist es gar keiner. Je geringer die geographische Breite des Beobachtungsortes ist, desto steiler sind die Bahnen der Sterne am Himmel, am Äquator stehen sie, wie wir sahen, senkrecht zum Horizont. Mit zunehmender geographischer Breite werden sie immer flacher, immer weiter nach Norden liegt der Punkt ihres Auf- und Untergangs, bis endlich am Pol selbst kein Stern mehr auf- und untergeht, die Bahnen von allen parallel dem Horizont verlaufen.

Die Erde bewegt sich, wie jeder weiß, um die Sonne herum, im Jahr einmal, mit einer Geschwindigkeit von 30 km in der Sekunde. Von jedem Zeitpunkt an gerechnet steht sie nach einem halben Jahre an einem Punkt, der vom Ausgangspunkt rund 299,0 Millionen Kilometer weit entfernt ist. So groß auch dieser Abstand nach menschlichem Maß sein mag, so ist er doch nur sehr klein gegenüber der Entfernung der Fixsterne, von denen der nächste von allen, der größte im Sternbild.des Zentauren, so weit von der Erde absteht, daß ein Lichtstrahl, der doch in der Sekunde 300 000 km zurücklegt, von dort bis zu uns etwa vier Jahre braucht. Wegen dieser riesigen Entfernungen kommt es, daß das Bild des gestirnten Himmels sich bei der Bewegung der Erde um die Sonne nicht zu verschieben scheint, daß die Sterne, obwohl sich der Standpunkt, von dem aus wir sie betrachten, verschiebt, doch immer an derselben Stelle stehen bleiben und ihre Stellung gegeneinander sich nicht ändert. Wenigstens für die einfache Betrachtung ist das so und für die Dauer eines Menschenalters. Später werden wir noch einmal davon sprechen.

Ganz anders ist es mit dem Stand der Sonne, um die wir uns mit unserer Erde in einem Jahre bewegen. Da für uns der Fixsternhimmel unbeweglich ist, so muß sich die Sonne an ihm verschieben, ihr Hintergrund muß sich ändern. Wenn ich in der Mitte eines Zimmers stehe und ein Tisch wird im Kreis herum um mich herumgetragen, so sehe ich den Tisch erst vor der einen Wand, dann vor der nächsten,

der dritten und der vierten Wand, bis er den Kreis vollendet
hat. Gerade ebenso ist es auch, wenn der Tisch in der Mitte
des Zimmers feststeht und ich mich um den Tisch bewege.
Dann sehe ich auch nacheinander den Tisch vor der ersten,
dann der zweiten Wand usw., bis i c h meine Kreisbewegung
vollendet habe und nach und nach vor allen vier Wänden.
Nur muß ich, damit die R e i h e n f o l g e der Wände
dieselbe bleibt, mich in der umgekehrten Richtung um den
Tisch bewegen, als die war, in der der Tisch um mich herum
getragen wurde.

Es ändert also die Sonne im Verlauf eines Jahres ihren
Platz am Fixsternhimmel und beschreibt auf ihm eine
Kreislinie. Man hat schon im Altertum die scheinbare
Bahn der Sonne in 12 Teile geteilt, nach den Sternbildern
benannt, die auf ihrer Bahn liegen, und da dies zum großen
Teil Tiernamen waren, hat man die ganze scheinbare Sonnen-
bahn den T i e r k r e i s (Z o d i a k u s) genannt. In der
Astronomie heißt die Bahn der Erde um die Sonne E k l i p -
t i k , ihre Übertragung auf das Himmelsgewölbe ergibt den
Zodiakus.

Die Bahn der Erde um die Sonne liegt in einer Ebene.
Gegen diese ist die Erdachse in einem Winkel von 23 Grad
28 Minuten geneigt. Die Erde rotiert um ihre Achse und ist,
wie wir dies schon bei unserem Kartenblatt sahen, bestrebt,
die Richtung ihrer Achse unverändert beizubehalten. Die
Erde wendet demnach auf ihrer Bahn um die Sonne dieser
bald den Nordpol zu, bald von ihr weg. Ein Beobachter auf
der nördlichen Halbkugel ist im ersten Fall mit dem Kopf
gegen die Sonne geneigt, im zweiten von ihr rückwärts
abgeneigt. Oder, so kann man auch sagen, für seinen Standpunkt steht im ersten Fall die Sonne höher, im zweiten tiefer,
im ersten ists für ihn Sommer, im zweiten Winter. Im
Sommer ist die Sonne für uns (unter dem 45. Breitegrad)
ein ziemlich hochstehender Stern, im Mittag erreicht sie
zur Zeit der Sommersonnenwende mit 73 Grad 2 Minuten
die größte Höhe über dem Horizont, sie bleibt wie alle
hochstehenden Sterne lang am Himmel (ca. 16 Stunden
und 12 Minuten) und nachts nur ca. 7 Stunden 48 Minuten
unter dem Horizont verborgen. Im Winter erhebt sie sich
am kürzesten Tag nur etwa 16 Grad 32 Minuten über den
Horizont. Jetzt gehört die Sonne zu den südlichen Sternen,
denn sie steht 23 Grad 28 Minuten südlicher als der Äquator, sie
bleibt nur ca. 7 Stunden über dem Horizont, so lange dauert

etwa bei uns der kürzeste Tag und über 16 Stunden ist es Nacht.

Zweimal im Jahr, am 23. März und am 23. September, scheint die Sonne seitlich auf die Erde, die sich mit dem Nordpol voraus bewegt. Da steht die Sonne am Himmelsäquator, es ist Tag- und Nachtgleiche, beide dauern zwölf Stunden.

Man muß sich wundern, daß die Völker schon bevor man Winkel messen konnte und bevor man Uhren hatte und die Dauer des Tages bestimmen konnte, doch imstande waren, die Zeit der Tag- und Nachtgleiche im Frühjahr und Herbst, die Sonnenwende im Winter und Sommer, also den kürzesten Tag im Jahr und den längsten so ziemlich genau festzusetzen. Wahrscheinlich hat man die Länge des Schattens eines senkrecht aufgestellten Stabes auf wagerechter Grundlage gemessen und gefunden, daß er an einem bestimmten Tage im Winter am kürzesten, an einem Tag des Sommers am längsten ausfiel, und so wurden die Tage der Sonnenwende festgelegt. Das wurde nicht überall entdeckt, aber in manchen alten Kulturen frühzeitig, so bei den Chaldäern, den Babyloniern, und später wurde das den anderen Völkern übermittelt.

Die Verlängerung der Tageslänge im Sommer und Winter blieb natürlich auch den Naturvölkern nicht verborgen und ebensowenig, daß die Sonne im Sommer einen sehr merklich höheren Stand erreicht als im Winter und daß die Tage dort viel länger sind als hier. Bei genauerer Aufmerksamkeit machte man noch die Wahrnehmung, daß die Zunahme der Tagesdauer nach der Wintersonnenwende anfangs sehr langsam, dann immer schneller, am schnellsten zur Zeit der Tag- und Nachtgleiche erfolgt, dann wieder langsamer, am langsamsten von neuem unmittelbar vor der Sommersonnenwende. Dann geht es mit der Abnahme der Tageslänge gegen den Herbst und Winter hin geradeso, in umgekehrter Reihenfolge. Ja, noch ein Umstand bleibt auch der Beobachtung, die über gar keine Methoden des Messens als über eine Uhr verfügt, nicht verborgen. Ein jeder von uns, der als Kind früh in die Schule mußte, hat damals schon die Bemerkung gemacht, daß die Zunahme der Tagesdauer, die doch nach der Wintersonnenwende eintreten mußte und auch nach der Uhr bald bemerkt wurde, zuerst nur die Verlängerung des Lichtes am Abend betraf, der Morgen aber eher dunkler zu werden schien. Und wirk-

lich ist diese Meinung der Menschen, die in ihrem Tageswerk
sich nach einer guten Uhr richten müssen, ganz zutreffend,
und berechtigt ist die Meinung aller der Menschen, die auf
so etwas acht geben, daß die Verlängerung des Tages sich
zuerst am Abend und dann erst am Morgen bemerkbar macht
und ebenso im Sommer die Verkürzung der Tagesdauer zuerst
am Morgen und dann auch am Abend.

Ich habe die nachfolgende Tabelle für meinen Heimatort
Würzburg berechnet, der unter 49 Grad 26 Minuten 37 Se-

Datum	Tagesdauer			Sonnen-aufgang			Sonnen-untergang			Zeit-gleichung	
	h	m	sec	h	m	sec	h	m	sec	m	sec
22. XII.	7	56	24	8	0	13	3	56	37	— 1	35
23. „	7	56	26	8	0	42	3	57	8	— 1	5
24. „	7	56	34	8	1	7	3	57	42	— 0	35
25. „	'7	56	50	8	1	30	3	58	20	— 0	5
26. „	7	57	10	8	1	50	3	59	0	+ 0	25
27. „	7	57	36	8	2	7	3	59	43	+ 0	55
28. „	7	58	16	8	2	20	4	0	28	+ 1	24
29. „	7	58	48	8	2	26	4	1	18	+ 1	50
30. „	7	59	32	8	2	37	4	2	9	+ 2	23
31. „	8	0	20	8	2	42	4	3	2	+ 2	52
1. I.	8	1	18	8	2	42	4	4	0	+ 3	21
2. „	8	2	34	8	2	11	4	4	45	+ 3	28
8. „	8	10	48	8	1	14	4	12	2	+ 6	38
9. „	8	12	36	8	0	46	4	13	22	+ 7	4
15. „	8	24	14	7	57	16	4	21	30	+ 9	23
16. „	8	26	26	7	56	31	4	22	57	+ 9	44
1. II.	9	9	36	7	38	53	4	48	29	+ 13	41
2. „	9	20	38	7	33	0	4	53	38	+ 13	19
1. III.	10	38	38	6	53	17	5	31	55	+ 12	36
21. „	12	0	20	6	7	7	6	7	37	+ 7	27
22. „	12	4	2	6	5	8	6	9	10	+ 7	9

(Ohne Berücksichtigung der Strahlenbrechung.)

kunden nördlicher Breite liegt. Sie gilt natürlich für alle
Orte der gleichen geographischen Breite auf der Erde und
annähernd auch für alle, deren Polhöhe nicht sehr davon
abweicht. Die Tabelle enthält nur den Zeitraum zwischen

Wintersolstitium und Frühjahrs-Äquinoktien. Daraus ergibt sich aber von selbst, wie es sich zur Sommersonnenwende und zur Herbst-Tag- und Nachtgleiche verhalten wird, wie zur Sommersonnenwende die Tage zuletzt kaum merklich zu-, nach ihr kaum merklich abnehmen, die Abnahme der Tagesdauer zur Herbst-Tag- und Nachtgleiche am raschesten erfolgt, dann immer langsamer bis zum Zeitpunkt, von dem die Tabelle ausgegangen war. Der Verlauf der Tagesdauer erstreckt sich nämlich über das ganze Jahr symmetrisch, nur ist noch ein Punkt besonders zu berücksichtigen. Er betrifft den Umstand, der auch dem Volk schon aufgefallen ist, daß Zu- und Abnahme des Tages sich nicht gleichmäßig auf Morgen und Abend verteilt. Die Beobachtung ist richtig, wie auch die Tabelle zeigt. Vom 22. Dezember an geht die Sonne jeden Tag ein wenig später auf, obwohl die Tagesdauer zunimmt. Diese Zunahme ist anfangs sehr gering, beträgt am ersten Tag nur zwei Sekunden, am nächsten zehn Sekunden im ganzen (Zunahme um „einen Hirschsprung" und um „einen Hahnenschrei", wie das Volk sagt), und dabei geht die Sonne an jedem Tag später auf, am 1. Januar um 2 Minuten 29 Sekunden später als zur Zeit der Sonnenwende, dann aber nimmt diese Verspätung langsam ab, schon am zweiten beträgt sie nur noch 1 Minute 58 Sekunden und allmählich wird von jedem auch ohne besondere Messung mit Freuden erkannt, daß man „die Zunahme des Tages jetzt auch am Morgen merkt". Der 2. Februar „Maria-Lichtmeß" hat seinen Namen im Kirchenjahr daher, daß jetzt „die Herren die Messe ohne Licht lesen können". So bekannt die Erscheinung der ungleichen Verteilung für Morgen und Abend ist, so wenig vermögen die meisten den Grund einzusehen. Wir müssen etwas ausholen.

Die Tageszeiten entstehen, wie ja jeder weiß, durch die Drehung der Erde um ihre Achse und die Zeit, die verfließt von dem Augenblicke, in dem der Mittelpunkt der Sonnenscheibe genau durch die Südrichtung (den Meridian) eines Ortes zu gehen scheint, bis zu dem Augenblick, in dem er das wieder tut, heißt ein Sonnentag und wird in 24 gleich lange Stunden geteilt. Die Erde bewegt sich aber auch noch um die Sonne und so entsteht das Jahr. Würde sie diese Bewegung allein ausführen, ohne sich zugleich um ihre Achse zu drehen, so würde auch Tag und Nacht entstehen, weil jeder Ort auf der Erde bald der Sonne zu, bald von ihr abgekehrt wäre. Tag und Nacht würden ein Jahr ausfüllen, ein ganzer Tag wäre so lang wie ein ganzes Jahr. Dabei würde, weil die Erde sich von West über Süd nach Ost um die Sonne bewegt, diese im Westen auf- und im Osten untergehen. So wird eigentlich jeder Tag, der durch die erste Bewegung entsteht, durch die zweite verlängert, das ganze Jahr aber um einen Erdentag verkürzt. Das könnte uns praktisch vollkommen gleichgültig sein, denn wir messen nur, was ist, nicht was unter anderen gegebenen Umständen wäre. An unserer Stundeneinteilung, die sich nach dem scheinbaren Gang der Sonne richtet, würde das gar nichts ändern, wenn die tägliche Verzögerung des Sonnengangs, die Verlängerung des Sonnentages, nur immer gleichmäßig wäre. Das ist sie aber nicht. Die Bahn der Erde um die Sonne ist kein Kreis, sondern eine Ellipse, in deren einem Brennpunkt die Sonne steht. Die Erde ist von der Sonne nicht das ganze Jahr gleichweit entfernt. Im Winter steht sie der Sonne am nächsten, im Sommer ist sie am weitesten von ihr entfernt. Im „Perihel", am 3. Januar, beträgt der Abstand 147 Millionen Kilometer, im „Aphel", Mitternacht vom 2. bis zum 3. Juli, 152 Millionen Kilometer. Nach dem 2. „Keplerschen Gesetz" beschreibt der Radius Vektor, die Verbindungslinie zwischen Sonne und Erde, beim Lauf der Erde um die Sonne in gleichen Zeiten gleiche Flächen. Deswegen muß die Erde da, wo sie der Sonne näher steht, sich rascher bewegen und langsamer da, wo sie weiter von ihr entfernt ist. Die Verlängerung des Sonnentages, die Verzögerung des scheinbaren Gangs der Sonne ist also eine ungleichmäßige, sie ist im Winter größer als im Sommer. Das zeigt sich aber nur an der Sonnenuhr, der Gang der mechanischen Uhren kann darauf keine Rücksicht nehmen und nimmt sie nicht, im Gegenteil alle Sorgfalt wird darauf verwendet, daß ihr Gang ein möglichst gleichmäßiger ist. Nur die „Mittlere Zeit", nicht die „Wahre Sonnenzeit" wird durch unsere Uhren gemessen. So entsteht ein Unterschied zwischen Mittlerer Zeit (Uhr) und Wahrer Sonnenzeit, der nicht das ganze Jahr hindurch der gleiche ist. Man heißt diesen Unterschied die Z e i t g l e i c h u n g. Diese Differenz wächst in den Wintermonaten bedeutend, und wenn am 15. Februar eine gute Uhr 12 Uhr zeigt, so geht erst 14 Minuten später die Sonne durch die Mittagslinie (den Meridian); nach unserer Uhr ist es also dann erst eine Viertelstunde nach dem wirklichen Mittag 12 Uhr, und bei Sonnenaufgang und bei Sonnenuntergang hat sich

die Mittlere Zeit um denselben Betrag gegen Abend verschoben, der Sonnenaufgang und der Untergang erscheinen
verspätet, solange der Wert der Zeitgleichung, der Unterschied: Mittlere Zeit minus Wahre Sonnenzeit positiv
ist. Umgekehrt, wenn er negativ ist, wenn man also
von der Sonnenzeit noch etwas, den Wert der Zeitgleichung, abziehen muß, um die Mittlere Zeit zu erhalten,
so sind alle Zeiten, die von der Uhr angegeben werden,
also auch die Zeit, die wir bei Sonnen-Aufgang und Untergang
ablesen, gegen den Morgen hin verschoben. Auf- und Untergang der Sonne wird nach der Uhr zu bald erfolgen. Wie
unsere Tabelle zeigt, ist der Wert der Zeitgleichung im
Winter zuerst negativ, dann positiv, und dieser Wert nimmt
im Verlaufe der letzten Tage des Dezember und im Januar
immer mehr zu. Obwohl also die Sonne an jedem Morgen
früher aufgeht, so zeigt die Uhr doch von Tag zu Tag spätere
Zeiten hierfür an, denn die Zeitgleichung wächst tatsächlich
zunächst schneller als die Zunahme des Tages. Erst am
1. Januar tritt hier Gleichgewicht ein und von da an geht
die Sonne auch nach unserer Uhr am Morgen eher auf,
anfangs kaum, dann deutlich bemerkbar.

Zur Zeit der Frühlings-Tag- und Nachtgleiche ist die
Zeitgleichung auch positiv, ihr Wert sinkt aber rasch.
Um diese Zeit nimmt die Tagesdauer schnell zu, viel rascher
als sich die Zeitgleichung ändert, immerhin wird sich die
Zunahme des Tages am Morgen mehr bemerkbar machen
als am Abend.

Zur Zeit der Sommersonnenwende verhält es sich ungefähr so wie im Winter: die Zeitgleichung ist positiv und
nimmt zu. Die Folge ist die nämliche wie im Winter, wie
hier die Zunahme des Tags, so gestaltet sich im Sommer
seine Abnahme derart, daß sich die langsame Abnahme des
Tags zuerst am Morgen, dann erst am Abend bemerkbar
macht.

Zur Zeit der Herbst-Tag- und Nachtgleiche ist die
Zeitgleichung negativ und nimmt auch noch rasch
ab. Daher kommt es, daß der Untergang der Sonne,
nach unseren Uhren bestimmt, sich bei Abnahme des Tags
mit jedem Tag früher einstellt und es am Abend viel
mehr bemerkbar wird als am Morgen, wie die Tage sich
verkürzen.

Das sind alles Dinge, denen sogar eine gewisse praktische
Bedeutung nicht abgesprochen werden kann, wenn es sich

z. B. um die Frage handelt, ob die „Sommerzeit", die um Licht zu sparen während des Krieges eingeführt war, wieder eingeführt werden soll und wann sie am zweckmäßigsten zu beginnen habe. Bei dem bekannten Stand allgemeiner Bildung und der Fülle von Intelligenz, deren sich der Deutsche Reichstag zu erfreuen hat, kann das von ihm nach allgemeinem, direktem Wahlrecht vertretene Volk seiner Entscheidung unbesorgt entgegensehen.

Dabei spielt aber nicht nur der Stand der Sonne eine — die wichtigste — Rolle, nicht nur die Zeit, während deren er sich über oder unter dem Horizont befindet. Für diese Frage allein ist die oben stehende Tabelle berechnet worden.

Die alltägliche Erfahrung lehrt, daß es nach Sonnenuntergang nicht sofort ganz dunkel und Nacht wird und daß es schon vor Sonnenaufgang „zu tagen" beginnt. Beides heißt man ja die D ä m m e r u n g, die unter unseren Breiten die Tagesdauer, d. h. die Zeit, wo es für menschliche Tätigkeit schon oder noch hell genug ist, so merklich verlängert, daß in den menschlichen Berufen allgemein Rücksicht darauf genommen wird. Aus den Reisebeschreibungen wissen wir, daß unter den Tropen, in der Gegend am Äquator und zwischen den beiden Wendekreisen die Dämmerung sehr viel kürzer ist als bei uns.

An Bergen und selbst an freistehenden Baulichkeiten kann man sehen, daß die aufgehende Sonne zuerst die oberen und später die tieferen Teile bestrahlt, umgekehrt beim Untergang zuletzt von den Gipfeln Abschied nimmt, und es ist klar, daß die noch höheren Teile der Atmosphäre morgens viel früher und abends viel später Sonnenlicht haben werden als der Erdboden mit allem, was darauf ist. An Wolken, die Licht gut zurückwerfen, kann man dies recht schön sehen. Sie sind beim Grauen des Morgens, wenn die Sonne noch nicht aufgegangen ist, von ihr oft so grell beschienen, daß ihr Widerschein geradezu die Dinge unten auf dem Erdboden zwar nicht bis zur Tageshelle, aber doch sehr merklich erleuchtet. Dieser Widerschein findet aber, wenn auch nicht so auffällig, in der ganzen Atmosphäre als einem dispersen System, statt und auf dem Licht, das so auch nach unten auf den Erdboden geworfen wird, beruht die Dämmerung. Erst wenn die Sonne ca. 6 Grad unter dem Horizont steht, reicht das von der Atmosphäre zurückgeworfene Sonnenlicht doch nicht mehr hin für die Beschäftigung des Menschen im Freien. Die „b ü r g e r l i c h e

D ä m m e r u n g" beginnt also am Morgen von dem Zeitpunkt an, an dem sich die Sonne von unten bis auf 6—6$^1/_2$ Grad dem Horizont genähert hat und endet mit dem vollen Tagesanbruch, mit dem Sonnenaufgang. Und abends, nach Sonnenuntergang, dauert die bürgerliche Dämmerung bis die Sonne 6—6$^1/_2$ Grad unter dem Horizont steht. Dann ist's im Freien schon zu dunkel zum arbeiten, aber es ist noch nicht alles Tageslicht verschwunden. Auch aus größerer Tiefe sendet die Sonne der Atmosphäre noch Strahlen zu, die wenigstens den Ort, wo die Sonne steht, am Horizont durch hellere Färbung am nächtlichen Himmel kenntlich machen. Erst wenn die Sonne tiefer als 18 Grad unter dem Horizont steht, verschwindet auch dieser letzte Rest von Tageslicht und auch die „a s t r o n o m i s c h e D ä m m e r u n g " ist dann vorbei.

Wo die Sonne nie tiefer als 18 Grad unter dem Horizont sinkt, kann die astronomische Dämmerung auch nie ganz verschwinden. Das ist in der Polarnacht in hohen geographischen Breiten, wo die Sonnenbahn ja sehr flach ist, lange Zeit der Fall, aber auch bei uns in Deutschland gibt es um die Sommersonnenwende Nächte, wo der letzte Rest von Tageslicht nie ganz vergeht. Für Orte von 50 Grad nördlicher Breite ist dies etwa vom 11. Juni bis zum 10. Juli der Fall. Der Dämmerungsschein ist senkrecht über der Sonne natürlich am hellsten, weil in dieser Richtung die Sonne dem Horizont am nächsten steht. Die Sonne geht um Mitternacht unten durch die Nordrichtung („Untere Kulmination"), man sieht deshalb in Sommernächten die Dämmerung im Norden. Sie vergeht, wie wir hörten, bei uns etwa 4 Wochen lang nicht, bevor der Morgen wieder zu grauen beginnt.

Umgekehrt währt die Dämmerung um so kürzer, je steiler die Bahn der Sonne gegen den Horizont gerichtet ist, am kürzesten also unter den Tropen, da wo die Bahn zweimal im Jahr senkrecht dazu steht. Bei uns wechselt die Schiefe der Sonnenbahn und das ist die Ursache für die Beobachtung, die wir alljährlich machen können, daß es bald rascher, bald langsamer abends dunkelt, Nacht und am Morgen Tag wird. Die kürzeste bürgerliche Dämmerung dauert unter dem 50. Breitegrad etwa 40 Minuten (am 14. März und am 29. September), die kürzeste astronomische Dämmerung 112 Minuten (am 3. März und am 11. Oktober).

Um die Zeit der Sonnenwenden, im Sommer und im Winter, ist bei uns die Dämmerung, die bürgerliche und die astronomische, recht merklich länger als um die Zeit der Tag- und Nachtgleichen im Frühjahr und im Herbst. Das trägt dazu bei, daß im Herbst die Tageslänge so erschreckend rasch ab- und im April so erfreulich schnell zunimmt.

Denken wir über alle diese Dinge etwas nach, so wirft sich wohl jedem die Frage auf, ob das, was hier vorgetragen wurde und von dessen Richtigkeit die Beobachtung immer wieder zeugt, auch immer streng richtig bleibt, auch für längere Zeiten und über ein Menschenalter hinaus, ob es immer so war und immer so bleiben wird, ob sich die Jahreszeiten nicht verschieben. Das hängt mit der Frage zusammen, ob die Erdachse immer ihre Richtung im Raum streng beibehält. Von dem Vielen, was man hier fragen könnte, wollen wir nur einiges beantworten.

Die scheinbare Sonnenbahn ist gegen den Himmelsäquator um einen Winkel von 23 Grad 27 Minuten 54 Sekunden geneigt. Dieser Winkel, die „Schiefe der Ekliptik", bleibt wirklich nicht unverändert, sondern ändert sich in sehr langen Zeiten um einen geringen Betrag. Im Jahr 1100 v. Chr. wurde die Schiefe von dem chinesischen Astronomen Tschu-Kong zu 23 Grad 52 Minuten bestimmt. Sie wird noch weiter abnehmen, aber in den nächsten 30 000 Jahren höchstens um 1 Grad 10 Minuten. Dann wird sie wieder zunehmen, überhaupt nur zwischen 22 Grad 54 Minuten und 25 Grad 21 Minuten schwanken können. Die Ursache für diese Schwankung ist die Beeinflussung, die die Erde auf ihrer Bahn durch die Anziehung von seiten der anderen Planeten erfährt. Diese bewegen sich auch im großen ganzen in der gleichen Ebene um die Sonne wie die Erde, aber doch nicht ganz genau. So wird die Erde bald nach „oben", bald nach „unten" aus ihrer Bahn durch die Anziehung der anderen Planeten etwas abgelenkt.

Wir haben schon gehört, daß man die Ekliptik von alters her in 12 Zeichen von je 30 Grad Länge eingeteilt hat. Sie bekamen ihre Namen von den der Ekliptik nahe liegenden Sternbildern. Zum leichteren Behalten der 12 Namen kann man sich die Hexameter merken:

Sunt aries, taurus, gemini, cancer, leo, virgo
Libraque, scorpio, arcitenens, caper, amphora, pisces.

Die Sonne tritt im Verlaufe eines Jahres der Reihe nach in das Zeichen

des Widders	am	20. März,
des Stiers	„	20. April,
der Zwillinge	„	21. Mai,
des Krebses	„	21. Juni,
des Löwen	„	21. Juli,
der Jungfrau	„	23. August,
der Waage	„	23. September,
des Skorpions	„	22. Oktober,
des Schützen	„	22. November,
des Steinbocks	„	21. Dezember,
des Wassermanns	„	19. Januar,
der Fische	„	18. Februar.

Als man die Zeichen des Tierkreises benannte, hat dies auch mit den Sternbildern gestimmt, es stimmt aber heute nicht mehr. Die Sonne tritt nicht mehr gleichzeitig in das „Zeichen" und in das gleichnamige Sternbild am Himmel. Der Anfangspunkt, von dem aus man an der Ekliptik rechnet, das ist der Punkt, an dem im Frühjahr die Sonnenbahn den Äquator schneidet, der „Frühlingspunkt" hat sich verschoben. Diese Verschiebung, das Vorrücken, die „Präzession der Tag- und Nachtgleichen", wie sie gewöhnlich genannt wird, hat ihren Grund in einer Kreiselbewegung, die die Erdachse ausführt. Damit kommen wir wieder zu unseren ersten einfachsten Betrachtungen zurück.

Wir haben die Erfahrung gemacht, daß jeder rotierende Körper bestrebt ist, die Lage seiner Achse im Raum unverändert beizubehalten. Steht ein Kreisel absolut senkrecht, so bleibt er so stehen, mag er sich drehen oder nicht. Ist er aber nur eine Spur nach einer Seite geneigt, so fällt er nach dieser Seite durch die Schwerkraft um, wenn er sich nicht dreht. Wenn er sich aber dreht, so fällt er nicht um, wohl aber macht seine Achse eine kreisförmige Bewegung. Mit ihrem oberen Ende beschreibt sie einen Kreis, die ganze Achse beschreibt einen Kegel, dessen Spitze unten die Spitze des Kreisels am Boden bildet, mit zunehmender Neigung der Achse um so rascher. Ein Kreisel, den wir durch kräftiges Anziehen der Schnur in sehr rasche Rotation versetzen und von vornherein schief auf den Boden stellen, richtet sich sogar auf, bis er senkrecht steht. Ursache dieses Aufrichtens ist nur die Reibung der Kreiselspitze am Boden. Daß jeder

Kreisel schließlich einmal umfällt, daran ist auch die Reibung schuld, weil sie die Rotationsgeschwindigkeit verkleinert und zuletzt vernichtet. Vom Einfluß der Reibung können wir absehen, wenn wir von den Bewegungen der Himmelskörper, z. B. der Erde, im Raum sprechen. Sie bewegt sich reibungslos fort, die Geschwindigkeit ihrer Rotation wird wohl durch Ebbe und Flut ein wenig gebremst, denn die Flut wird durch die Anziehungskraft des Mondes festgehalten, der Mond bewegt sich langsam um die Erde, einmal in 28 Tagen und die Flutwelle muß an der Erdoberfläche reiben, die Rotationsbewegung der Erde verzögern. Doch das geschieht nur in so geringem Grade, daß wir zunächst davon absehen können.

Aber die Anziehungskraft der Sonne wirkt auf die Erde wie die Anziehungskraft der Erde auf den Kreisel. Die Erde ist an den Polen abgeplattet, am Äquator ist sie dicker als in der Richtung der Erdachse. Die eine Seite des Wulstes, von dem die Erde am Äquator umgeben ist, und die der Sonne gerade näher steht, wird von dieser mit größerer Kraft angezogen als die auf der anderen, der Sonne abgewendeten Seite. Denn die Gravitation, die Massenanziehung, nimmt mit dem Quadrat der Entfernung ab. Ist der Nordpol der Sonne zugewendet, so liegt die der Sonne nahe Hälfte des Wulstes am Äquator südlich, wird stärker angezogen und nach oben gerissen, ist der Nordpol von der Sonne abgewendet, so liegt der Äquatorwulst nördlich der Sonne näher und wird von dieser nach abwärts gezogen (wir stellen uns vor, daß wir an einem Modell die Erdachse mit dem Nordpol nach oben aufgestellt haben). In beiden Fällen bestrebt sich die Anziehungskraft von der Sonne aus, den Äquatorwulst in die Ebene der Erdbahn zu bringen, die Schiefe der Ekleptik zu verringern, d i e E r d a c h s e a u f z u - r i c h t e n , wie die Schwerkraft der Erde die Achse des Kreisels neigen möchte. Der Erfolg ist dort wie hier eine Kreiselbewegung der Achse. Die Erdachse beschreibt dabei einen Kegel mit einem Öffnungswinkel von 47 Grad in 26 000 Jahren. Mit dieser Kreiselbewegung verschiebt sich auch der Ort der Tag- und Nachtgleiche in der Ekliptik am Fixsternhimmel. Das sind die zwei Stellen, an denen die Erdachse genau seitlich von den Sonnenstrahlen getroffen wird. Wenn die Erdachse ihre Richtung ändert, so müssen diese zwei Stellen natürlich auch ihre Plätze wechseln. Der Frühlingspunkt lag, als Aristarch beobachtete (250

v. Chr.), im Sternbild des Widders, nahe an dem des Stiers. Heute liegt er 30 Grad von diesem Punkt entfernt, im Sternbild der Fische, nahe an dem des Widders.

Wenn so die Erdachse am Himmel in 26 000 Jahren einen Kreis beschreibt, dann bleibt auch der letzte Stern im Schwanz des kleinen Bären nicht immer Polarstern, die Erdachse wird später gegen andere Sterne gerichtet sein. Der Polarstern steht auch jetzt nicht ganz genau in der Richtung der Erdachse, diese geht um etwa $1^1/_2$ Grad an ihm vorbei, er wird sich aber der genauen Nordrichtung noch weiter nähern, bis er im Jahre 2095 nur mehr um 26 Bogensekunden davon absteht. Zu Hipparchs Zeiten stand er noch um 12 Grad vom Himmelspol entfernt. Nach dem Jahr 2095 wird der Himmelspol langsam wandern in das Sternbild des Kepheus und nach 12 000 Jahren werden wir den schönsten Polarstern haben, den wir jemals bekommen können, die helleuchtende Wega in der Leyer.

Soviel einstweilen über die Stellung der Erde im Weltraum, über die scheinbare Bewegung des Himmelsgewölbes mit allem, was darauf ist. Anschaulich kann man sich diese Dinge am besten an einem Himmelsglobus machen. Aber auch schon mit einem gewöhnlichen Erdglobus geht es, wenn er einen hölzernen Äquator hat, in dem man ihn beliebig neigen kann. Durch aufgeklebte Marken kann man in einfachster Weise wenigstens einige bekannte Sternbilder anbringen, durch einen Kreis ringsum im Winkel von $23^1/_2$ Grad gegen den Äquator die Ekliptik mit Wasserfarbe aufzeichnen, durch besondere Marken auf dieser den Stand der Sonne zur Zeit der Sonnenwenden und der Tag- und Nachtgleichen usw. Damit kommen wir unserem geometrischen Verständnis zu Hilfe, unser Verlangen nach dem Grund der Erscheinungen, nach der Ursache, warum sich die Weltkörper so und nicht anders bewegen, wird aber damit nicht gestillt. Es kann auch nicht weiter gestillt werden, wenn wir nicht die nötigen Vorkenntnisse in der Mathematik uns angeeignet haben. Die einzige bewegende Ursache in der Himmelsmechanik ist die Schwerkraft, das einzige Gesetz, wonach sie wirkt, ist das von Newton aufgestellte Gravitationsgesetz, wonach sich zwei Körper mit einer Kraft gegenseitig anziehen, die ihren Massen direkt und dem Quadrat ihres Abstandes umgekehrt proportional ist. Die Anwendung davon auf die zum größten Teil sehr verwickelten Bewegungen der Himmelskörper erfordert die

Hilfsmittel der höheren Mathematik. Nur die drei K e p -
l e r 'schen G e s e t z e wollen wir wenigstens erwähnen,
die für die Bewegung der Planeten um ihren Zentralkörper,
also auch für die der Erde um die Sonne gelten. Dazu noch
eine kleine Vorbemerkung!

Wie man einen Kreis macht, weiß jeder. In der einfachsten Weise, indem man das eine Ende eines Fadens
um einen Nagel schlingt, das andere Ende um einen Bleistift.
Der Nagel wird in ein Brett geschlagen, die Schnur wird
straff gespannt und dann umfährt man mit dem Stift den
Nagel und zeichnet so einen Kreis. Alle Punkte des Umfangs
(der Peripherie) sind von dem einen Punkt, dem Nagel
(Mittelpunkt, Zentrum) gleichweit entfernt. Jetzt zeichnen
wir auch gleich eine Ellipse. Wir schlagen in ein Brett
zwei Nägel ein und verbinden sie mit einer Schnur, die länger
ist als der Abstand der beiden Nägel voneinander. Die
Schnur ziehen wir mit dem Bleistift in der Mitte seitlich
und fahren dann mit dem Stift außen um die beiden Nägel
herum, wobei die Schnur immer straff bleiben muß. Die
gezeichnete Figur ist eine Ellipse. Die beiden Nägel bezeichnen die zwei Brennpunkte. Jeder Punkt des Umfangs
ist von den beiden Brennpunkten zusammen um die Schnur-
länge entfernt. Das ist das eigentümliche der Ellipse, daß
sie im Innern zwei Punkte enthält, von wo aus zwei Strecken,
die zusammen eine vorgegebene Größe haben, sich in allen
Punkten der Peripherie schneiden können. Eine Gerade,
die durch die beiden Brennpunkte geht und bis zur Peripherie
auf beiden Seiten, heißt die große Achse, eine in ihrer Mitte
senkrecht auf sie bis zur Peripherie gezeichnete die kleine
Achse der Ellipse.

Nun lautet das erste Gesetz von Kepler: Alle Planeten
bewegen sich in Ellipsen, in deren einem Brennpunkt die
Sonne steht. Das zweite besagt: Der Leitstrahl, den man
vom Planeten zur Sonne zieht (der „Radius vector"),
beschreibt mit der Bewegung des Planeten in gleichen Zeiten
gleiche Flächen. Daraus folgt, daß sich der Planet in seiner
Sonnenferne, wo sein Radius vector länger ist, langsamer
bewegen muß als in der Sonnennähe.

Das dritte Gesetz ist für uns weniger wichtig, es soll
nur der Vollständigkeit wegen erwähnt werden: Die Massen
zweier Planeten verhalten sich wie die Kubikzahlen ihrer
großen Achsen. Dieses dritte Gesetz hat für die rechnende
Astronomie die allergrößte Bedeutung, für die Beobachtung

ohne Hilfsmittel aber keine. Die beiden ersten werden wir aber noch brauchen, wenn wir von der Zeitbestimmung sprechen.

Nun wollen wir aber nach der ersten allgemeinen Orientierung im Raum zusehen, was wir wohl Interessantes am Himmel wahrnehmen können, wenn uns als Hilfsmittel nur unsere unbewaffneten Sinne zu Gebote stehen.

Bei weitem das Auffallendste am Himmel sind ja Sonne und Mond. An der Sonnenoberfläche läßt sich aber ohne Fernrohr nicht viel beobachten.

Sonne und Mond.

Die Sonne selbst, sie ist ein laut'res Gold;
Die keusche Luna launet grillenhaft;
Ja, wenn zu Sol sich Luna fein gesellt,
Zum Silber Gold, dann ist es eine
heit're Welt.

Goethe, Faust II.

Mit beiden wollen wir uns zuerst beschäftigen.

Die Verfinsterungen der Sonnenscheibe sind in allen Kalendern schon lang, in den Tagesblättern gewöhnlich einige Tage voraus angekündigt. Zeit des Beginns und des Endes, wie viel von der Sonnenscheibe durch den Mond verdeckt werden wird, das weiß man alles ganz genau vorher und nachher liest man immer die ständige Redensart: „Auf die Sekunde pünktlich" usw....., was aber nie wahr ist, denn alle Vorausberechnungen durch die Astronomen treffen hier niemals so genau ein. Differenzen von einigen Sekunden, ja bis zu 20, sind ganz gewöhnlich. Es liegt dies daran, daß der Mond nicht nur von der Sonne und der Erde, sondern in bemerkbarer Weise auch von anderen Himmelskörpern, den Planeten, angezogen wird. Hierdurch wird die Bahn des Mondes eine derart verwickelte, daß es bis jetzt in der Tat den Astronomen nicht möglich ist, den Ort, an dem sich der Mondmittelpunkt befinden wird, für jede Zeitsekunde auf das genaueste im voraus zu berechnen. Den Fehler in der Rechnung kann nur der entdecken, der im Besitz der mitteleuropäischen Zeit bis auf die Sekunde genau ist. Wie man die genaue Zeit erhält und festhält, soll später noch erörtert werden. Nicht viele werden in dieser Lage sein, aber die vorausgesagte Dauer der Finsternis kann jeder leicht kontrollieren, wenn er Anfang und Ende der Finsternis, die Sekundenuhr in der Hand, beobachtet. Um den Anfang nicht zu versäumen, ist es wegen der erwähnten Unsicherheit auch für den gut, schon eine halbe Minute vor der berechneten Zeit den Eintritt der Bedeckung zn erwarten, der die genaue

Zeit besitzt; allen anderen, die nur annähernd bürgerliche Zeit haben, müssen schon einige Minuten vorher darauf gefaßt sein. Die Beobachtung einer Sonnenfinsternis erfordert gewisse Vorsichtsmaßregeln. Es ist schädlich, mit freiem Auge in die unverdeckte Sonne zu sehen, äußerst gefährlich aber fürs Augenlicht, dies etwa mit einem Fernrohr, und sei es auch ein ganz kleines, zu tun, wenn man nicht die dabei nötigen Vorsichtsmaßregeln kennt und sorgfältig anwendet. Nach jeder Sonnenfinsternis suchen Hunderte und Aberhunderte Hilfe in den Augenkliniken gegen Schäden, die sie an den Augen erlitten haben und leider sind diese Schäden in sehr vielen Fällen unheilbar. Die Stelle der Netzhaut, auf die das Bild der Sonne gefallen ist, erholt sich nie mehr und der Verlust der Sehkraft eines ganzen Auges ist gar nicht so selten. Durch ein großes Fernrohr in die Sonne zu sehen kann schon in Bruchteilen einer Sekunde dazu hinreichen. Mit freiem Auge kann man eine Sonnenfinsternis von Anfang bis zum Ende verfolgen, wenn man durch ein dunkles Glas beobachtet. Von tief gefärbten Gläsern legt man am besten zwei oder mehr von verschiedener Farbe aufeinander, z. B. ein rotes und ein grünes. Durch dieses Paar von „Komplementärfarben‟ geht nur sehr wenig Licht hindurch und schadet den Augen nicht mehr. Einfarbige Gläser müssen dick sein, um nützen zu können. Blaue tun dem Auge im allgemeinen wohler, schonen aber das Auge bemerkenswerterweise doch weniger als z. B. grüngelb gefärbte. Es gibt Lichtwellen von verschiedener Länge, die wir nicht einmal alle sehen können, die längsten sichtbaren sind die roten, die kürzesten die blauen und violetten, noch kürzere, nicht mehr sichtbare, die „ultravioletten‟, sind für den Sehnerv die schädlichsten und diese werden durch grüngelb gefärbte Gläser viel vollkommener zurückgehalten, „absorbiert‟, als durch blaue.

Wenn die Sonne durch ziemlich dicken Nebel durchblickt, sind ihre Strahlen auf ihrem Weg durch zahllose kleine Wasserbläschen so geschwächt, daß man die bleiche Sonnenscheibe oft bequem mit ungeschütztem bloßen Auge beobachten kann. Recht gute Dienste tut auch schon ein Stück Fensterglas, das man in der Flamme einer Kerze vorsichtig berußt. Durch die Rußschicht, von deren Lückenlosigkeit man sich, vorsichtig gegen die Sonne durchblinzelnd, vorher überzeugt, erscheint die Sonnenscheibe rot. Man kann auch ein Stück Goldblatt, wie es z. B. zum Vergolden von

Nüssen, von Pillen in der Apotheke dient, auf einen Streifen Fensterglas legen, ein zweites Fensterglas darüber, die Ränder durch Siegellack verkitten und nun durch diese sehr dünne Metallschicht die Sonne beobachten. Gold ist außerordentlich dehnbar, „duktil", es läßt sich zu Blättchen von unglaublicher Dünnheit aushämmern und walzen, zu einer Dicke von 0,00009 mm, bis es dann Licht auch ohne Lücke durchläßt. Die Sonne erscheint durch ein solches Blättchen grün, wenn das Gold echt ist, blau, wenn man unechtes Goldblatt (aus einer Kupferlegierung mit Goldglanz bestehend) benützt. Man kann aber auch noch anders verfahren, so daß viele gleichzeitig bequem die Sonne beobachten können. Man sticht ein feines Loch durch einen Karton, ein Stück Pappdeckel u. dgl. und hält den Karton in einer Entfernung von etwa 40 cm über ein weißes Papier, so daß die Sonne durch das kleine Loch aufs Papier scheint. Mitten im Schatten, den der Karton wirft, sieht man dann, schon im Freien, weit besser aber in einem verdunkelten Raum, die Sonne als Scheibchen von etwa 4 mm Durchmesser, deren Zu- und Abnehmen bei der Verdunkelung durch den Mond man verfolgen kann. Dieses anfangs kreisrunde Sonnenbildchen ist um so größer, aber auch um so weniger hell und scharf, je weiter der durchlöcherte Karton von dem weißen Schirm entfernt ist, auf dem es projiziert erscheint.

Alle die hier erwähnten Methoden, mit Ausnahme der letzten, sind auch sehr gut brauchbar, um Sonnenflecken zu beobachten, wenn sie in solcher Größe entstehen, daß man sie mit freiem Auge erkennen kann. Das ist ein ziemlich seltenes Ereignis, auf das in den Zeitungen allemal aufmerksam gemacht wird. Die gewöhnlichen, viel kleineren Sonnenflecken können nur mit Fernrohren beobachtet werden.

Geht der Mond, von einem Punkte der Erde aus gesehen, so genau vor der Sonnenscheibe vorbei, daß die Mittelpunkte von Mond und Sonne sich einmal nahezu decken, so ist die Bedeckung eine zentrale, und zwar eine totale, wenn der Mond der Erde gerade so nahe steht, daß sein scheinbarer Durchmesser größer ist als der scheinbare Sonnendurchmesser. Ist sein Abstand von der Erde größer, sein scheinbarer Durchmesser kleiner als der der Sonne, so bleibt auf der Höhe der Bedeckung rings der Rand der Sonnenscheibe sichtbar, die Finsternis ist eine „ringförmige". Viel häufiger als diese beiden Formen sind die „partiellen", wo eben nur ein Teil der Sonnenscheibe durch den Mond verdeckt, verfinstert wird. Der Teil kann ein recht kleiner, aber auch ein recht großer sein. Im letzten Fall lassen sich noch einige weitere Beobachtungen anstellen. Wenn etwa noch mehr als die Hälfte bis zu neun Zehntel der Sonnenscheibe bedeckt wird, so nimmt das Tageslicht merkbar ab, es wird dunkel in der Natur, der Himmel erhält ein düsteres, unheimliches Aussehen, die Vögel verstummen oder setzen sich zum Schlaf auf, es wird kühler. Deswegen liest man bei einer solchen Gelegenheit sein Thermometer an einem schattigen Platz im Freien vor, mehrmals während und dann wieder nach der Finsternis ab. Vor mehreren Jahren habe ich so das Sinken der Temperatur um 2 Grad während einer partiellen Sonnenfinsternis beobachtet. Sehr viel merklicher ist die Abkühlung natürlich, wenn die Sonne vom Mond ganz bedeckt, die Finsternis eine totale wird. Dann sind auch noch andere, prachtvolle Erscheinungen zu beobachten. Um die ganze, bedeckte Sonne herum sieht man einen hellen ringförmigen Schein, die „Korona", vom Sonnenkörper aufsteigende glühende Gase wie rote Fackeln, die „Protuberanzen"; am schwarz gewordenen Himmel leuchten wenigstens die größeren Sterne. Totale Sonnenfinsternisse sind aber selten und in ihrer Totalität nur an den Orten der Erdoberfläche zu beobachten, über die der Kernschatten des Mondes hinzieht, immer nur eine verhältnismäßig kleine Zone; für die anderen Orte, an denen die Finsternis überhaupt sichtbar ist, die aber im Halbschatten des Mondes liegen, ist sie nur eine partielle. Wir brauchen uns nicht länger damit aufzuhalten, denn die nächste für Deutschland totale Sonnenfinsternis wird am 23. Oktober 2135 eintreten. Sonst sind Sonnenfinsternisse nicht sehr selten. Sonnenfinsternisse und Mondfinsternisse zwar sind es in einem Jahre nie mehr als sieben und nie weniger als zwei, die dann aber beide Sonnenfinsternisse sind. Sonnenfinsternisse treten für die ganze Erde häufiger ein, für jeden einzelnen Ort dagegen mehr Mondfinsternisse.

Wir haben früher schon kurz erwähnt, daß infolge der Strahlenbrechung Mond und Sonne, wenn sie nahe am Horizont stehen, abgeplattet erscheinen. Hier müssen wir noch einmal genauer darauf zurückkommen.

Dem bloßen Auge erscheint die gerade auf- oder untergehende Sonne nicht mehr kreisrund, sondern deutlich elliptisch, der horizontale Durchmesser größer als der senk-

rechte, davon haben wir schon gesprochen. Die Messung
ergibt, daß der Unterschied wirklich ungefähr vier Bogenminuten beträgt. Durch die Strahlenbrechung erscheint
jeder Stern, auch die Sonne, nur beim Stand im Zenit
an seiner richtigen Stelle, sonst immer zu hoch. Die Erhöhung durch Strahlenbrechung am Horizont beträgt ungefähr 35, beim Stand um $1/_2$ Grad höher nur 31 Minuten. Die
Sonnenscheibe selbst hat einen scheinbaren Durchmesser von
ungefähr $1/_2$ Grad (31 Minuten 59 Sekunden). Wenn ihr
unterer Rand gerade den Horizont berührt, so erscheint
er um 35 Minuten gehoben, der etwa $1/_2$ Grad höher stehende
obere Rand nur um 31 Minuten, zwei gleich hohe Punkte
der Sonnenscheibe sind um den gleichen Betrag erhöht,
der ganze Durchmesser hat sich hier nicht geändert, er
beträgt 32 Minuten, der senkrechte ist aber um 4 Minuten
verkleinert und beträgt nur noch 28 Minuten; also um ein
Achtel erscheint die Sonne bei ihrem tiefsten Stand von
oben nach unten abgeplattet. Weil 15 Bogenminuten
60 Zeitsekunden entsprechen, so ist, wenn der untere Rand
abends den Horizont berührt, er schon zwei Minuten früher
untergegangen, wird morgens erst nach zwei Minuten
wirklich aufgehen. Das nämliche gilt ebenso für den Mond
und alle Himmelskörper überhaupt. So kommt es, daß bei
einer Mondfinsternis der untergehenden Sonne gegenüber
der verfinsterte Mond erscheinen kann, was theoretisch
nicht möglich ist, wenn man nicht an die Strahlenbrechung
in der Atmosphäre denkt. Der Mond befindet sich dann
tatsächlich noch unter dem Horizont, sein Bild ist nur
durch die Strahlenbrechung so weit gehoben, daß er gerade
sichtbar wird.

Bei einer totalen Mondfinsternis stehen sich Sonne
und Mond um 180 Grad gegenüber, der Mittelpunkt der
einen Scheibe geht gerade auf, wenn der andere untergeht.
Wenn nun doch beobachtet wurde, daß beide Scheiben sich
voll und ganz sichtbar einander gegenüber standen, so beruht das darauf, daß die helle Sonne und der verdunkelte
Mond beide um $1/_2$ Grad durch die Strahlenbrechung gehoben
wurden, was mehr als die halbe Winkelgröße ihrer Scheiben
beträgt.

Von selbst sind wir so zum Mond gekommen, der für
die meisten Menschen nur insoweit von Interesse ist, als
er die Nächte zum Teil erhellt und so einen schwachen
Ersatz für das Sonnenlicht leistet.

Nicht alle Körper, die von einer gleich starken Licht-quelle beleuchtet werden, erscheinen auch gleich hell, schwarze werfen fast gar kein Licht zurück, „absorbieren" alles und erscheinen dunkel, weiße hell. Die Fähigkeit der Mondoberfläche, das Licht zurückzuwerfen, ist eine nicht unbedeutende, etwa gleich der von dem Gestein Mergel zu setzen. Der Mond erhält sein Licht von der Sonne, selbst leuchtend ist er nicht. Da er sich um die Erde herum bewegt (in vier Wochen einmal), so ist bald die der Erde zugewandte, bald die von ihr abgewandte Seite hell von der Sonne er-leuchtet, denn in den vier Wochen legt die Erde und die Sonne nur etwa den zwölften Teil ihrer Bahn zurück; der Stand der Erde mitsamt ihrem Mond gegen die Sonne ändert sich inzwischen nicht allzuviel. So kommt es, daß einmal in den vier Wochen, dann wenn von der Erde aus gesehen Sonne und Mond einander gegenüber (in „Opposition") stehen, die ganze hell erleuchtete Hälfte der Mondkugel gesehen wird (Vollmond), dann wenn Sonne und Mond nahe beisammen auf der nämlichen Seite der Erde sich befinden (in „Konjunktion"), der Mond der Erde seine dunkle, nicht beleuchtete Seite zukehrt und nicht gesehen werden kann (Neumond). Zwischen Neumond und dem nächsten Vollmond in der Mitte liegt die „erste Quadra-tur" des Mondes, zwischen Vollmond und dem nächsten Neumond, eine Woche vor diesem, die zweite Quadratur. In Quadratur sehen wir die Mondoberfläche zur Hälfte („erstes und letztes Viertel") beleuchtet. Es hat immer und immer wieder für jeden seinen Reiz, die „Mondphasen", das Zu- und Abnehmen des Mondes zu beobachten: Ob er zu- oder abnimmt, ob eine Mondsichel am nächsten Tag größer oder kleiner erscheinen wird, ist ohne jede weitere Überlegung zu erkennen. Scheint er den oberen Teil eines $\mathcal{Z}$ zu bilden, so nimmt er zu, läßt sich aus seiner Form ein $\mathcal{A}$ bilden, so nimmt er ab; das erste Viertel ist am Abendhimmel, das letzte am Morgenhimmel, vor Aufgang der Sonne, zu sehen; der Vollmond geht um Mitternacht durch den Meridian des Beobachtungsortes (er „kulminiert" 12 Stunden nach der Sonne).

Vom Neumond an rechnet man das „Alter" des Mondes nach Tagen. Er wird also stets 28 Tage alt, dann kommt ein „neuer Mond". Nachfolgende „Mondtafel" (aus Klein, Populär. astron. Enzyklopädie) gibt für jeden Tag vom Neumond an die ungefähre Dauer des Mondscheins.

Alter des Mondes	Tag															
	0		1		2		3		4		5		6		7	
	Uhr	Min.	Uhr	Min.	Uhr	Min.	Uhr	Min.	Uhr	Min.	Uhr	Min.	Uhr	Min.	Uhr	Min.
Scheint von 6 Uhr abends bis abends	—	—	6	48	7	36	8	24	9	12	10	—	10	48	11	36

Alter des Mondes	Tag															
	8		9		10		11		12		13		14		15	
	Uhr	Min.	Uhr	Min.	Uhr	Min.	Uhr	Min.	Uhr	Min.	Uhr	Min.	Uhr	Min.	Uhr	Min.
Scheint von 6 Uhr abends bis morgens	12	24	1	12	2	—	2	48	3	36	4	24	5	12	6	—

Alter des Mondes	Tag													
	16		17		18		19		20		21		22	
	Uhr	Min.	Uhr	Min.	Uhr	Min.	Uhr	Min.	Uhr	Min.	Uhr	Min.	Uhr	Min.
Scheint bis 6 Uhr morgens von abends:	6	48	7	36	8	24	9	12	10	—	10	48	11	36

Alter des Mondes	Tag													
	23		24		25		26		27		28		29	
	Uhr	Min.	Uhr	Min.	Uhr	Min.	Uhr	Min.	Uhr	Min.	Uhr	Min.	Uhr	Min.
Scheint nach Mitternacht bis 6 Uhr morgens von:	12	24	1	12	2	—	2	48	3	36	4	24	5	12

Wie wir den Mond von der Sonne hell erleuchtet sehen, so müßte auch einem Beobachter auf dem Monde die Erde in hellem Glanze erscheinen, auch von der Sonne beleuchtet, aber viel größer. Und wie das Mondlicht die Erde erleuchtet und hell macht, freilich in viel schwächerem Grade als der Sonnenschein, so wird auch der Mond von der Erde beleuchtet; aber auch für ihn ist das „Erdlicht" zwar absolut stärker als für uns das Mondlicht, aber doch unvergleichlich schwächer als das Sonnenlicht. Steht der Mond im ersten oder letzten Viertel (in der ersten oder zweiten Quadratur), so erscheint für uns der halbe Mond, für den Mond die halbe Erde hell. Das von der Erde zurückgeworfene Sonnenlicht trifft und erleuchtet die ganze der Erde zugekehrte Hälfte der Mondoberfläche. $13^{1}/_{2}$ mal mehr Licht spendet die Erde dem Mond als dieser der Erde. An den Stellen, die auch unmittelbar von Sonnenstrahlen getroffen werden, die an und für sich dadurch schon sehr hell sind, ist dies nicht zu bemerken, wohl aber an dem Viertel, das zwar uns zugekehrt, von der Sonne aber abgekehrt, von dieser aus also im Schatten liegt. Dieses Erdlicht macht am klaren Nachthimmel die ganze Mondscheibe sichtbar; ein Teil, von der Sonne beglänzt, ist sehr hell, der andere, der diesen Teil bis zur vollen kreisförmigen Scheibe ergänzt, ist aschgrau und hebt sich mit einer ganz feinen, hellen Linie gegen die Schwärze des Himmels ab. Die richtige Erklärung des aschgrauen Lichtes hat zuerst Lionardo da Vinci gegeben. Besonders schön ist das Erdlicht zu beobachten, wenn die Sichel des Mondes sehr fein ist, denn dann ist für uns nur ein sehr kleiner Teil des Mondes, für den Mond aber ein sehr großer Teil der erleuchteten Erdoberfläche sichtbar, da ja dann der Mond ziemlich zwischen Erde und Sonne, die Erde für ihn aber ziemlich der Sonne gegenüber steht, nahezu „Vollerde" würde man auf dem Mond sagen müssen, zugleich wenn wir sagen nahezu Neumond. Die ganz feine helle Linie, mit der sich das Erdlicht gegen den dunklen Himmel abgrenzt, ist nichts als Kontrastwirkung gegen den vollkommen, lichtleeren Raum. Wenn die Mondsichel fein und hell, das Erdlicht gut zu erkennen ist, hat man stets den Eindruck, als wenn das Erdlicht, die graue scharf begrenzte Scheibe, eigentlich zu einem kleineren Vollkreis gehörte und umfaßt würde von der hellen Sichel, einem Teil eines größeren Kreises. Beides, die Kontrastwirkung und das scheinbare Übergreifen des hellen Teils über den dunkleren, ist vom Verhalten der lichtempfindlichen Teile des Auges abhängig. Sehr helle Körper erscheinen immer etwas zu groß, denn nicht nur die von ihrem Bild getroffenen Stellen der Netzhaut, sondern auch die allernächsten davon werden gereizt, die gereizte Stelle ist also, intensives Licht vorausgesetzt, immer größer als das optische Bild auf der Netzhaut. Das Erdlicht ist am hellsten um die Zeit der Tag- und Nachtgleiche, besonders deutlich, gleich nach dem Neumond oder kurz vor ihm zu sehen, zwischen den Quadraturen kaum oder gar nicht wahrzunehmen, nicht nur weil dann der helle Glanz der von der Sonne erleuchteten Mondoberfläche stört, sondern weil jetzt die Erde für den Mond zur Sichel wird und ihm weniger Licht spendet. Der Neumond hat „Vollerde", wenige Tage vorher oder nachher immer noch eine große, hell erleuchtete Erdscheibe sich gegenüber. Beim abnehmenden Mond ist das Erdlicht in Europa schöner zu beobachten als beim zunehmenden, man kann es dann gelegentlich am hellen Tag sehen, wenn der blasse Mond hoch oben am Himmel steht, sogar wenn er schon kulminiert, seinen höchsten Stand überschritten hat. Kurz vor dem Neumond wird nämlich der Mond von den östlich von Europa gelegenen großen Kontinenten Asien und Afrika bestrahlt, nach dem Neumond hauptsächlich von dem atlantischen und einem Teil des pazifischen Ozeans, zwischen denen nur das schmale Amerika gelagert ist, und das Festland reflektiert mehr Licht als die Meere, über denen die Absorption für Licht im ganzen wegen des größeren Wassergehaltes der Luft eine bedeutendere ist.

Dem freien Auge schon erscheint die Mondscheibe nicht überall gleich hell, es sind dunklere Stellen darauf zu erkennen, deren seltsame Formen zur Sage vom „Mann im Mond" Veranlassung gegeben haben. Sehr viele Kultur- und Naturvölker haben verschiedene Sagen und Auslegungen davon, die aber alle darauf hinauslaufen, daß Menschen von der Erde auf den Mond versetzt worden sind. Wenn diese dunklen Flächen in der Astronomie „Meere" genannt werden, so stammt diese Bezeichnung aus einer Zeit, in der man in der Tat angenommen hat, daß sich auf dem Mond neben trockenem Boden auch Wasser befinde. Heute wissen wir freilich, daß dies nicht der Fall ist, daß dem Mond das Wasser, ja selbst die Luft fehlt, aber der alte Name „Meere" ist nun einmal geblieben.

Der Mond ist der Himmelskörper, der unserer Erde weitaus am nächsten ist. Alles andere, Planeten, Sonne und gar das zahllose Heer der Fixsterne liegt weit, weit draußen. Der Mond kann also zwar auf seinem Wege am Himmel, was er gerade zu treffen scheint, verdecken; selbst

verdeckt werden aber nur von irdischen Gebilden. Es kann
gar nicht ausbleiben, daß täglich eine große Anzahl von
Sternbedeckungen durch den Mond eintreten, indem die
Mondscheibe nacheinander vor viele Fixsterne tritt. Man
macht daraus nicht viel Wesens, wenn es sich um so kleine
Fixsterne handelt, die nur in großen Fernrohren gesehen
werden können und deren Zahl bis jetzt auf etwa 100 000
bestimmt oder geschätzt worden ist. Anders wenn es ein
größerer, schon mit freiem Auge leicht erkennbarer Fixstern
oder gar (in sehr seltenen Fällen) ein Planet ist, der für uns
vom Mond bedeckt wird. Auf solche für das freie Auge
bemerkbare und bemerkenswerte „Sternbedeckungen" wird
gewöhnlich schon vorher in den Blättern von den Sternwarten
aufmerksam gemacht, die Zeit der Bedeckung, ihr Anfang
und Ende bis auf die Sekunde genau vorberechnet und be-
kanntgegeben. Auch hier gilt das gleiche, was schon bei der
„Sonnenfinsternis" besprochen wurde. Ganz genau bis auf
die Sekunde stimmen die Berechnungen nie, kleine Abweichungen bis zu mehreren Sekunden sind ganz gewöhnlich.
Da diese Bedeckungen bei klarem Himmel auch mit bloßem
Auge zu beobachten sind, so bieten sie nicht nur ein interessantes Schauspiel, um so schöner, je größer und heller
der bedeckte Stern ist, sondern sie geben auch eine willkommene Gelegenheit zur Korrektion der eigenen Uhr.
Hätte der Mond keine Eigenbewegung, so würde er sich
in 24 Stunden um die Erde in der Richtung von Ost über
Süd nach West. scheinbar bewegen, gleich allen anderen
Himmelskörpern, indem die Erde sich tatsächlich in der
gleichen Zeit einmal um die eigene Achse von West über
Süd nach Ost bewegt. Dann wären Sternbedeckungen
nicht möglich; einige Sterne wären hinter ihm, aber immer,
wir würden diese nie zu sehen bekommen. Der Mond bewegt
sich aber in fast 28 Tagen selber einmal um die Erde, und
zwar auch von West über Süd nach Ost. Er scheint also
nicht ganz so schnell um die Erde zu kreisen wie die anderen
Himmelskörper. Er erhascht also die Sterne von Westen
her, die Sterne treten bei Bedeckungen am Ostrand des
Mondes hinter diesen und kommen am Westrand wieder
zum Vorschein. Am schönsten ist Ein- oder Austritt natürlich am Rand des Erdlichtes zu beobachten, weil hier der
helle Glanz des Mondes weniger stört, der Eintritt also am
besten beim zunehmenden, der Austritt beim abnehmenden
Mond. Besonders schön wird das Schauspiel, wenn der

Mond durch einen ganzen Sternhaufen, wie im Jahr 1913 durch die Plejaden, geht und im Verlauf von einigen Stunden mehrere Bedeckungen nacheinander beobachtet werden können. Den Astronomen bieten solche Ereignisse eine sehr willkommene Gelegenheit, die Mondbahn immer genauer zu berechnen, indem die Zeiten der Bedeckung mit den besten Uhren festgestellt werden und die Örter der Fixsterne sind schon bis auf Bruchteile von Bogensekunden bekannt und festgelegt. Die Fixsternörter bilden gewissermaßen den festen Maßstab, an dem sich die Mondscheibe verschiebt.

Niemals hat man bei einer Sternbedeckung durch den Mond etwas beobachtet, wodurch die Anwesenheit einer Lufthülle an dem Mond wahrscheinlich gemacht worden wäre. Verschwinden und Wiedererscheinen der Sterne erfolgt niemals allmählich, sondern stets ganz plötzlich, auch irgendeine Ablenkung der Lichtstrahlen durch Brechung in einer Atmosphäre ist nie beobachtet worden. Wenn der Mond überhaupt noch eine Atmosphäre besitzt, so kann sie nur so außerordentlich dünn sein, daß ihr Nachweis sich unseren Hilfsmitteln entzieht; ganz sicher beträgt ihr Druck nicht mehr als 2 mm Quecksilber, erreicht also noch nicht den 300. Teil der Dichtigkeit, die unsere Atmosphäre an der Oberfläche des Meeres hat.

Steht die Erde so genau zwischen Sonne und Mond, daß ihr Schatten auf diesen fällt, so entsteht eine Mondsfinsternis. Der verfinsterte Teil ist gegen den hellen nie so scharf abgegrenzt wie bei einer Sonnenfinsternis, weil die Erde eine Lufthülle hat, durch die Sonnenstrahlen neben dem festen Erdkörper hindurchgehen und den Mond neben dem Kernschatten noch erreichen. Selbst bei einer totalen Mondfinsternis, wo also der Mond eigentlich vollkommen dunkel sein sollte, ist er durch die die Atmosphäre durchdringenden Sonnenstrahlen noch so hell beleuchtet, daß seine Scheibe in kupferfarbenem, schwachem Glanze am Himmel noch recht gut sichtbar ist.

Die Dämmerungserscheinungen bei Auf- und Untergang des Mondes sind schwächer als bei der Sonne und auf einen engeren Raum begrenzt. Gerade deswegen haben sie schon oft zur Verwechslung mit einem fernen Brand gegeben. Namentlich dann, wenn eine feine Mondsichel am Horizont, rotgefärbt durch die Strahlenbrechung, nur mit einem kleinen Stückchen noch oder schon herausschaut, ist die Ähnlichkeit

5*

eine bedeutende, aber eine kurze weitere Beobachtung und ein Blick in den Kalender klärt die Sache sofort auf.

Daß Ebbe und Flut durch die Anziehungskraft des Mondes erzeugt werden, ist sicher, und das weiß jeder. Auch die Anziehungskraft der Sonne wirkt im gleichen Sinne, aber viel schwächer. Die Sonne hat allerdings eine viel größere Masse (sie ist 324 479 mal schwerer als die Erde) als der Mond, der 0,0122 mal so schwer ist wie die Erde. Dafür ist die Sonne aber viel weiter von der Erde entfernt als der Mond, 149,5 Millionen Kilometer gegen 384 380 Kilometer. Die Anziehungskraft nimmt mit dem Quadrat der Entfernung ab, ist bei doppeltem Abstand viermal, bei dreifachem schon neunmal kleiner usw. Deswegen kann die doch so starke Sonne die Flutwelle nicht so hoch heben wie der kleine, aber viel nähere Mond. Immerhin ist der Einfluß der Sonne schon zu merken; wenn Mond und Sonne in der gleichen Richtung zusammenziehen, fällt Ebbe und Flut viel stärker aus.

Alle Gestirne, auch Sonne und Mond, gehen täglich zweimal durch den Meridian eines Beobachtungsortes, einmal im Süden sichtbar, einmal im Norden, hier sichtbar nur bei den zirkumpolaren Sternen, sonst unsichtbar. Gehen zwei Gestirne zugleich durch den Meridian, oben oder unten, so „stehen sie in Konjunktion", geht das eine oben und zur gleichen Zeit das andere unten durch den Meridian, so „stehen sie in Opposition".

Mond und Sonne erzeugen auf der ihnen zugewendeten und auf der von ihnen abgewendeten Seite der Erde eine Flutwelle. Stehen Sonne und Mond in Konjunktion oder in Opposition zueinander, so ziehen sie in der gleichen Richtung und die Flut (Springflut) fällt viel höher aus als wenn Sonne und Mond im rechten Winkel zueinander „in Quadratur" stehen.

Man hat angenommen, daß die Sonne und namentlich der Mond wie auf das Meer (die Hydrosphäre) so auch auf die Luft (die Aerosphäre) und in der gleichen Weise wirke, ja möglicherweise sogar auf den Kern der Erde, den man sich in Feuerfluß, also auch beweglich dachte. Darauf gründete Falb seine Wetterlehre, die Lehre von den „kritischen Tagen", die mit Konjunktion und Opposition von Sonne und Mond zusammen oder in ihre Nähe fallen und an denen Stürme, auch Erdbeben zu gewärtigen seien. Diese Annahme ist durch die Beobachtung nicht bestätigt worden.

Es ist auch ein zwar weit verbreiteter, aber unrichtiger Glaube, daß mit dem Mondwechsel auch der Witterungscharakter umschlägt, daß der Mond die Wolken „frißt", deswegen bei abnehmendem Mond morgens Fröste zu fürchten seien u. dgl. So etwas trifft oft zu, ebenso oft aber auch nicht. Für den Einfluß des Mondes aufs Wetter liegt noch kein Beweis vor.

Auch wenn der Himmel bedeckt ist, sind die Nächte so lange der Mond am Himmel steht, nicht ganz so dunkel wie die mondleeren. Der Mond sendet nun freilich nur von der Sonne erborgtes Licht aus, aber er steht uns doch recht nahe und seine Fähigkeit, auffallendes Licht zurückzuwerfen, ist eine ziemlich bedeutende. Der Bruchteil, den ein Körper vom auffallenden Licht zurückstrahlt, heißt man seine A l b e d o. Sie ist nur bei absolut „schwarzem Körper" (eine berußte Fläche kann annähernd als solche gedacht werden) gleich Null, sonst, wie jeder aus dem täglichen Leben weiß, außerordentlich verschieden. Auch für die Himmelskörper, die in reflektiertem Sonnenlicht strahlen, trifft dies zu. Die Albedo des Mondes ist eine ziemlich große, sie beträgt 0,156. 156 Tausendstel des auffallenden Lichtes strahlt der Mond wieder aus, ungefähr soviel wie Tonmergel. Die Reflexion von Wärme geht aber bei verschieden beschaffener Oberfläche durchaus nicht parallel der von sichtbaren Lichtstrahlen. Der „absolut schwarze Körper" strahlt sogar sehr viel dunkle Wärmestrahlen aus, der helle Mond aber nur den dritten Teil so viel wie eine Kerze aus einer Entfernung von vier Metern, auch unter den günstigsten Umständen, auf hohen Bergen bei klarer Luft gemessen. Das ist viel zu wenig, um auf Bewölkung und Wetter wirken zu können. Dagegen ist es sicher, daß manche Tiere und auch manche Menschen beim Mondschein in ihrer Stimmung, ihrem körperlichen und seelischen Verhalten beeinflußt werden. Der Schlaf der Haustiere ist bei Mondschein nicht so tief, Hunde bellen ganz gewöhnlich die ganze Nacht „den Mond an". Viele Menschen schlafen, namentlich wenn ihnen der Mond durchs Fenster aufs Gesicht scheint, unruhig, sprechen, bewegen sich, Nachtwandler beginnen mit Vorliebe oder ausschließlich bei Mondschein ihre unheimlichen Gänge und der Name der Mondsüchtigkeit ist nicht ganz ohne Grund gewählt. Künstliche Beleuchtung scheint doch nicht ganz im gleichen Sinne und in gleicher Stärke zu wirken. Bei vielen wird freilich auch hierdurch der

Schlaf gestört, und man könnte sagen, daß man sich an
die künstliche Beleuchtung eben leichter gewöhnt als an
den Mond, weil dieser unregelmäßiger scheine. Auf die
Macht der Gewohnheit deutet es entschieden hin, wenn es
auch bekanntlich Menschen gibt, die nur in schwach erhelltem
Zimmer gut und tief schlafen, ohne Nachtlicht aber nicht.
Andererseits haben sich schon viele Dichter durch den
Mondschein begeistern lassen, aber wohl noch keiner durch
eine Gaslaterne. Kleine Kinder fürchten sich vor dem Mond
in einem Alter, in dem sie noch gar keine üblen Erfahrungen
mit ihrer Umgebung gemacht haben und gar nicht wissen
können, daß ihnen etwas zu schaden vermöchte.

Farben.

Das Sonnenlicht enthält Strahlen von sehr verschiedener Wellenlänge, vom äußersten Rot bis zum äußersten Violett und noch darüber hinaus Strahlen, die wegen zu großer oder zu kleiner Wellenlänge unsere Augen nicht mehr erregen, also nicht mehr sichtbar sind. Unter diesen Strahlen sind wenigstens für unser Auge, die gelben am stärksten, und es wäre richtiger, das Sonnenlicht gelb zu nennen statt, wie gewöhnlich geschieht, weiß oder farblos, wenn man mit der Bezeichnung Gelb schlechtweg nicht gewöhnlich eben n u r Farben bestimmter Wellenlänge bezeichnen würde. Und das trifft ja beim Sonnenlicht nicht zu. Im Gegenteil, blaue und violette enthält es reichlich, reichlicher sogar als alle irdischen Lichtquellen. Elektrisches Bogenlicht macht uns gegenüber dem Glühlicht, der Gas-, Petroleum- und Kerzenbeleuchtung einen entschieden blauen Eindruck, enthält auch wirklich mehr blaue Strahlen als jene. Betrachtet man aber ein Bogenlicht am Tag, so sieht es gegenüber dem Tageslicht gelb aus. Was von Sonnen- oder Tageslicht beleuchtet wird, erscheint uns, wie wir uns auszudrücken pflegen, in seiner „natürlichen Farbe". Das ganze bunte Bild von Natur und Kunst kommt daher, daß manche Stoffe nur einen Teil des auffallenden Sonnenlichtes zurückwerfen, einen anderen zurückbehalten, absorbieren. Wie man aus allen Farben zusammen weißes Licht erhalten kann, so kann man das auch erreichen durch Kombination von nur zwei bestimmt zueinander passenden Farben wie Rot und Grün, Orange oder Gelb und Blau, und solche

Farbenpaare heißen K o m p l e m e n t ä r f a r b e n. Jeder
Körper, der aus weißem Licht eine Farbe zurückbehält,
auslöscht, erscheint in der hierzu komplementären Farbe.
Die Blätter werfen anscheinend nur grünes Licht zurück,
sind grün gefärbt, weil sie das Rot aus dem gemischten
Tageslicht absorbieren. Blicken wir durch ein blaues Glas,
so erscheint alles blau gefärbt, weil das Glas kein Gelb hin-
durchläßt.

Bei einfacher Reflexion, Spiegelung ändern die Lichtstrahlen ihren Weg in gleichem Maße, gleichviel wie groß
ihre Wellenlänge ist. Der reflektierte Strahl behält seine
Farbe, das gemischte Sonnenlicht bleibt zurückgeworfen,
farblos. Wo Lichtstrahlen von einem Medium in ein anderes
treten, in dem sie sich schneller oder langsamer fortbewegen,
erleiden sie, sofern sie nicht genau senkrecht die Grenze
beider Medien durchkreuzen, eine Ablenkung von ihrem Weg,
die für verschiedene Wellenlängen verschieden ist. Die
langen Wellen werden weniger, die kurzen stärker abgelenkt;
der farblose gemischte Strahl wird dabei in seine einzelnen
Komponenten, die Farben zerlegt, aber nur e i n m a l. Er
kann ein- bis zweimal und öfter abgelenkt, g e b r o c h e n, aber
nicht noch weiter zerlegt, zerstreut werden. „Nec variat lux
fracta colorem!" Auch dann, wenn ein Lichtstrahl an einer
sehr scharfen Kante vorbei geht, erleiden die der Kante
allernächsten Teile eine Ablenkung, eine B e u g u n g, die
für verschiedene Wellenlängen auch verschieden ist. Durch
sehr feine Gitter sieht man die „Spektralfarben" so wie
durch ein Glasprisma, wovon man sich am leichtesten überzeugt, wenn man durch eine Federfahne nach einem hellen
Licht blickt. Die Spalten zwischen den einzelnen Fähnchen
sind für diesen Versuch eng genug.

Der Mond sendet uns nur reflektierte Sonnenstrahlen
zu, daß er gelb ist, kann deutlicher an ihm als an der Sonne
erkannt werden, deren heller Glanz zu stark blendet. Am
Tag dagegen erscheint der Mond weiß, weil sich dem Gelb
die Komplementärfarbe Blau des Himmels beimischt.

An Sonne und Mond sind ungemein häufig farbige
Erscheinungen zu beobachten, die auf Brechung und Beugung
des Lichtes zurückzuführen sind.

Durch Brechung und Reflexion des Lichtes in feinen,
hoch oben schwebenden Eisnadeln kommen die sogenannten
H a l o - E r s c h e i n u n g e n um das Gestirn herum
zustande: die „Großen Ringe", die „Nebensonnen". Der

Beugung an sehr kleinen Wassertröpfchen verdanken die „Kleinen Ringe" (Kränze) um die Sonne ihre Entstehung, doch können auch diese kleinen Formen durch Brechung und Reflexion an Eisnadeln entstehen, und dann treten sie sogar in besonderer Farbenpracht auf.

Diese kleinen, engen Ringe sind viel häufiger am Mond als an der Sonne zu beobachten, weil deren Glanz stört, wenn man nicht das direkte Sonnenlicht abblendet, ihre Umgebung durch einen schwarzen Spiegel betrachtet; auch ihr Spiegelbild in einem Wasserbecken läßt einen Lichtkranz öfter erkennen, den man am Himmel nicht ohne weiteres entdecken kann. Von den kleinen Ringen, die man am besten „K r ä n z e " nennt, ist oft nur eine Andeutung in Form eines bläulich weißen oder bläulichen Scheins um Sonne oder Mond zu sehen, bei besserer Ausbildung ein Ring, der nach außen durch Gelb in Braunrot übergeht. Bleibt der Kranz so einfach, so heißt er auch A u r e o l e , er kann sich aber auch aus mehreren Ringen zusammensetzen, von denen jeder nach außen im Rot oder Braunrot endet. Zuweilen, besonders im Winter, treten Kränze in einer Farbenpracht auf, die das Auge aller auf sich zieht. Die Kränze, die in Eisnadeln sich bilden, fallen viel schöner noch aus als die durch Beugung an Wassertröpfchen. Bei absolut klarem Himmel entstehen sie nie, ein, wenn auch nur ganz leichter, kaum bemerkbarer Wolkenschleier ist für ihre Entstehung notwendig. Zu den Kranzerscheinungen gehört auch die „G l o r i e", die an dem Schatten des Beobachters auf Wolken oder Nebelwänden zuweilen sichtbar wird. Die Glorie kann nur der Sonne gerade gegenüber gesehen werden, also bei Tiefstand der Sonne in horizontaler Richtung, aber von hohen Bergen und Luftfahrzeugen aus auch bei höherem Sonnenstand, tief unten. Wie die Kränze durch Beugung des direkten Lichtes, so entsteht die Glorie durch Beugen des von der Nebelwand reflektierten Lichtes.

Ähnlich der Glorie, aber nicht mit ihr zu verwechseln, ist der „H e i l i g e n s c h e i n". Nur bei niedrigem Stand der Sonne oder des Mondes, wenn der Schatten des menschlichen Körpers wenigstens 15 m lang ist, sieht der Beobachter, wenn der Schatten auf rauhen Boden fällt, auf Wiesen mit ziemlich gleichlangen Halmen, Kleeäcker, ganz besonders auf mit Tau bedeckte, einen hellen Schein an dem Schatten des eigenen Kopfes. Der Schein an dem Schatten kann sich auch noch etwas weiter erstrecken, der Achse des Körpers entlang, viel weniger in horizontaler Richtung sich ausbreitend. Jeder sieht den Heiligenschein nur an dem eigenen Schatten, nie an dem eines anderen. Er ist keine optische Täuschung, denn auch der photographische Apparat bildet ihn an dem Schatten der Kamera ab. Die Ursache für sein Entstehen liegt in der Reflexion des von hinten auf den Boden fallenden Lichtes. Nur die Strahlen, die dicht am Schatten vorbeifallen, kommen bei ihrer Reflexion in das Auge des Beobachters oder in die Kamera. Die Bedingungen für Reflexion sind an den kleinen Wassertröpfchen viel günstiger als an gleich gestellten Halmen und Blättchen. Auf trockenen Wiesen und Feldern wird der Heiligenschein nur bei sehr tiefstehender Sonne und oft erst dann deutlich, wenn man durch Bewegung den Schatten hin und her wandern läßt. Ich habe den Heiligenschein aber auch oft im reflektierten Sonnenlicht gesehen bei höherem Stande der Sonne hoch oben in den Blättern der Bäume. Ich stand mit dem Rücken am Strande eines Sees, aus dessen Spiegel das Sonnenlicht mich von unten her traf. So konnte der Heiligenschein nicht unten, sondern oben entstehen.

Zu den Erscheinungen der Kränze gehören auch wohl die selteneren „irisierenden Wolken". Es handelt sich dabei um meist grünrot gefärbte, perlmutterartig spielende zerstreute Flecken in einer Entfernung von drei bis sieben Grad von der Sonne. Am Rand von Wolken oft parallele Bänder bildend, können sie ohne oder zugleich mit einem geschlossenen Kranz erscheinen, der sich oben nur bis drei Grad oder höchstens sieben Grad von der Sonne erstreckt.

Während die Kranzerscheinungen sowohl durch Beugung an Tropfen als auch durch Brechung und Reflexion in Eisnadeln entstehen können, kommen die Halo-Erscheinungen, die wir jetzt besprechen wollen, nur durch die letztere Ursache zustande.

Hierher gehören vor allem die weit von Sonne und Mond entstandenen Ringe. Der kleine Ring hat Sonne oder Mond zum Mittelpunkt, seine Peripherie steht um 22 Grad davon ab. Ist der Ring nun zu schwach, wie oft beim Mond, so erscheint er nur weißlich, oft aber auch deutlich gefärbt. Innen ist Rot, dann kommt Gelb; Grün ist meist nicht zu erkennen und außen geht das Blau des Sonnenrings in das hier weißliche Blau des Himmels über. Die Farben sind nach innen schärfer begrenzt als nach außen. Wenn sie überhaupt da sind, so sind sie am deutlichsten an vier Stellen: oben und unten und rechts und links von der Sonne. Der kleine Ring ist mitunter nicht vollständig ausgebildet, so daß man nur Bruchstücke davon sieht. Häufiger noch trifft dies zu bei dem an und für sich viel selteneren G r o ß e n R i n g , der auch die Sonne zum Mittelpunkt und einen Radius von 46 Grad hat. Der Ring selbst ist doppelt so breit wie der kleine, innen rot gefärbt, dann folgt Orange und Gelb, außen geht er in ein mattes Weiß über.

Im nämlichen Abstand wie die Ringe von der Sonne treten nicht selten oben und unten, rechts und links helle Flecken, etwas größer als die Sonne auf, die man N e b e n - s o n n e n nennt. Die meisten Nebensonnen entstehen, wenn sich ein N e b e n s o n n e n r i n g bildet; er ist weiß, geht durch die Sonne parallel zum Horizont; an seinen Schnittpunkten, mit dem kleinen Ring treten die Nebensonnen auf, eine rechts, die andere links vom Gestirn. An die Ringe können nach außen noch weitere sich anschließen, die oben und unten den primären Ring berühren. Sie sind nur selten vollkommen ausgebildet zu sehen, selbst Teile von Kreisbögen nicht häufig, am öftesten fällt die Be- rührungsstelle mit dem inneren Ring als trüber, farbiger Fleck auf, sogenannte v e r t i k a l e obere und untere N e b e n s o n n e . Natürlich kann man nur bei hochstehen- der Sonne einen unteren Berührungsbogen, eine untere Nebensonne suchen. Ein oberer Berührungsbogen mit dem Großen Ring von 46 Grad Radius wurde nur gesehen, wenn die Sonne höher als acht Grad über dem Horizont stand. Er zeigt Rot gegen die Sonne gekehrt, sonst alle Farben bis auf Violett und soll von allen Halo-Erscheinungen die prächtigste sein. Die Nebensonnen der Kleinen Ringe von 22 Grad stehen immer horizontal rechts und links von der Sonne. Sie können der einzig sichtbare Teil des Horizontal- kreises sein und sogar ohne den Kleinen Ring zur Beobach- tung kommen. Der rundliche Fleck ist gefärbt, ungefähr von der Größe der Sonne, nach außen aber ausgezogen, oft auf weitere Entfernung hin, bis zu 20 Grad Länge, allmählich mit weißlicher Farbe endend, während der der Sonne zugekehrte rote Rand scharf ist. Steht die Sonne höher oben, so können die Nebensonnen am Kleinen Ring weiter nach außen abrücken. Niemals können sich Neben- sonnen bilden, wenn die Sonne höher als 60 Grad 45 Minuten steht. Sie selbst aber können wieder, jede für sich, Halo-

Erscheinungen bilden und so ein, leider sehr seltenes Bild mehrfacher Kreisbildung erzeugen, indem dann die primären Ringe von den sekundären durchkreuzt werden. Wer das Glück hat, solche seltene Bildungen zu Gesicht zu bekommen, sollte sich nicht auf sein Gedächtnis verlassen, sondern unter der Angabe der Zeit, der allgemeinen Wetterlage, der Wolkenbildung usw. sofort eine möglichst genaue Zeichnung davon entwerfen, jeder halt so gut er kann. Jede derartige zuverlässige Beobachtung ist von Wert. Nicht übersehen dürfen noch folgende große Seltenheiten werden: Ein großer Ring im Abstand von 90 Grad von der Sonne, eventuell mit Nebensonnen auf dem Ring. Ein heller Fleck, der Sonne gerade gegenüber im Abstand von 180 Grad, „G e g e n - s o n n e" genannt, fast stets farblos und, noch viel seltener, von einer weißen Nebengegensonne begleitet. Oft dagegen ist schon an der Gegensonne im Abstand von 33 Grad ein weißer Ring beobachtet worden. Da er wie ein richtiger Regenbogen um einen Punkt gerade der Sonne gegenüber sich bildet, trägt er auch den Namen „W e i ß e r R e g e n - b o g e n", obwohl er in ganz anderer Weise als der gewöhnliche Regenbogen, nur an Eisnadeln, erzeugt wird. Stehen Stücke von Ringen nahezu senkrecht aufeinander und sind sie so kurz, daß ihre Krümmung nicht auffällt, so erzeugen sie die „K r e u z e". Kreuze können durch Sonne und Mond gehen, oder an den Schnittpunkten eines Nebelrings mit dem Ring, in dessen Mittelpunkt die Sonne steht.

Auch gerade helle Streifen von nicht unbedeutender Länge gehören zu den Halo-Erscheinungen. Es sind die „L i c h t s ä u l e n". Die Lichtsäulen erster Ordnung gehen von der Sonne am Horizont aus in die Höhe, die zweiter Ordnung werden bei hohem Sonnenstand beobachtet, oberhalb der Sonne sowohl wie unterhalb. Wasser kristallisiert beim Gefrieren in mannigfacher Form, wie man an Reif und Schnee oft und leicht sehen kann. Die meisten Halo-Erscheinungen finden ihre Entstehung in feinen Eisnadeln, die Lichtsäulen dagegen an tafelförmigen Kristallen durch Reflexion an den breiten Flächen. Bedingung ist dabei, daß die kleinen Eistäfelchen durch recht ruhige Luft sich so gleichmäßig senken, daß sie alle die gleiche Lage, eines wie das andere, beibehalten.

Die Sterne.

Die Durchsichtigkeit der Luft ist auch von der wesentlichsten Bedeutung bei der Beobachtung des Sternenhimmels. Fast niemals ist die Luft überall gleich warm, also auch nicht gleich dicht und die Verschiedenheit der Dichte in benachbarten Luftschichten, die „Schlieren", bewirken eine Ablenkung des Lichtes, das von den Sternen kommt und zugleich eine Zerlegung in seine Farben, und damit die Erscheinung, die man das F u n k e l n , das „Szintillieren" der Sterne heißt. Dreierlei ist dabei auseinander zu halten: die Ortsänderung, die scheinbare Unruhe der Sterne, die gelegentlich geradezu bis zum Hüpfen sich steigern kann, der Wechsel der Helligkeit und der Farbenwechsel. Aufsteigende warme Luftströme machen durch die entstehenden Schlieren die sonst doch unsichtbare Luft sichtbar. Das kann man über einem sonnenbestrahlten Dach, über einem Feld, ja leicht beobachten. Die Schlieren werden vom Wind fortbewegt und der vom Stern kommende Lichtstrahl muß abwechselnd dichtere und dünnere Luftschichten durchdringen. Wind weht immer, wenn auch nicht am Boden, dann doch in großer Höhe. In einer Höhe von 10 000 bis 150 000 m haben wir immer einen Wind, der aus Westen weht. Die Szintillation ist stets am Horizont stärker als weiter oben. Von einer Höhe von 30 bis 40 Grad an ist der Helligkeitswechsel für alle Farben gleichzeitig, so daß die farbige Szintillation in dieser Höhe ihr Ende findet. In der Nähe des Horizontes ist der Helligkeitswechsel im ganzen langsamer und für die einzelnen Farben merklich verschieden schnell, so daß also farbiges Funkeln deutlich wird. Mit der Stärke des Windes nimmt auch die Farbenszintillation zu und auch die Richtung des Windes ist von Einfluß darauf. Weht der Wind vom

Stern her zum Auge, so wechselt die Farbe von Rot durch
Gelb, Grün, Blau zu Violett, dann wieder Rot usw., während
die umgekehrte Reihenfolge bei einer Windrichtung vom Auge
zum Stern eingehalten wird. Bei Westwind also wechseln
die Sterne, die im Westen stehen, ihre Farbe von Rot zu
Violett, umgekehrt die im Osten und beide umgekehrt bei
Ostwind. Auch der Widerschein der Sonne in fernen Fenstern,
Turmknöpfen, Glaskugeln funkelt farbig, allerdings nur bei
großer Entfernung und sehr intensiver Helligkeit. Selbst
im aufsteigenden Luftstrom neben einem geheizten Ofen
kann man gelegentlich den Rand hell beleuchteter Bilder-
rahmen zittern sehen.

Beim Betrachten des Fixsternhimmels stört Mondschein,
Dämmerung oder künstliche Beleuchtung im hohen Grade.
Aus letzterem Grund sind Bewohner großer Städte vom
vollen hohen Genuß so lang ausgeschlossen, als sie nicht
einen Abend wenigstens weitab draußen zubringen können.
Das Auge muß sich an die Dunkelheit gewöhnt haben, muß
„dunkeladaptiert" sein, um das anscheinend unermeßliche
Heer der Sterne auf sich wirken zu lassen. In Wahrheit
sind es freilich gar nicht so arg viele, die man mit bloßem
Auge erkennen kann. Je nach ihrer Helligkeit unterscheidet
man die Fixsterne erster, dann zweiter, dritter Größe usw.
Ein sehr scharfes Auge kann unbewaffnet noch Fixsterne
der sechsten Größe erkennen, im ganzen ca. 6000, wovon
ungefähr gleichviel auf die nördliche und auf die südliche
Hemisphäre kommen. Die Hälfte, 3000 also, das ist die
Zahl der für uns überhaupt und nochmals die Hälfte, also
1500, das ist die Zahl, die uns zur gleichen Zeit sichtbar
werden kann, wenn wir sie mit unbewaffnetem Auge an-
schauen. Und diese Zahl pflegen wir so ungemein zu überschätzen. Weil wir sie nicht auf einmal abzählen können,
nennen wir sie eben unzählbar.

Die Zahl der wirklich vorhandenen und schon gezählten
Sterne nimmt mit jeder folgenden Größenklasse ganz gewaltig zu. Von der ersten Klasse sind es 20, von der zweiten
51, der dritten 200, der vierten 595, der fünften 1213, der
sechsten 3640, und im neuesten Katalog, der sich bis zur
13. Größenklasse erstreckt, sind etwa drei Millionen Sterne
verzeichnet. Die Einteilung in Größenklassen ist so gewählt,
daß jede Größenklasse ungefähr $2^1/_2$mal so hell erscheint
als die nachfolgende. Doch ist diese Einteilung weit davon
entfernt, genau zu sein. Innerhalb der ersten Größenklasse

namentlich kommen ganz gewaltige Unterschiede vor. In diese Klasse gehören die beiden schönen Sterne Wega in der Leier und der Sirius im Großen Hund; letzterer, der hellste Fixstern unter allen, ist 28mal so hell wie die erstere. Überhaupt beruht die Einteilung nach der Helligkeit in fast allen Fällen auf Schätzung und schätzungsweiser Vergleichung mit benachbarten Sternen, exakte Helligkeitsmessungen sind nur in bescheidener Anzahl durchgeführt.

Die Menge von Licht, die uns das Heer der einzelnen winzigen Lichtpunkte des Sternenhimmels spendet, ist gar nicht so unbedeutend und immerhin recht merklich. Eine klare Sternennacht nach Verschwinden der letzten Dämmerung und ohne Mond ist doch nicht so rabenschwarz und dunkel „wie in einem Sack" und der Unterschied sehr bemerkbar, wenn der Himmel bedeckt oder gar von dicken Wolken überzogen ist. Ist beides nicht der Fall, so kann man sich im freien Felde noch recht wohl zurecht finden, seinen Weg erkennen, sonst, oder auch im Wald, wo auch das Sternenlicht den Boden nicht mehr erreicht, geht das nicht.

Alle nördlichen Sterne bis zur dritten und vierten Größenklasse spenden $13^{1}/_{2}$mal so viel Licht als Wega, 3mal so viel als Sirius. Viel heller sind die großen Planeten, wenn sie günstig stehen. Alle Sterne zusammen spenden nur $1^{1}/_{2}$mal so viel Licht als der Jupiter in Opposition zur Sonne stehend, und die Venus in ihrem höchsten Glanz liefert 3 mal mehr Licht als alle Sterne zusammen.

Im Vergleich zum Sonnenlicht ist freilich die Lichtmenge, die uns ein einzelner Stern, und sei es auch einer von der ersten Größe, zusendet, außerordentlich klein. Sogar der hellste von allen, der schon genannte Sirius im großen Hund, leuchtet 11 000 Millionen mal schwächer als die Sonne. Das kommt aber nur von der ungeheuer großen Entfernung her, in der sich die Fixsterne von uns aus befinden, denn von vielen unter ihnen wissen wir bestimmt, daß sie nicht nur größer sind als unsere Sonne, sondern auch außerdem im helleren Licht strahlen und sicher eine höhere Temperatur haben als selbst unsere heiße Sonne.

Will man sich in der „Himmelsmechanik" alles recht klar machen, so ist das beste Hilfsmittel zum Anschauungsunterricht unstreitig ein Himmelsglobus, der freilich recht teuer ist. Handelt es sich aber nur darum, wenigstens die wichtigsten Sterne und Sternbilder kennen zu lernen, so

reicht dazu auch schon eine Sternkarte mit der dazu gegebenen Anleitung aus. Davon gibt es jetzt ganz gute
zu recht billigem Preis. Wenn wir im folgenden eine ganze
Anzahl von Sternen und Sternbildern nennen und nennen
müssen, so setzen wir voraus, daß sie dem Leser bekannt
sind oder, wenn er überhaupt an diesen Erörterungen Geschmack und Interesse findet, daß er demnächst ihre Be-
kanntschaft zu machen sucht.

Die Entfernung aller Fixsterne von der Erde ist so
ungeheuer, daß man sie nicht mehr nach Meilen und Kilometern, sondern nach Lichtjahren mißt, nach der Zahl der
Jahre, die das Licht von ihnen aus braucht, um unser Auge
zu treffen. Rund 300 000 Kilometer legt das Licht in einer
Sekunde zurück, und ein Lichtjahr ist gleich 9,47 Billionen
Kilometer zu setzen. Auch der Fixstern, der uns von allen
am nächsten ist, α-Zentauri, an Helligkeit der drittgrößte,
ist vier Lichtjahre von uns entfernt. Wäre die Sonne ebenso
weit von uns entfernt, so würde sie etwa so hell erscheinen
wie der Stern Procyon im Kleinen Hund, viel schwächer
als Sirius und Wega. Wäre sie so weit entfernt wie der
Sirius, so müßte man sie zur zweiten bis dritten Größenklasse zählen, in der Entfernung der Wega zur fünften,
in der der Capella im Fuhrmann (auch einem Stern erster
Größe) wäre sie von uns als Stern sechster Größe mit
freiem Auge gerade noch zu erkennen, nicht mehr, wenn
sie so weit entfernt wäre wie der rote, prächtige Arkturus
im Bootes oder wie Beteigeuze im Orion (alles Sterne der
ersten Größe).

Aus der Helligkeit eines Sterns kann man übrigens
nicht auf seine Größe schließen, und richtiger wäre es also,
die Sterne nicht, wie es allgemein geschieht, in G r ö ß e n -,
sondern in H e l l i g k e i t s klassen einzuteilen; so ist
Canopus, 100 Lichtjahre von uns entfernt, nach Sirius der
hellste aller Sterne, übertrifft aber sicher an Größe alle
anderen Sterne der ersten Größenklasse.

Die F a r b e , in der die Sterne leuchten, gibt uns
einen ungefähren Anhaltspunkt für die Schätzung ihrer
Temperatur. Die weißen Sterne sind die heißesten, von
allen Sternen gehört zu ihnen etwa die Hälfte, namentlich
die meisten kleineren der Milchstraße, die davon ihren
milchweißen Schein hat. Atair im Schwan, Sirius, Wega
gehören hierher. Etwa der dritte Teil sieht gelb aus, wie
Capella im Fuhrmann, Pollux (Zwillinge), Procyon im

Kleinen Hund, Arkturus, Aldebaran (im Stier). Ihrer Farbe nach gehört hierher auch unsere Sonne. Nur etwa 100 der helleren Sterne sind entschieden rot, wie α-Orionis, α-Herculis, σ-Ceti, β-Pegasi. Die roten Sterne sind nicht nur die verhältnismäßig kältesten, sondern jedenfalls auch die ältesten Sterne, die heißesten und jüngsten sind, wie wir hörten, die weißen, dazwischen stehen die gelben, auch unsere Sonne. Auch nach diesen Gesichtspunkten mag man den Sternenhimmel durchmustern.

Die Sterne sind nicht gleichmäßig am Himmel verteilt. Bekannt unter dem Namen „Milchstraße" ist die gürtelförmige Anordnung wirklich unzählbarer kleiner, nur mit den stärksten Fernrohren unterscheidbarer Sterne, die zusammen den milchweißen Schein liefern, aber auch die mit bloßem Auge erkennbaren Sterne sind in dieser Gegend näher beisammen, während sie um so einsamer stehen, je weiter von der Milchstraße sie ihren Ort haben. Unser Sonnensystem und damit die Erde, so nimmt man an, befindet sich etwa in der Mitte innerhalb eines linsenförmigen Raumes, der von der Unzahl von Fixsternen annähernd gleichmäßig erfüllt ist. Trifft dies zu, so müssen die Sterne von der Mitte aus gesehen, natürlich gegen den scharfen Rand der Linse, den Äquator, hier dichter beisammen stehen, als senkrecht dazu, gegen die Pole der Linse. Die Entfernung der Milchstraße wird von Seeliger auf etwa 24000 Lichtjahre geschätzt. Man hat Grund anzunehmen, daß im unendlichen Raum noch viele, viele solche Systeme, jedes für sich von ungeheuerer Größe, sich befinden. Die „Nebel", speziell die „Spiralnebel", die auch in den stärksten Fernrohren nur einen ziemlich gleichmäßigen schwachen Schein zeigen, sind wohl, wenigstens in vielen Fällen, nicht als Weltkörper, sondern als ganze Welten aufzufassen, die einst wieder werden oder schon einmal waren, was das ganze Milchstraßen-System jetzt ist, mit unserer Sonne und unserem winzigen Erdkörper, ganz zufällig ungefähr in der Mitte.

Nur wenige solcher N e b e l f l e c k e sind dem freien Auge sichtbar, so der Nebel im Orion und der in der Andromeda. Von den eigentlichen Nebelflecken, die nachgewiesenermaßen aus Gasen bestehen, wohl zu trennen sind S t e r n h a u f e n , die freilich entweder nur mit den stärksten Fernrohren als solche erkannt, „aufgelöst" werden können oder selbst auch in diesen nicht, und die nur aus vielen

Fixsternen bestehen, die entweder wirklich zusammen gehören oder so im Raum angeordnet sind, daß sie von der Erde
aus bloß nahe beisammen zu stehen s c h e i n e n. Ein
immer größerer Teil von den früher als Nebel angesehenen
Gebilden ist mit den Fortschritten der Optik aufgelöst und
als Sternhaufen erkannt worden. Herschel mit seinem
selbstverfertigten riesigen Spiegelteleskop hat hierin das
meiste geleistet. Ein scharfes unbewaffnetes Auge vermag
schon einzelne Sternhaufen aufzulösen, bei denen ein minder
gutes versagt. So sieht z. B. ein Kurzsichtiger, ohne sein
Auge zu bewaffnen, die Plejaden im Sternbild des Stiers
nur als milchweißen Fleck, während ein Normalsichtiger
leicht sieben einzelne Sterne unterscheidet, wovon der Sternhaufen schon von alters her den Namen des „Siebenge-
stirnes" trägt.

Nur einem guten und fleißigen Beobachter kann es
auffallen, daß er einzelne Sterne bald leichter und heller,
bald schwerer und weniger hell oder zu Zeiten gar nicht
sehen kann. Doch ist derartiges schon den ganz alten
Sternguckern der Chaldäer und der Araber aufgefallen.
Dazu trug gewiß die ungemein klare Luft in den Gegenden
jener Zonen viel bei. Wir haben es trotz weniger guter
Beobachtungsverhältnisse viel leichter, da durch die Arbeiten
der Astronomen, die mit Fernrohren arbeiten, Zahl und
Ort derartiger „V e r ä n d e r l i c h e r S t e r n e" uns
wohl bekannt ist. Solcher veränderlicher Sterne gibt es
in der Tat eine große Anzahl am Firmament. Die Schwankung der Helligkeit kann eine recht bedeutende, zwei
„Größenklassen" und mehr umfassende sein, so daß z. B.
ein Stern manchmal von der zweiten, ein anderes Mal
nur von der vierten Größe zu sein scheint. Bei vielen veränderlichen Sternen hat es sich herausgestellt, daß der
Wechsel zwischen hell und weniger hell ein sehr regelmäßiger
ist, daß sie eine Periode haben, p e r i o d i s c h v e r -
ä n d e r l i c h sind. Die Länge dieser Perioden wechselt
von wenigen Tagen bis zu vielen Wochen und Monaten.
Gerade in der fortlaufenden Beobachtung solcher Sterne
kann man Ergebnisse erhalten, die wirklich für die Astronomie
von wissenschaftlichem Werte sind, auch wenn gar keine
optischen Hilfsmittel zu Gebote stehen oder nur die einfachsten, wie ein Opernglas.

Manche veränderlichen Sterne ändern längere Zeit
ihre Helligkeit gar nicht, dann werden sie rasch, aber nur

für recht kurze Zeit bedeutend lichtschwächer. Die Periode des Lichtwechsels ist dabei seit vielen Jahren gleich lang gefunden worden und man nimmt an, daß sie einen dunklen Begleiter haben, der sich in einer gewissen Zeit einmal um den Hauptstern dreht. Sobald er dabei vor den Hauptstern tritt, verdunkelt er sein Licht für kurze Zeit. Das berühmteste Beispiel dafür ist der schon lang als veränderlich bekannte Algol, der zweitgrößte Stern im Perseus. Die Periode dieses Lichtwechsels beträgt 2 Tage und $2^3/_4$ Stunden. Er leuchtet $2^1/_2$ Tage konstant hell, dann sinkt er im Verlaufe von $4^1/_2$ Stunden um $1^1/_2$ Größenklassen und erreicht dann in weiteren $4^1/_2$ Tagen seine frühere Helligkeit wieder. Der dunkle Begleiter bedeckt den Algol für uns teilweise alle 69 Stunden. Veränderliche Sterne nach diesem Typus sind mehrfach bekannt, alle haben relativ lange Perioden konstanter Helligkeit mit kurzer, relativ starker Verdunkelung. Alle veränderlichen Sterne nach dem „Algoltypus" sind weiß. Wer den Algol beobachten will, kann ihn nach folgender Anleitung suchen. Für alle Orte von größerer geographischer Breite als 50 Grad geht der Algol nie unter, er ist zirkumpolar, also die ganze Nacht sichtbar. Wenn die Plejaden aufgehen, steht er 18 Grad von ihnen entfernt, fast genau senkrecht über ihnen. Er bildet mit a im Stier und den Plejaden ein ungefähr gleichseitiges Dreieck mit der Spitze gegen den Zenit zu. Von den Plejaden ist er etwas weniger weit (19 Grad) als von a-Arietis (22 Grad) entfernt. Abends 10 Uhr ist er anfangs August in NE, bis Mitte Oktober östlich, 45 Grad hoch, Mitte Februar ebenso hoch im Westen, bis Mitte April im NW zu sehen.

Im Walfisch steht ein Stern (o-Ceti), der bald gut sichtbar ist, sogar hell, von erster bis zweiter Größe, leuchtet und bald dem unbewaffneten Blicke ganz verschwindet. Schon lang trägt er den Namen Mira, die „Wunderbare". Sein Helligkeitswechsel ist ganz anders als bei den Veränderlichen des Algoltypus. Seine Periode beträgt 11 Monate. 10 Wochen lang ist er für das unbewaffnete Auge sichtbar, die Beobachtung durchs Fernrohr hat gezeigt, daß er bis zur Größenklasse 9,5 sinkt. Dann wird er allmählich wieder sichtbar und erreicht so die Größe von 1—2, um dann wieder abzunehmen. Wahrscheinlich wird der Wechsel der Helligkeit durch Veränderungen an der Oberfläche des Sterns selbst herbeigeführt, durch Formung großer Flecken, die sich in regelmäßigen Perioden in größerer und kleinerer Zahl bilden.

Ähnliches können wir auch an unserer Sonne, deren Fleckenbildung ein Maximum und Minimum von elfjähriger Periode erkennen läßt, feststellen. Die Fleckenbildung ist aber hier viel zu unbedeutend, um eine merkliche Schwächung des Sonnenlichtes herbeizuführen, sonst müßte man auch unsere Sonne zu den Mirasternen zählen. Wahrscheinlich wird diese aber einst im Alter ein Mirastern, wenn sie einmal rot geworden ist, jetzt ist sie ja noch gelb. 60 Prozent aller Mirasterne sind rot, wie Mira selbst.

Die Mira geht zehn Minuten nach α-Arietis durch den Meridian, dabei steht sie 35 Grad tiefer. Man beobachtet sie von Mitte September bis Ende Februar abends von 9—10 Uhr. Eine Linie von Mira bis zu den Plejaden bildet die Hypothenuse eines rechtwinkeligen gleichschenkeligen Dreiecks, dessen rechter Winkel bei α-Arietis liegt. Mira liegt bei 25^0 Erhebung mit α-Ceti auf einer Horizontalen, α-Ceti liegt 13 Grad nördlich davon.

Die Algolsterne sind also alle Doppelsterne, wenn wir auch nur e i n e n Stern an ihnen erkennen können und an dem Lichtwechsel die Existenz des zweiten nur erschließen. Es ist jedenfalls nur ein seltener Zufall, wenn beide Sterne so genau mit der Erde in eine gerade Linie treten, daß der eine vom anderen für Erdbeobachter zum Teil verdeckt ist. Die Anzahl von Doppelsternen, bei denen dies nicht zutrifft, ist ohne Zweifel eine ungeheuer viel größere. Bei einem Teil von diesen sind beide Sterne so groß, daß sie beide gesehen werden können, und ihre Entfernung voneinander so bedeutend, daß sie auch deutlich getrennt werden können, der Doppelstern als solcher sichtbar ist. Je stärker und vorzüglicher ein Fernrohr ist, desto kleiner darf der Winkelabstand beider Sterne voneinander sein, damit dies geschieht und seit man den Himmel mit Fernrohren durchmustert, haben die Doppelsterne immer als Probeobjekte für die Güte der Instrumente gedient. Aber auch das bloße Auge kann wenigstens eine kleine Anzahl von Doppelsternen erkennen, für eine etwas größere Zahl reichen schon die einfachsten optischen Hilfsmittel hin, und die allerschwierigsten bleiben den allermächtigsten vorbehalten, und auch diese sind in ihrer Leistung gerade hier im höchsten Maße vom augenblicklichen Zustand der Atmosphäre abhängig.

Der mittelste Stern im Schwanz des Großen Bären ist wohl der bekannteste Doppelstern und mit freiem Auge am leichtesten als solcher zu erkennen. Der Schwanz (die Deichsel des Wagens) hat eine leichte Krümmung, nach der konvexen Seite gegen den äußersten Stern hin steht über dem mittelsten Stern das kleine „Reiterchen", der Alkor, wie ihn die Araber nannten, denen der kleine Stern schon ein Probeobjekt für ein gutes Auge abgab. Früher habe ich nie begreifen können, was dabei schwierig sein soll, selbst bei leicht dunstigem Wetter und bei Mondschein habe ich das Reiterchen immer gesehen. Manchmal geht es leichter, wenn man den Stern nicht genau fixiert, sondern ein ganz, ganz klein wenig an ihm vorbeisieht. Übrigens ist es eigentlich nicht ein Doppelstern, den man hier sieht, sondern ein mehrfacher. Schon mit ganz bescheidenen optischen Hilfsmitteln kann man dieses ganze System, zwischen Hauptstern und Reiterchen wenigstens noch einen auch dazu gehörigen erblicken. Und die Sterne hier gehören wirklich zusammen, stehen einander so nahe, daß sie sich durch ihre Anziehung gegenseitig beeinflussen. Doppelsterne, die nur perspektivisch sich zufällig nahe zu stehen scheinen, in Wirklichkeit aber sehr weit hintereinander stehen, heißt man o p t i s c h e , die anderen, wie der Alkor, p h y s i s c h e Doppelsterne. Die letzteren scheinen fast in der Mehrzahl zu sein, denn immer neue werden entdeckt oder durch fortgesetzte Beobachtung als solche physische erkannt. Die physischen Doppelsterne gehören zu den allerinteressantesten Objekten am gestirnten Himmel. Wenn es gelingt, ihre Entfernung von der Erde zu berechnen, die Dauer der Umlaufzeiten der Sterne um ihren gemeinschaftlichen Schwerpunkt und auch nach ihrem Winkelabstand möglichst genau zu messen, so weiß man alles, um daraus ihre wirkliche Entfernung voneinander und sogar die Größen ihrer Massen, nach irdischem Maß ihre Gewichte, zu berechnen. Auf diese Weise hat man z. B. von der Capella im Fuhrmann, dem hellen Stern, der in Sommernächten im Norden bis Nordosten tief am Horizont steht, und der auch ein Doppelstern ist, erfahren, daß die Entfernung beider Sterne voneinander ungefähr doppelt so groß ist wie die unserer Erde von der Sonne und etwa 300 Millionen Kilometer, die Umlaufszeit 104 Tage beträgt und die Gesamtmasse des Doppelsterns 100mal größer als die unserer Sonne angenommen werden muß.

Die berechneten Umlaufszeiten sind bald sehr groß (z. B. beim Castor in den Zwillingen 1000 Jahre), bald äußerst kurz (beträgt z. B. bei Spica in der Jungfrau nur vier Tage). Den Begleiter hat man bei Spica nicht gesehen, aber seine Anwesenheit mit dem Spektroskop nachgewiesen, was nur bei Sternen mit sehr kurzer Umlaufszeit, also sehr großer Geschwindigkeit, möglich ist. Gehen von einem Körper Wellen von irgendwelcher Art (Lichtwellen, Schallwellen) aus und bewegt er sich selbst mit einer Geschwindigkeit, die gegenüber der Geschwindigkeit der Wellen nicht gar zu klein ist, so werden die Wellen auf seiner Rückseite länger, vor ihm kürzer. Die Lichtwellen, die ein Stern aussendet, der sich sehr rasch gegen uns bewegt, werden kürzer und ihre Lage im Spektrum nach der violetten Seite verschoben, umgekehrt länger und gegen Rot hin verlagert, wenn er sich von uns weg bewegt. Nach diesem „Dopplerschen Effekt" vermag man also durch genaue Untersuchung und Ausmessung des Spektrums und seiner Linien in manchen Fällen nicht nur festzustellen, ob ein Stern sich von uns weg oder gegen uns bewegt, sondern auch mit welcher Geschwindigkeit dies geschieht. Doppelsterne, deren Natur nur mit dem Spektroskop festgestellt werden konnte, heißen auch s p e k t r o s k o p i s c h e Doppelsterne.

Man sieht sie niemals doppelt, weiß aber, daß sie doppelt sind. Da die Geschwindigkeit des Lichtes selbst eine ungeheure ist (300 000 km in der Sekunde), können nur Sterne mit sehr rascher Eigenbewegung den Dopplereffekt geben, mit dem Spektroskop als Doppelsterne erkannt werden, also Doppelsterne mit sehr kurzer Umlaufszeit. So einer findet sich auch im System des Reiterchens. Hier stehen sich zwei Sterne so nahe, daß sie ihren rasenden Umlauf in zwei Tagen vollenden. Vielleicht ist der Tag nicht mehr fern, an dem sie aufeinander stoßen, zusammenfallen. Sobald sie sich einmal nur mit ihrer Gashülle berühren, geht es schneller und immer schneller. Beim Zusammenstoß müßte so viel Wärme frei werden, daß ein plötzliches Aufleuchten zu großer Helligkeit die Folge wäre. Vielleicht, wer kann das wissen, ist der Zusammenstoß schon geschehen, der Lichtstrahl aber, der uns die Kunde davon bringen soll, hat seine weite Reise zu uns her bis zum heutigen Tage noch nicht vollendet.

Wahrscheinlich ist ein solcher Vorgang, Zusammenprallen, für alle die sog. n e u e n S t e r n e anzunehmen, von denen schon frühere Jahrhunderte berichteten und deren wir ja auch schon mehrere erleben konnten. Ein bis dahin unbekannter Stern leuchtet plötzlich auf, seine Helligkeit nimmt rasch zu, erreicht in einigen Tagen den höchsten Grad, um dann freilich gewöhnlich ebenso rasch abzunehmen. Nähere Nachforschungen ergaben dann mitunter, daß an genau derselben Stelle vorher ein sehr kleiner Stern den Astronomen schon bekannt war, wie auch nach Abblassen der „Nova" noch länger dort ein kleines Sternlein in mächtigen Fernrohren gesehen werden kann. Auch wer nicht Astronom und nicht im Besitze eines guten Fernrohres ist, kann gelegentlich eine „Nova" nach den Beschreibungen in den Tagesblättern und im Vergleich mit einer guten Sternkarte auffinden und so auch Zeuge einer Weltkatastrophe sein, an deren Gewalt und Macht keine menschliche Phantasie hinreicht. Ende zweier Sonnen oder Sonnensysteme mit wer weiß wieviel Planeten, wie unsere Erde einer ist, und zugleich Vergasung zu Nebelfleck, Wiedergeburt einer neuen Welt. So wird's wohl auch einmal mit unserer Sonne gehen, noch aber kennt man nicht Ort und Zeit, wo und wann es geschehen mag, und auch den Weltkörper nicht, der ihr das Verderben und doch wieder neues Leben bringen soll, wenn aus dem riesigen Gasball wieder Himmelskörper, Sonnen sich bilden und absondern werden. Wir wissen nicht, ob unsere Sonne auch zu einem Doppelstern gehört, keiner der uns am nächsten stehenden Fixsterne ist in dieser Hinsicht verdächtig, aber wir wissen, daß auch unsere Sonne nicht im Weltenraum stillsteht, wir kennen annähernd die Richtung ihrer Bahn, ihre Geschwindigkeit. Gegen einen Punkt im Sternbild des Hundes (AR. 267 Grad, D 31 Grad) rast sie in jeder Sekunde 17 Kilometer weit, wir alle mit, und es hat schon einen Reiz, sich den Punkt am Firmament einmal zu suchen, gegen den wir jetzt gerade anstürmen. Es ist freilich nicht wahrscheinlich, daß uns gerade dort unser Schicksal ereilen wird, denn die Sonnenbahn ist vielleicht auch eine gekrümmte, wenn gleich mit so ungeheuer großem Radius, daß es fraglich erscheinen muß, ob Erde und Menschen so alt werden, um solches zu bestimmen und auszumessen. Schön wäre es schon, wenn man jetzt schon sagen könnte, dieser oder jener Stern ist es, in dessen glutvolle, tödliche Umarmung wir eilen. Man kennt eine kleine Anzahl von Sternen, die zusammen mit unserer Sonne den gleichen Weg verfolgen. Beteigeuze im Orion, Spica in der Jungfrau und Capella im Fuhrmann gehören dazu.

Der Anblick des gestirnten Himmels, der sich ins Unendliche zu verlieren scheint, die Vorstellung der ungeheuren Größen und Entfernungen soll, so sagt man, den Menschen bescheiden machen in seiner erbärmlichen Winzigkeit. Im Gegenteil, sie sollte ihn froh machen und stolz, daß er mit seinem kleinen Gehirn alles das aufnehmen, durchschauen, begreifen kann, was seinesgleichen, auch nicht mit viel größeren Köpfen, alles erforscht, gemessen, bewiesen haben. Daran mag man sich beim Anblick des gestirnten Himmels freuen; aber auch daran, dort gut bekannte Sterne und Sternbilder im Wechsel des Jahres kommen und verschwinden zu sehen. Eine irgend genauere Kenntnis davon kann sich, wer will, mit einer billigen Sternkarte oder noch viel besser mit einem, freilich viel teureren Himmelsglobus, verschaffen. Die allerbekanntesten Sterne und Bilder wenigstens sollten einem nicht fremd sein. Es sollte keiner im Sommer den Orion suchen oder fragen, ob der Große Bär schon aufgegangen sei. Da wir hier keinerlei Hilfsmittel voraussetzen und verlangen, so müssen wir uns wirklich nur auf das allereinfachste beschränken, dessen Kenntnis aber zur allgemeinen Bildung und zur allgemeinen Orientierung am Firmament gehört.

Nur wenige Sternbilder sind nach ihrer Form leicht kenntlich, wie die beiden Bären. Dies trifft auf unserer Hemisphäre noch zu für die Cassiopeia, deren Hauptsterne wie ein lateinisches W angeordnet sind, ferner für den Orion, dessen „Gürtel" drei auffallende, in einer Linie nahe beieinander stehende helle Sterne bilden, und allenfalls noch für die Zwillinge, deren Hauptsterne, nicht weit voneinander, annähernd von gleicher Helligkeit ziemlich einsam von viel kleineren der Umgebung, von anscheinender Leere sich abheben. Es gehört im allgemeinen schon etwas viel Phantasie dazu, aus der Konfiguration der Sterne die Berechtigung für die Bezeichnung als „Jungfrau", „Widder", „Stier", „Haar der Berenice" u. dgl. abzuleiten. So gern ich mich mit Astronomie und mit dem gestirnten Himmel abgegeben habe, solches ist immer meine schwache Seite gewesen und geblieben. Es ist in der Tat rätlicher, sein Augenmerk zunächst auf die einzelnen Sterne, vornehmlich die Sterne erster Größe, zu wenden, und wenn man sich merkt, in welchem Sternbild sie stehen, so weiß man auch ungefähr, wohin dieses verlegt werden muß, und kann es immer leicht am Himmel finden. Kommt dann z. B. die

Nachricht, ein Komet oder ein neuer Stern sei im Sternbild
des Widders oder einem anderen zu sehen, so kann man dann
ja leicht mit Hilfe einer Sternkarte Ausdehnung und Grenzen
des Sternbildes feststellen. In manchen Kalendern und
Tagesblättern ist für jeden Monat des Jahres angegeben,
was von Sternbildern abends am Himmel zu sehen ist.
Der beschränkte Raum verbietet es, hier gleich ausführlich
zu sein. Deswegen soll nur für vier Tage des Jahres einiges
erwähnt werden, was für die erste Orientierung genügen
kann, und zwar wurde als Beobachtungszeit 10 Uhr abends
gewählt, weil da auch im Sommer die Dämmerung nicht
mehr stört und die Zeit für die Beobachtung doch auch
nicht unbequem spät liegt.

1. Januar, abends 10 Uhr.

Die Milchstraße zieht von SSE nach NNW, fast durch
den Zenit. Im Zenit Capella (im Fuhrmann); fast rein
östlich Kastor und Pollux (Zwillinge) 30 bis 40 Grad hoch,
Orion steht fast im Süden, wenig gegen E, 40 Grad hoch,
Plejaden hoch oben SSW, Casiopeia westlich, der große Bär
östlich vom Polarstern, ungefähr gleich weit davon entfernt
und in gleicher Höhe. Arkturus (Bootes) geht erst um
$11^1/_2$ Uhr auf. Der Gürtel des Orion steht im S 40 Grad hoch,
von rechts oben nach links unten. In seiner Verlängerung
in SSW 22 Grad hoch der Sirius im Großen Hund. Der
Gürtel des Orion kulminiert um 11 Uhr, der Sirius um
$12^1/_2$ Uhr.

1. April, abends 10 Uhr.

Milchstraße ist im Westen zu sehen, bildet einen
flachen Bogen von SW nach NW. Regulus (Löwe) steht
50 Grad hoch, hat vor $^5/_4$ Stunden kulminiert. Wega in
der Leier ist um 8 Uhr aufgegangen, steht NE 20 Grad
hoch. Großer Bär ist hoch oben, die beiden letzten Sterne
kulminieren um $10^1/_2$ Uhr, der Schweif ist nach E gerichtet.
Der Gürtel des Orion steht im W 15 Grad hoch, 10 Grad
höher Beteigeuze. Die Plejaden stehen schon im NW,
nahe dem Untergang. In der Mitte zwischen dem Gürtel
des Orion und den Plejaden ist der Aldebaran im Stier, über
den Plejaden 45 Grad hoch Capella im Fuhrmann. Die
Cassiopeia ist NNW 25 Grad hoch, Wega in der Leier NNE
10 Grad hoch, Regulus im Löwen hat vor $^3/_4$ Stunden kulminiert, steht jetzt 55 Grad hoch, Spica in der Jungfrau
steht SE 15 Grad hoch, Arkturus im Bootes rein östlich
30 Grad hoch, Deneb im Schwan fast rein N, wenig gegen E

10 Grad hoch, die nördliche Krone ENE 20 Grad hoch. Der Gürtel des Orion steht wagrecht im Westen nahe dem Horizont (6 Grad); verlängert man die Linie durch seine drei Sterne, so trifft man im SW gleich hoch den Sirius im Großen Hund.

1. Juli, abends 10 Uhr.

Die nördliche Krone steht hoch oben, nahe dem Zenit, ein wenig gegen W, unter ihr westlich 45 Grad hoch Arkturus im Bootes. Der Große Bär steht westlich vom Polarstern, den Schweif gegen E gerichtet, Aldebaran im Raben im SW 15 Grad hoch, die Milchstraße zieht über den östlichen Himmel von N nach S, erreicht mit ihrem Bogen die Höhe von 60 Grad. Capella im Fuhrmann steht im N, sehr tief, nur 6 Grad vom Horizont entfernt, Wega in der Leier ist um 20 Grad vom Zenit gegen SE entfernt, Atair im Adler steht nach SE 45 Grad hoch, Antares im Skorpion im S, bedeutend tiefer, nur 15 Grad hoch, Algol, zweitgrößter Stern im Perseus, sehr tief NNE, nur 2 Grad hoch.

1. Oktober, abends 10 Uhr.

Die Milchstraße geht von NE durch den Zenit nach SW. Die Plejaden stehen im E schon ziemlich hoch, 20 Grad. Wenig nördlicher davon Algol im Perseus 35 Grad hoch, Capella im Fuhrmann NE 25 Grad hoch, Sirrah in der Andromeda im SE 30 Grad vom Zenit entfernt. Der große Bär steht im NNW, die beiden letzten Sterne fast rein nördlich, senkrecht übereinander ca. 20 Grad hoch. Aldebaran im Stier ist im E 10 Grad hoch, unter und links von den Plejaden; Wega in der Leier im W 50 Grad, ebenso hoch Atair im Adler in SW. Die nördliche Krone steht schon tief in WSW, 15 Grad hoch. Arkturus im Bootes ist schon um $9^1/_2$ Uhr untergegangen. Cassiopeia steht hoch, 20 Grad vom Zenit entfernt gegen NE. Der Gürtel des Orion geht im E um 11 Uhr auf, steht dann senkrecht von oben nach unten.

Diese kleine Auswahl reicht auch für die Zwischenzeiten vollkommen aus, wenn man folgende Punkte berücksichtigt.

Beobachtet man einen Stern das ganze Jahr hindurch, so lange er überhaupt sichtbar ist, so findet man ihn nach genau einem Jahr zur selben Stunde auch wieder an derselben Stelle. Alle Fixsterne scheinen sich um die Erde in der Richtung von E über S nach W zu bewegen und brauchen zu einmaligem Umlauf 24 Stunden, vom Aufgang bis zur Kulmination eine gewisse Zeit und die nämliche von da bis zum Untergang. Die Zeit ihrer Sichtbarkeit, die Zeit, während deren sie über dem Horizont stehen, ist verschieden und abhängig von ihrer Poldistanz. Es verschieben sich aber die Fixsterne auch im Verlauf eines Jahres, und zwar so, als wenn sie in gleicher Linie einmal im Jahr sich um die Erde ebenfalls von E über S nach W bewegen würden. Wie also alle in E aufgehen, so kommen sie im Verlaufe des Jahres allmählich früher von E herauf. Von einem Tag zum andern ist diese Verschiebung ohne Meßinstrumente kaum bemerkbar, man trifft morgen den Stern, den man heute beobachtet hat, zur selben Stunde annähernd an derselben Stelle an. Im Verlaufe eines Monats aber ist die Verschiebung schon sehr merklich, sie beträgt ja den zwölften Teil eines Kreisbogens, 30 Grad.

Man teilt übrigens in der Astronomie aus Gründen der Bequemlichkeit den Himmelsäquator in 24 Stunden ein wie die Zeit, nicht in 360 Grade. Man sagt also, die Verschiebung der Sternbilder beträgt zwei Stunden Bogen in einem Monat. Hat man sich nach obiger Anleitung viermal im Jahre am Himmel zurecht gefunden, so ist es leicht, sich auch in der Zwischenzeit bei möglichst öfterer weiterer Beobachtung auszukennen. Einzelheiten mag man dann an der Hand einer Sternkarte gelegentlich nachtragen. So sammelt man sich nach und nach einen gewissen Schatz von Kenntnissen, wovon nur wenige Beispiele eine Vorstellung geben sollen.

Die Plejaden sind am 7. Juli früh von $1\frac{1}{2}$ bis $2\frac{1}{2}$ Uhr sehr nahe dem Horizont im Osten sichtbar, verschwinden dann in der Morgendämmerung. Am 20. August gehen sie um 10 Uhr abends auf. Am 20. April sind sie im Westen noch eine Stunde lang sichtbar. Am 30. April verschwinden sie in der Abenddämmerung.

Der Gürtel des Orion ist am 1. August früh um 3 Uhr sichtbar, dann wird es bald zu hell. Am 1. September geht er um 1 Uhr früh auf. Am 15. April ist er noch im Westen abends von 10 bis 11 Uhr sichtbar. Ende April kommt er der Sonne zu nahe, um gesehen werden zu können.

Der Sirius geht um 10 Uhr auf am 24. November, um 10 Uhr unter am 10. Februar.

Man tut gut, sich nicht gleich im Anfang zu viel merken zu wollen, aber das, was man kennt, bei jeder Gelegenheit wieder aufzusuchen und seinen Gang im Laufe der Nacht und im Jahre zu verfolgen. Anfangs wird man sich am besten zurecht finden bei ganz klarem Himmel, wenn der Mond

nicht stört und die Dämmerung schon vorbei ist. Später
hat es dann seinen Reiz, seine alten Bekannten auch im
Dämmerlicht und bei Vollmond wieder zu erkennen.

„Stets in Wandlung ist der Himmelsbogen“, und gerade
den Wechsel im Anblick des gestirnten Himmels zu beobachten hat, für viele wenigstens, immer wieder neuen Reiz.
Selbst Naturvölker achten auf ihn und teilen danach das
Jahr ein, die Polynesier z. B. in zwei Hälften, eine, während
deren die Plejaden sichtbar sind und eine, in der sie nicht
gesehen werden können. Auch schon die alten Kulturvölker
haben, besonders zur genauen Einteilung des Jahres und
zu Zwecken der Schiffahrt, auf diese Dinge sorgfältig geachtet,
so im Altertum namentlich die Chinesen, die Chaldäer und
die Ägypter, später die Araber. Von letzteren stammen
auch viele Namen für Sterne, die heute noch ganz allgemein,
auch in der Astronomie, gebraucht werden.

Die Fixsterne haben nicht umsonst ihren Namen.
Unabänderlich behalten sie anscheinend ihren Platz am Himmelsgewölbe bei. Stets am nämlichen Ort gehen sie auf
und unter, in gleicher Höhe kulminieren sie tagtäglich.
Nur kommen und gehen sie täglich um 4 Minuten weniger
4 Sekunden früher. Darauf beruht eine Methode der Zeitbestimmung, die wir noch kennen lernen werden. Die genau
messende Astronomie der neuesten Zeit hat freilich gezeigt,
daß im Verlaufe von Jahrtausenden auch das Antlitz des
gestirnten Himmels sich geändert hat und sich noch weiter
ändern wird. Das Leben des Einzelnen ist viel zu kurz, um
so kleine Verschiebungen bemerken zu können. Man weiß
aber, daß durch eine eigentümliche Kreiselbewegung der
Erde, deren Achse nicht immer nach dem nämlichen Punkt
im Raum gerichtet sein wird. Andere Sterne werden für
uns Polarstern werden, der schönste wird die Wega nach
vielen tausend Jahren sein. Von der Wega weiß man aber
auch noch, daß sie sich mit einer bedeutenden Geschwindigkeit uns nähert. Sie legt in der Sekunde 84 Kilometer zurück
und trotz ihrer ungeheuren Entfernung von 39,7 Lichtjahren
müßte sie uns in 71 000 Jahren treffen, wenn die Richtung
ihrer Bahn immer genau gegen uns gekehrt sein sollte.
Die Wega ist also in dieser Hinsicht der gefährlichste Stern;
die Katastrophe wäre sehr nahe, denn was bedeuten
71 000 Erdenjahre im Weltenalter? Selbst in der Erdgeschichte, die schon mindestens zu 100 Millionen Jahren
angenommen werden muß, nicht viel. Die Wega ist übrigens

nicht der schnellste Stern. Die größte Eigenbewegung, aber senkrecht zu unserer Blickrichtung nach der Seite, hat man bei Arkturus gefunden. Er eilt mit einer Geschwindigkeit von 450 Kilometern in der Sekunde dahin, also etwa 500mal so schnell, wie die ist, mit der das Geschoß unserer besten Geschütze die Mündung des Rohres verläßt.

Den Gegensatz zu den Fixsternen bilden die W a n d e l - s t e r n e , die ihren Platz am Himmelsgewölbe auffallend ändern. Zu ihnen gehören außer den Wandelsternen im engeren Sinne, den Planeten, auch Sonne und Mond. Alle bewegen sich annähernd auf der gleichen Bahn, der Ekliptik. Diese ist ein Kreis, der den Mittelpunkt der Himmelskugel auch zum Mittelpunkt hat (ein Größter Kreis), der schief zum Himmelsäquator steht, ihn an zwei Punkten unter einem Winkel von 23 Grad 27 Minuten schneidet. Um ebensoviel ungefähr können sich alle Wandelsterne über den Himmels-äquator erheben oder unter ihm bleiben. Sie stehen also, wenn sie kulminieren, bald hoch am Himmel, bald tief, und dazu kommt noch ihre Eigenbewegung, da alle Planeten sich in Ellipsen um die Sonne, der Mond überdies noch eigens um die Erde sich dreht, und daß der Stand der Sonne selbst sich am Himmel ändert durch die eigene Bewegung der Erde. Daraus ergibt sich die große Mannig-faltigkeit der „Konstellationen", des Standes der Planeten, zu denen die Astrologen auch Sonne und Mond zählten, am Fixsternhimmel. Darum eben darf Seni sagen: „Denn stets in Wandlung ist der Himmelsbogen."

Alle großen Planeten, d. h. alle, die mit freiem Auge gesehen werden können, sind heller und größer als die Fixsterne erster Größe und demnach an und für sich auf-fallende Erscheinungen. Mehr noch durch ihre Verschiebung an den Fixsternen vorüber, die oft schon in wenigen Wochen recht deutlich wird. Man unterscheidet bekanntlich als i n n e r e Planeten Merkur und Venus, die der Sonne näher, und die ä u ß e r e n Planeten Mars, Jupiter, Saturn, die von der Sonne weiter entfernt stehen als die Erde. Die inneren bewegen sich in kleineren Ellipsen um die Sonne als die Erde, sie kommen zweimal bei dem Umlauf in Konjunktion mit dieser, sie haben eine „obere" und eine „untere" Konjunktion, die erstere von uns jenseits der Sonne, die letztere zwischen Sonne und Erde stehend. Dagegen haben die äußeren Planeten, mit größeren Ellipsen als die Erdbahn, nur eine o b e r e Konjunktion jenseits der Sonne und einen „Gegenschein" oder „Opposition" auf der Seite der Sonne gegenüber, wobei also die Erde sich zwischen ihnen und der Sonne befindet.

Von uns aus gesehen stehen Merkur und Venus bald rechts bald links von der Sonne, sind also im ersten Fall am Morgen, wenn die Sonne noch nicht aufgegangen ist, im letzteren Fall abends, wenn die Sonne schon untergegangen ist, sichtbar, doch hat nur speziell die Venus mit ihrem unvergleichlich stärkeren Glanz den Namen des „Morgen-" und „Abendstern" bei allen Völkern erhalten.

Die scheinbare Bahn der äußeren Planeten ist einfach. Wenn sie rechts von der Sonne stehen, so bleibt diese immer mehr hinter ihnen zurück, sie kommen aus den Strahlen der Sonne, aus der Dämmerung heraus und gehen dann sichtbar im Osten auf und sind so lange zu sehen, bis der Tag anbricht. Von Woche zu Woche merklich früher gehen sie auf. Stehen sie dann später links von der Sonne, weil diese mittlerweile hinten herumkommend sich ihnen wieder von Westen her nähert, so gehen sie auch merklich früher jeden Tag unter, sind zuletzt noch am Abendhimmel eine oder ein paar Stunden sichtbar und verschwinden dann wieder in der Dämmerung und den Strahlen der Sonne. Dagegen ist die Bahn der inneren Planeten eine verwickeltere, kann sogar zeitweilig scheinbar rückläufig werden. Venus und Merkur können „Schleifen" am Himmelsgewölbe durchlaufen, worauf aber hier nicht näher eingegangen werden soll. Merkur kann sich höchstens um $28^1/_2$ Grad, Venus um 48 Grad von der Sonne entfernen, soviel beträgt ihre größte östliche oder westliche „Elongation", erstere wenn sie Abend-, letztere wenn sie Morgenstern sind. Zur Zeit ihrer größten Elongation sind sie, wegen Verminderung der Dämmerung auch am besten zu beobachten. Die Venus überstrahlt dabei nicht nur jeden Fixstern, auch den Sirius, bei weitem und ist selbst bedeutend heller noch als der soviel größere Jupiter. Venus ist der einzige Stern, der mit freiem Auge unter günstigen Bedingungen gesehen werden kann, auch wenn die Sonne noch am Himmel, freilich tief am Abend- oder Morgenhimmel, steht. Mir ist dies vor langen Jahren auch einmal mit Sicherheit geglückt. Ist die Dämmerung verblaßt und der Stand der Venus ein günstiger, so kann ihr Licht deutlich Schatten werfen, was ich auch mehrfach schon beobachten konnte. Die absolut größte Helligkeit der Venus fällt übrigens nicht mit ihrer größten Elongation (der Entfernung von der Sonne) zusammen, sondern etwa auf den 35. bis 38. Tag vor und nach ihrer unteren Konjunktion. Ihr Glanz ist nicht alle Jahre gleich und hat alle Jahre ihr Maximum, und dann kann sie auch am hellen Tage, nahe der Sonne, gesehen werden.

Die äußeren Planeten stehen in ihrer Opposition der Erde um den Durchmesser der Erdbahn näher als in ihrer Konjunktion. Dieser Unterschied von rund 299 Kilometern ist beträchtlich genug, so daß die äußeren Planeten in ihrer Opposition am hellsten erscheinen. Fällt die Opposition in den Winter, so daß die Planeten zugleich hoch oben stehen, dem Dunstkreis der Atmosphäre entrückt, so sind damit zugleich auch die besten Bedingungen zur teleskopischen Betrachtung ihrer Oberfläche für die Astronomen gegeben.

Manche Tagesblätter geben allmonatlich bekannt, was am Himmel zu sehen ist, auch manche Kalender, und daraus kann man sich auch über den jeweiligen Stand der Planeten unterrichten. Nach und nach lernt man aber auch für sich allein diese herrlichen Himmelskörper unterscheiden; einige Merkmale hierfür sollen hier erwähnt werden.

Um zu erkennen, ob das, was man sieht, ein Planet oder nur ein großer Fixstern ist, muß man zu allererst entscheiden, ob an seinem Platz überhaupt ein Planet stehen k a n n. Dazu konstruiert man sich aus dem Stand der Sonne die Ekliptik. Ist z. B. im Frühjahr die Sonne untergegangen und weiß man ungefähr, wie hoch sie sich am Mittag erhoben hatte, so kann man sich einen Kreisbogen von Sonnenuntergang bis zu ihrem Kulminationspunkt gezogen denken. Diesen Weg hat d e r Punkt der Ekliptik zurückgelegt, den die Sonne am betreffenden Tage einnimmt. Der Ort am Himmel, den die Sonne in einem Monat später einnimmt, der folgt ihr jetzt (auf der Ekliptik) in zwei Stunden nach. Vom Winter bis zum Sommer steht alles, was ihr im Westen folgt, höher als die Sonnenbahn, in der zweiten Jahreshälfte tiefer. Für die Sterne, die ihr am Osthimmel vorangehen, gilt das Umgekehrte. Man wird einen Planeten im Meridian nie tiefer als 19 Grad, nie höher als etwa 67 Grad, oder gar im Norden vermuten. Damit sind schon viele Unmöglichkeiten ausgeschlossen.

So hell wie Venus und Jupiter in ihrem höchsten Glanz leuchtet kein Fixstern am Himmel. Die beiden sind fast immer und die anderen auch oft schon an ihrer auffallenden

Helligkeit als Planeten zu erkennen. Schwieriger ist es, wenn die Luft nicht klar, die Stellung der Planeten eine ungünstige ist und die Fixsterne gerade nicht funkeln. Szintillieren sie aber, dann unterscheiden sich die Planeten von ihnen durch ihr ruhiges Licht. Auch dieses Merkmal läßt mitunter im Stich. Es ist nicht richtig, daß die Planeten niemals funkeln, nahe am Horizont tun sie es oft, andererseits funkeln die Fixsterne nicht immer, besonders wenn sie hoch oben stehen. Kann man die Beobachtung durch Wochen hindurch fortsetzen, dann m u ß es sich ja zeigen, ob sich der fragliche Stern gegen seine Umgebung verschiebt, ob er ein Wandelstern ist oder nicht. Ist's einer, dann kommt noch die Frage nach der Persönlichkeit des hohen Herrn.

Merkur ist in den Tropen leichter, in unseren Breiten mit der meist viel längeren Dämmerung so schwer zu sehen, daß selbst der hochberühmte Astronom Kepler, der noch kein Fernrohr hatte, ihn niemals erblickt hat. Ich selbst habe ihn auch nur ein paarmal mit freiem Auge am Abendhimmel gefunden, dann freilich mehrere Tage lang beobachtet. Fast stets ist er nicht im blauen, sondern im gelben Teil des Abendhimmels zu entdecken. Steht aber im gelben Morgen- oder Abendhimmel ein heller, leicht sichtbarer Stern, während auch kein anderer noch oder mehr sichtbar ist, dann ist's die Venus. Diese ist nur entweder am Morgen- oder am Abendhimmel zu sehen, wenngleich mitunter mehrere Stunden lang. Niemals kulminiert sie sichtbar, niemals ist sie nach Sonnenuntergang im Osten, niemals vor Sonnenaufgang im Westen zu erblicken.

Steht an diesen Orten, wo die Venus niemals angetroffen wird, doch ein prächtiger, großer, weiß glänzender Planet, dann ist dies der Jupiter.

Mars und Saturn können, wie der Jupiter, im Osten, Süden und Westen zu jeder Zeit der Nacht gelegentlich sichtbar sein, haben ihren größten Glanz hoch oben bei ihrer Kulmination. Beides auch schöne, hohe Lumina. Der Mars ist leicht kenntlich, wenn er aus der Dämmerung heraus ist, denn er ist entschieden rot. Weniger rot, aber immer noch röter als der Jupiter ist der den Jupiter auch an Helligkeit meist nicht erreichende Saturn. Man erkennt ihn daran, was er nicht ist: Planet ist's, Jupiter ist's nicht, Mars auch nicht, Venus kann dort gar nicht stehen: also ist's der Saturn!

Steht der Mond am Himmel, so ist die Konstruktion der Ekliptik leichter, denn beide, Mond und Sonne, müssen ungefähr auf demselben größten Kreis sich finden. Den Ort der Sonne unter dem Horizont kann man annäherungsweise schätzen; stets ist er nördlich von der Stelle, wo die Sonne auf- oder untergegangen ist, um so nördlicher, je mehr Zeit vom Untergang verflossen ist oder bis zum Aufgang noch verfließen wird, im Sommer weiter als im Winter. Eine Linie von der Mitte des Dämmerungsbogens aus senkrecht nach unten gezogen trifft den Ort, unterhalb dessen die Sonne gerade steht.

Fast in jeder klaren, mondleeren Nacht wird man bei längerem Beobachten des Himmels eine S t e r n - s c h n u p p e sehen können, einen kleinen Stern, der in gerader oder gekrümmter Linie am Himmel vorübereilt, meist sehr schnell, andere Male langsamer. In der Mitte der Nacht kann man durchschnittlich auf sechs in der Stunde rechnen, vor Mitternacht sind sie seltener, nach Mitternacht etwas häufiger, von 3—4 Uhr morgens $2^{1}/_{2}$mal mehr als abends 8—9 Uhr. Bald verschwinden sie am Horizont, bald endet ihre Bahn hoch oben am Himmel, sie ist bald sehr kurz, bald lang, die Richtung kann die allerverschiedenste sein, ebenso die Helligkeit. Besonders helle mit langer Bahn lassen oft einen feurigen Schweif hinter sich, manchmal deutlich aus zwei parallelen Linien bestehend. Dieser Schweif ist keineswegs optische Täuschung, etwa ein Nachbild, das durch den glänzenden ,,fallenden Stern" im Auge erzeugt wird, denn er wird mitunter auch von Leuten gesehen, die den Stern selbst nicht erblickt hatten. Ja, sogar in Fernrohren konnten besonders lange bis zu einer Minute und darüber nachglühende Schweife betrachtet werden. Es sind sehr kleine Weltkörper, die auf ihrer Bahn in die Atmosphäre geraten und sich in derselben durch die Reibung bis zur Gluthitze erwärmen, denn die Geschwindigkeit, mit der sie die Atmosphäre durcheilen, ist eine recht große. Sie beträgt gewiß 30 Kilometer in der Sekunde und mehr, ist also 40mal größer als die Mündungsgeschwindigkeit der modernsten Geschosse, kann aber bis zu 76 Kilometer betragen. Schon in sehr großen Höhen, etwa von 110 bis 200 Kilometer, ist der Widerstand der dort sehr dünnen Luft doch schon hinreichend, eine Gluthitze zu erzeugen und in einer Höhe von 100 Kilometern können die kleinen Körper schon verbrannt sein. Ob alle diese kosmischen

Massen feste Körper oder auch gasförmige sind, kann man noch nicht entscheiden, feste sind jedenfalls dabei, denn manchmal stürzen sie auf den Erdboden und erweisen sich dann als die sog. „M e t e o r s t e i n e" oder besser „M e t e o r i t e n". Ein fallender Meteorit ist glühend heiß, zerspringt oft noch in der Luft oder beim Aufschlag in viele Teile, wobei mitunter eine mehr oder weniger starke Detonation gehört wird. Im weichen Boden kann sich ein Meteorit tief eingraben. Nach solchen Meteoriten oder deren Bruchstücken wird natürlich jeder sorgfältig suchen, der ein Meteor in der Nähe niedergehen sah. Es sind schon viele, viele tausend gefunden und gesammelt worden. Hauptsächlich unterscheidet man zwei Gruppen davon. Die „Eisenmeteoriten" bestehen ausschließlich oder doch sehr vorwiegend aus metallischem Eisen, die „Steinmeteorite" enthalten auch reichlich andere Bestandteile, immer aber auch daneben Eisen. Auch Magneteisen, eine Verbindung von Eisen mit Sauerstoff im Verhältnis von 2 zu 3 ist ein sehr häufiger Bestandteil, und die meisten Meteorite lenken die Magnetnadel ab. Das kann man als vorläufige Probe benützen, wenn man vermutet, einen Meteoriten gefunden zu haben. Manche sind schön berindet, weil die Oberfläche durch die Hitze geschmolzen ist. Immer tut man gut, bei dringendem Verdacht das Stück einem Mineralogen zur Prüfung und Begutachtung einzusenden. So viele auch schon gefunden wurden, der einzelne hat bei der absoluten Seltenheit des Vorkommens doch nur recht wenig Aussicht, in einen solchen Fall zu kommen. Was hätte ich nicht schon darum gegeben, einen solchen Boten aus unergründlicher Tiefe des Weltraums zu finden und mein eigen zu nennen! Nicht einmal zerspringen habe ich ein Meteor sehen oder hören, mehrmals aber schon eines beobachtet, von dem man annehmen durfte, es sei niedergegangen. Die gemeinen Sternschnuppen nämlich durcheilen nur unsere Atmosphäre im Flug, fahren in sie an einer Stelle hinein und an einer anderen wieder hinaus, um mit freilich gegen früher stark abgelenkter Bahn im Weltraum weiter zu fliegen, wofern sie nicht durch die Hitze verdampft oder im Sauerstoff der Luft verbrannt oder zu kosmischem Staub zertrümmert wurden. Sie erlöschen in einer Höhe von 90—100 Kilometer. Es kommt eben ganz auf die Richtung und Geschwindigkeit des Meteors an, ob es zur Erde fallen wird oder nicht. Es wird es müssen, wenn es rückläufig ist, sich gegen die daher kommende Erde bewegt, bei zentralem Stoß sicher, bei tangentialem Stoß und großer Eigengeschwindigkeit von der Seite oder von hinten her kann es am festen Erdkörper durch die Luft vorbeisausen. Unzählige gehen sicher tagtäglich auch an unserer Atmosphäre in der Nähe vorbei, aber nur was in ihr glühend wird, kann sichtbar werden.

Die Meteore oder „Feuermeteore", wie sie auch heißen, unterscheiden sich schon durch ihren Anblick von den gemeinen Sternschnuppen deutlich. Sie ziehen meist langsamer daher, oft so langsam, daß man seine Umgebung noch mit Erfolg auf sie aufmerksam machen kann. Ihre Größe nimmt im Fallen deutlich zu, sie werden wesentlich größer als die hellste Sternschnuppe, haben oft eine birn- oder flaschenähnliche Form, wobei der schlanke Teil in den meist wohl ausgebildeten Feuerschweif übergeht, und zeigen oft eine brillante Färbung, meist von grüner Farbe, auch herrlichen Farbenwechsel. Schon zweimal habe ich gesehen, wie ein Meteor gelb und klein anfing, rasch heller und größer wurde und dabei von grün, dann blau bis zum leuchtenden Rot wechselte. Der Glanz eines Meteors kann so stark werden, daß sein Licht Schatten wirft, daß die ganze Gegend davon erhellt wird und daß der Abgewendete erst durch diesen Schein auf das Meteor aufmerksam gemacht wird. Ein einziges Mal habe ich am hellen Sommernachmittag bei Sonnenschein ein Meteor gesehen. Gewöhnliche Sternschnuppen sieht man natürlich nur bei Nacht, so lange Dämmerung und Mondschein stören, sonst nur die allerschönsten davon und auch die schwach, kurze Zeit, unscheinbar.

Es ist zu vermuten, daß die Mehrzahl der regulär eintreffenden Sternschnuppen und Meteore wirklich aus dem endlosen Weltenraum stammen, daß sie die Erde, mit der Sonne dahinstürmend, eben irgendwo im Raum aufliest und durch ihre Anziehungskraft niederzwingt. Für gewisse regelmäßig wiederkehrende Gruppen von solchen ist es aber durchaus wahrscheinlich, daß sie schon unserem Sonnensystem angehören. Vielleicht als letzte Reste von aufgelösten Kometen ziehen sie als Schwarm in einer elliptischen Bahn um die Sonne. Vor der Bahn des zweitäußersten Planeten, des Uranus, noch viel weiter also kommend als der letzte mit bloßem Auge erkennbare Planet, der Saturn, und andererseits der Sonne auf ihrer Bahn näherkommend als die Erde, kreuzen sie die Erdbahn und kommen so in gewissen Perioden regelmäßig in größerer Zahl in Berührung mit ihr, und zu Zeiten besonders gehäuft, weil ihr Schwarm nicht überall gleich dicht ist, etwa eine Periode von etwa 33 Jahren hat. Sie bilden die wohl bekannten Sternschnuppenfälle des August und des November. In der Nacht zum 10. August kann man ziemlich alle Jahre, wenn sonst die Umstände der Beobachtung günstig sind, wesentlich mehr Sternschnuppen sehen als gewöhnlich und relativ oft darunter auch recht schöne. Verlängert man ihre Bahnen, die in den verschiedensten Richtungen zu liegen scheinen, nach rückwärts, so kommt man auf das Sternbild des Perseus, von dem sie alle radienförmig auszugehen scheinen. Sie haben ihren „Radiationspunkt" dort und heißen deshalb auch die „Perseiden". Ähnlich ist es mit dem Schwarm vom 12. bis 14. November; hier liegt der Radiationspunkt im Sternbild des Löwen und der Schwarm heißt danach die „Leoniden". Es gibt noch mehr Schwärme, z. B. auch einen Aprilschwarm. Schon durch die Anordnung der Bahn ist auf eine Zusammengehörigkeit des ganzen Schwarms hingewiesen im Gegensatz zu den ganz regellos daher kommenden Sternschnuppen des übrigen Jahres. Selbstverständlich bleiben diese aber auch im August und November nicht weg weil die Perseiden und die Leoniden kommen, und so wird man also bei guter Beobachtung auch in den genannten Sternschnuppennächten die regellosen, von auswärts kommenden Gäste nicht ganz vermissen und daran kennen, daß sie den gemeinsamen Radiationspunkt nicht haben.

Die Perseiden kommen durchschnittlich jedes Jahr in gleicher Zahl, man kann also annehmen, daß sie auf ihrer Bahn ziemlich gleichmäßig verteilt sind. Dagegen ist der Sternschnuppenfall im November alle 33 Jahre besonders glänzend zu erwarten, die Leoniden haben eine etwa 33jährige Periode, und alle 33 Jahre wird eine besondere Anhäufung der kleinen Himmelskörper auf ihrer Bahn von der Erde geschnitten. Es will mir übrigens scheinen, daß es mit den Perseiden und den Leoniden allgemein bergab geht, daß die Sternschnuppenfälle weniger zahlreich und glänzend sind als früher, und ungünstige äußere Umstände können kaum in einer wohl 45jährigen Beobachtungszeit immer Schuld daran tragen. Andere unbefangene Beobachter sagen das nämliche. Von den Perseiden möchte ich den Rückgang mit größerer Sicherheit behaupten, weil ich sie in der prächtigen Luft des Starnberger Sees zu beobachten das Glück hatte. Bei den Leoniden dagegen könnte, was meine Person angeht, wohl die zunehmende Verschlechterung der Luft und die Verbesserung der künstlichen Beleuchtung der Stadt die Schuld darantragen.

Zu den auffallendsten und seltensten Erscheinungen am Firmament gehören unstreitig die „Haarsterne", die „K o m e t e n". Selten sind sie eigentlich nur für die Beobachtung mit freiem Auge, denn alle Jahre werden von den Astronomen „teleskopische", d. h. nur in großen Fernrohren sichtbare Kometen aufgefunden und beobachtet, oft drei, vier und mehr. Nur ein kleiner Teil davon gehört dauernd unserem Sonnensystem an, kommt in genau berechneter Bahn nach Jahren oder Jahrhunderten wieder in die Nähe der Sonne und damit unserer Erde. Der im Jahre 1912 nach 70 Jahren wiedergekehrte Halleysche Komet war ja ein schönes Beispiel davon. Weitaus der größte Teil aber begegnet ganz unvorhergesehen, „zufällig" der Erdbahn, und es kommt dann darauf an, ob er uns so nahe kommt, daß er auch dem freien Auge sichtbar wird. So überraschend wie früher treten sie freilich selten mehr auf, weil der Himmel jetzt viel sorgfältiger und mit viel besseren Hilfsmitteln durchforscht und abgesucht wird. Gelegentlich kann aber auch heute noch einer, der gar nichts hat als zwei scharfe Augen, der Entdecker eines neuen Kometen werden. Die Kometen, die noch weit von der Sonne abstehen, sehen nur so aus wie ein verschwommener Stern, einen Schweif erhalten sie erst in der Sonnennähe, wahrscheinlich durch elektrische abstoßende Kräfte. Hat man Verdacht, daß man einen Kometen „entdeckt" habe, so muß man sich erst vergewissern, ob an seiner Stelle nicht etwa ein Sternhaufen oder Nebelfleck bekannt ist. In den allermeisten Fällen wird dies leider zutreffen, wenn aber nicht, so wird der Verdacht erst dann zur Gewißheit, wenn im Verlaufe einiger Tage der „Nebel" ganz sicher seinen Ort gegenüber der Nachbarschaft geändert hat. Dann nicht mehr gesäumt, telegraphische Nachricht an die Sternwarte in Bamberg mit Angabe der Stellung am Himmel und Zeit der Beobachtung! Wenn die Sache mit dem Kometen richtig ist, so liegt immer noch die Möglichkeit vor, daß man ihn schon kennt; andernfalls erhält der glückliche Entdecker eine Medaille.

Die Zahl der Kometen vergleicht A. v. Humboldt mit der Zahl der Fische im Meer, selten wird aber einer mit freiem Auge gut sichtbar und noch seltener entwickelt er sich dann zu einem so glänzenden Gebilde, wie es manchmal alle Welt erfreut, oft freilich auch schon die Menschheit erschreckt hat. Besonders die Entwicklung des Schweifes kommt für die Pracht der Erscheinung in Betracht, weniger die Größe und Helligkeit des Kerns. Immer ist der Schweif von der Sonne abgewendet, wenn nicht mehrfache Schweifbildung eintritt. Der Schweif ist oft gerade, oft aber auch gekrümmt, namentlich wenn in großer Sonnennähe der Komet anfängt mit ungeheuerer Geschwindigkeit diesen seinen Zentralkörper zu umkreisen. Dann ist die Krümmung oft sehr deutlich, weil die äußersten Teile bei der ganz ungeheuren Schwenkung nicht so rasch nachfolgen können. Kern und Schweif bestehen aus kleinen und durcheinander stehenden Massen, beide, Schweif wie Kern, sind durchsichtig, helle Sterne kann man durch sie hindurch beobachten, ohne Brechung und Beugung des Lichtes. Sicher ist die Materie der Kometen kein Gas und keine Flüssigkeit. Sie besteht, wie man weiß, aus Kohlenwasserstoffen, die wohl in ähnliche gesonderte Partikel verteilt sind, wie sie wahrscheinlich als einzelne Körper, als Sternschnuppen, so oft in unserer Atmosphäre aufleuchten.

Das Tierkreislicht oder „Z o d i a k a l l i c h t" nach A. v. Humbolds Worten „ein beständiger Schmuck der Tropennächte", wird bei uns nur selten eine leicht zu beobachtende Erscheinung. Wahrscheinlich wird es durch einen Ring staubförmiger Materie gebildet, der um die Sonne etwa in der Ebene der Ekliptik bis über die Erdbahn hinaus sich erstreckt und nur zum Teil durch reflektiertes Sonnenlicht, zum Teil auch im eigenen, immerhin aber schwach, leuchtet. Er bildet einen kegel- oder pyramidenförmigen Schein, der mit breiter Basis am Horizont aufsitzt und sich mit seiner Spitze schief aufwärts gegen Süden hinzieht, mit dem Horizont einen Winkel von etwa 64 Grad bildend. Er ist bei uns gegen die Frühlings-Tag- und Nachtgleiche am Westhimmel zu sehen, die Achse ist, nach abwärts verlängert, gegen die untergegangene Sonne gerichtet. Im Sommer wird sein schwacher Schein durch die langdauernde Dämmerung verdeckt. Je steiler die Ekliptik zum Horizont gestellt ist, desto höher reicht es nach oben und desto heller ist sein Glanz; das ist in den Tropen der Fall, wo ja auch durch die steile Stellung der Ekliptik die besonders kurze Dauer der Dämmerung bedingt ist.

In unseren Breiten sind die günstigen Bedingungen für die Beobachtung selten und treffen nur vor der Frühlings-Tag- und Nachtgleiche bald nach Untergang, im Herbst kurze Zeit vor Aufgang der Sonne zu. Es muß aber wohl noch etwas, noch Unbekanntes, mitspielen, denn die Helligkeit des Zodiakallichtes ist in manchen Jahren, auch unter sonst völlig gleichen Bedingungen, sicher verschieden. In den achtziger Jahren war es mehrere Jahre nacheinander eine prächtige Erscheinung zu nennen, ich habe es damals sehr oft leicht und gut gesehen, wundervoll wenn es sich mit seiner Spitze bis hinauf zur blendenden Venus erstreckte — ein herrlicher Anblick — und in den letzten Jahren, schon lang meiner Erinnerung nach, habe ich mich von seiner Existenz kaum ein paarmal überzeugen können. Es ist auch nicht richtig, daß man es nur zwischen Sonnenwende und Tag- und Nachtgleiche im Frühjahr sehen könne. Gegen den März zu konnte ich es nicht mehr wahrnehmen, habe es aber andererseits schon ein paarmal vor dem 22. Dezember sicher gesehen. Das Zodiakallicht im Osten zur Zeit der Herbst-Tag- und Nachtgleiche habe ich nie gesehen, auch nie den „Gegenschein", der im Frühjahr dem Zodiakallicht gerade gegenüber im Osten gelegentlich bemerkbar sein soll und dessen Wesen noch ganz unklar ist. Man sucht das Zodiakallicht am besten an hellen, mondleeren Abenden des Januar und Februar, natürlich wo keine künstliche Beleuchtung stört, am Abendhimmel mit ausgeruhtem Auge nach Sonnenuntergang. Die Milchstraße bildet um diese Zeit einen hellen Streif, der sich ziemlich steil zum westlichen Horizont senkt. Auf diesen Streif geht man mit dem Blick von Norden her los. Auf den dunklen Himmel folgt der helle Schein der Milchstraße, man geht über ihn hinweg, der Himmel ist wieder dunkel, man geht mit dem Blick noch etwas weiter nach Süden, der Himmel wird wieder heller: das ist das Zodiakallicht und südlich davon ist der Himmel wieder dunkel. Gerade im Hin- und Herwandern des Blickes kann man die beiden hellen Streifen schließlich ganz gut und deutlich erkennen, besonders auch im „indirekten Sehen", wenn man es nicht gerade fixiert, sondern absichtlich ein wenig daneben schaut. Kennt man das Zodiakallicht, dann findet man es zu günstigen Zeiten immer wieder leicht auf.

Dämmerung.

Süße Düfte, Nebelhüllen,
Senkt die Dämmerung heran:
Lispelt leise süßen Frieden,
Wiegt das Herz in Kindesruh,
Und die Augen, diese müden
Schließt des Tages Pforte zu.
Goethe, Faust II.

Von der Dämmerung haben wir nur gesprochen, so oft sie unsere Beobachtungen am Himmel gestört hat.

Wenn die Sonne für einen Beobachtungsort gerade untergegangen oder noch nicht aufgegangen ist, so sendet sie ihm zwar kein Licht direkt, wohl aber zerstreut reflektiertes Licht aus den höheren Luftschichten zu, die noch oder schon direktes Sonnenlicht haben. Luftschichten bis über 62 Kilometer Höhe kommen hierfür in Betracht. Auch diese werden von den Sonnenstrahlen nicht mehr erreicht, wenn die Sonne 16 Grad unter dem Horizont steht; dann ist Dunkelheit eingetreten und die Dämmerung ziemlich vorbei. Doch pflegen die allerschwächsten, dem bloßen Auge eben noch sichtbaren Sterne erst dann erkennbar zu werden, wenn die Sonne sich noch tiefer, 18 Grad unter dem Horizont befindet. An jedem schönen Abend kann man leicht beobachten, wie nach Sonnenuntergang allmählich der Himmel dunkler und dunkler wird und Stern an Stern erwacht, zuerst die größten, dann das ganze Heer der kleinen und allerkleinsten. In dem diffus zerstreuten Licht des Himmelsgewölbes, im letzten Tageslicht waren sie nicht erkennbar: „Nacht muß es sein, wo Friedlands Sterne strahlen." Es beruht dies auf dem allgemeinen Gesetz des Kontrastes. Man kann keinen schwarzen Punkt auf schwarzem und keinen weißen Strich auf weißem Papier erkennen. Nur wenn ein Teil unserer Netzhaut vom auftreffenden Lichtstrahl anders, wenn auch nur quantitativ verschieden, gereizt ist, können wir einen Unterschied bemerken gegenüber den angrenzenden Teilen der Netzhaut.

Am Tage erscheint uns jeder Teil des Himmelsgewölbes durch das zerstreut reflektierte Licht so hell, daß das geringe Mehr von Licht an der Stelle, wo die Sterne stehen, nicht davon unterschieden werden kann. So bleibt es auch noch während der Dämmerung einige Zeit. Die Dämmerung selbst aber bringt am Himmel bedeutende Änderungen nicht nur der Helligkeit, sondern auch der Farben mit sich, die wohl Perntner, dem wir hier folgen, am besten dargestellt hat. Senkt sich an einem klaren, wolkenlosen Abend die Sonne gegen den Horizont, so geht im Westen das Himmelsblau in Weiß, dann in Gelb über. Die Farbe ist auf den Seiten, also nach Norden und Süden, trüber und schwächer. Daß sich ü b e r der Sonne ein weißlicher Schein bis hoch hinauf erstreckt, kann man nur erkennen, wenn man die Sonne selbst fürs Auge abblendet. Nähert sich die Sonne dem Horizont, so wird der Himmel über diesem rot bis braunrot, darüber gelb bis zu einer Höhe von 8 bis 12 Grad. Über der Sonne selbst bleibt eine äußerst transparente helle Stelle, die sich als Grenze zwischen Gelb unten und Blau oben in die Breite zieht, aber nur eine geringe vertikale Ausdehnung hat. Das Gelb des Abendhimmels wird nach Sonnenuntergang immer intensiver, nicht immer in Orange übergehend, die erwähnte Helligkeit darüber zieht sich in die Breite und bildet eine helle Zone, den D ä m m e r u n g s s c h e i n , während der blaue Himmel darüber jetzt rasch dunkler wird. Das Gelb begrenzt sich schärfer, nimmt die Form eines Kreisbogens an und seine Grenze bildet den e r s t e n D ä m m e r u n g s b o g e n . Währenddem erscheint in größerer Höhe (etwa 25 Grad) d a s e r s t e P u r p u r l i c h t , wird stärker, und wenn die Sonne etwa 4 bis 5 Grad unter dem Horizont steht, leuchtet dieser Widerschein so stark, daß auf der Erde wieder scharfe Schatten auftreten und die rosenfarbene bis hellfleischrote Beleuchtung von Baulichkeiten oft selbst in den Straßen der Städte auffallend wird. Auch das Purpurlicht nimmt die Form eines Halbkreises an, der erste Dämmerungsbogen ist jetzt eine scharfe Grenze gegen das helle Segment, ins Himmelsblau geht das Purpurlicht allmählich über, es rückt rasch nach abwärts, während die Tageshelle ebenso rasch abnimmt, und wenn das Purpurlicht verschwunden ist, so ist damit auch die bürgerliche Dämmerung vorbei und es beginnt die z w e i t e D ä m m e r u n g , das Z w i e - l i c h t .

Es wiederholen sich nämlich jetzt die Dämmerungserscheinungen noch einmal, nur in schwächerem Grade, das erste Purpurlicht wirkt bei seinem Untergang noch einmal wie eine zweite Sonne. Über dem trüben ersten Purpurlicht erscheint eine trübe gelbliche Schicht, nach oben von einer hellen Zone, dem z w e i t e n D ä m m e r u n g s b o g e n begrenzt; auch ein z w e i t e s P u r p u r l i c h t kann noch höher oben erscheinen. Es senkt sich nach und nach und verschwindet hinter dem zweiten hellen Segment, das als letzter Rest der zweiten und damit der ganzen Dämmerung bei seinem Verschwinden auch die „A s t r o n o m i s c h e D ä m m e r u n g" beendet.

Der Sonne gerade gegenüber, bei ihrem Aufgang also im Westen, bei ihrem Untergang im Osten, sind ebenfalls, klaren Himmel vorausgesetzt, Dämmerungserscheinungen zu beobachten, die freilich viel seltener das Augenmerk auf sich ziehen, weil die ihnen gegenüberstehenden ohne Vergleich heller und farbenprächtiger sind. Am Abend färbt sich im Osten der Himmel purpurn und diese Farbe geht in einer Höhe von 6 bis 12 Grad ins Himmelsblau über. Auf diesem purpurgefärbten Teil erscheint, sobald die Sonne untergegangen ist, der E r d s c h a t t e n als ein dunkleres, aschgraues Segment, der sich immer weiter nach oben über die Purpurfarbe schiebt. Der immer schmäler werdende Purpurschein ist die e r s t e G e g e n d ä m m e r u n g oder der erste östliche Dämmerungsbogen. Ist der ganze purpurfarbene Bogen vom Erdschatten überzogen, so kann dieser nicht mehr erkannt werden. Das Purpurlicht im Osten verschwindet zu der Zeit, in der das erste Purpurlicht im Westen deutlich wird. Wenn im Westen die erste Dämmerung beendet ist, färbt sich der Osthimmel nochmals schwach und selbst ein zweiter Erdschatten kann bemerkbar werden. Lichtquelle für ihn ist das im Westen untergegangene erste Purpurlicht.

Nicht selten ist der ganz klare, intensiv gelbe Abendhimmel von breiten, dunkeln Streifen von bläulicher oder grünlicher Farbe durchzogen, die nach der Sonne zu konvergieren scheinen. Sie sind nichts anderes als Schatten, die von Wolken oder von irdischen Erhebungen am Horizont geworfen werden. Ihre Farbe ist eine Kontrastfarbe. Sie sind eigentlich genau parallel gerichtet, da die Lichtquelle, die Sonne, sich in nahezu unendlich großer Entfernung befindet. Der Abstand der Streifen voneinander erscheint uns in der Nähe größer als in der Ferne, deswegen scheinen sie also konvergent zu verlaufen und sich am Ort der Sonne zu schneiden.

Pracht und Farbenspiel der Dämmerung hängen vom Zustand der Atmosphäre wesentlich ab. Je feuchter die Luft ist, desto stärker treten die Farben hervor, namentlich die rote, dagegen dunstige, undurchsichtige Luft kürzt das Schauspiel ab; Wolken können es aber auch wesentlich verlängern. Wie die Sonne in den Tälern schon längst untergegangen sein kann, während sie die Gipfel der Berge noch bescheint, so kann es auch mit den Wolken geschehen für die die Sonne noch nicht untergegangen ist, während die Erde darunter schon schwarze Nacht bedeckt. Weiße Haufenwolken können dabei so intensiv ihr reflektiertes Licht spenden, daß dadurch sogar die bürgerliche Dämmerung merkbar verlängert wird. Bekanntlich ist es aber das Abendrot, das eine prachtvolle Färbung der Wolken herbeiführen kann, so daß sie sogar das ganze Bild beherrscht. Die zarten hochstehenden Wölkchen pflegen dabei rosarot, die tieferen, namentlich Streifenwolken, prachtvoll purpurrot oder düsterrot zu leuchten.

Eigentümlich ist die Wirkung wenn im Sommer nach einem Regentag, an dem der Himmel Grau in Grau durch tiefgehende Wolken gefärbt war, abends die Sonne im Westen noch einmal durchbricht und ein intensives gelbes Licht über die ganze Gegend verbreitet. Wendet man der Sonne den Rücken, so sieht man Wald und Feld in ihren natürlichen Farben, Häuser und alles, was weiß ist, grell beleuchtet, der Sonne gegenüberstehend meistens auch noch einen Regenbogen, prächtig, aber von der übelsten Vorbedeutung für das Wetter der nächsten Tage. Bei trockener Luft sieht man dergleichen nie, immer nur bei hohem Wassergehalt derselben.

Regenbogen.

Der Regenbogen selbst entsteht nur wenn es regnet, die Sonne zugleich scheint und nicht mehr als 42 Grad über dem Horizont steht. Denn der Regenbogen ist ein Kreisabschnitt um den Gegenpunkt der Sonne als Zentrum herum. Er ist ein Halbkreis, wo die Sonne gerade den Horizont berührt und dann hat sein Scheitel eine Höhe von 42 Grad. Je höher die Sonne steht, desto tiefer unter dem Horizont befindet sich ihr Gegenpunkt, desto flacher wird der sichtbare Kreisbogen, der Scheitel des Regenbogens muß also bei einer Sonnenhöhe von 42 Grad verschwinden. Wie oft hat jeder schon einen Regenbogen gesehen und doch wird vielleicht mancher etwas Neues an ihm entdecken, wenn er erst erfährt, was man an ihm beobachten kann.

Die Breite des H a u p t b o g e n s beträgt ca. 2 Grad, außen ist Rot, innen Violett. Die bekannten sieben Farben sind nicht immer alle zu erkennen. Blau fehlt am öftesten. Wie die Breite des ganzen Bogens, so kann auch die der einzelnen Farben wechseln, auch leuchten die Farben oft verschieden hell; nicht selten ist die Intensität am Anfang des Violett am bedeutendsten. An dem Violett, also an dem inneren Rand des Hauptbogens, schließt der e r s t e s e k u n d ä r e B o g e n an, mitunter vom Hauptbogen durch einen dunklen Spalt getrennt. Es ist selten, daß der sekundäre Bogen alle oder fast alle Farben zeigt, meist besteht er nur aus Rosa und Grün. Dafür können zwei, drei oder mehr, selbst bis zu sechs sekundäre Bogen ausgebildet sein. Sie gehören w e s e n t l i c h zum Bilde des Regenbogens, wenn sie auch oft zu schwach sind, um erkannt werden zu können; bei keinem brillanten Hauptbogen werden sie vermißt. Wohl zu unterscheiden ist davon der N e b e n r e g e n - b o g e n. Er erscheint a u ß e r h a l b des Hauptbogens als „Zweiter Regenbogen" mit umgekehrter Reihenfolge der Farben, so daß also Hauptbogen und Nebenregenbogen ihre rote Farbe einander zukehren. Der Nebenregenbogen ist schwächer als der Hauptregenbogen, aber breiter, die Farben sind oft sehr deutlich zu unterscheiden. Auch an das Violett des Nebenregenbogens außen können sich sekundäre Bogen, wie an den Hauptbogen innen, anschließen.

Ausbildung der Bogen und Farben ist abhängig von der Größe der Wassertropfen, in denen die Lichtstrahlen gebrochen und reflektiert werden, derart, daß man sogar von den Lichterscheinungen einen Schluß auf die Größe der Regentropfen ziehen kann. Wenn (nach Pernter)

1. Ein Hauptregenbogen auffallend intensives Violett und lebhaftes Grün, aber kein Blau oder nur angedeutet zeigt, dann hat die Tropfengröße 0,5—1 mm Radius.

2. Ist in dem sekundären Bogen nur Grün, Violett ohne Gelb, dann 0,25 mm Radius.

3. Ist in dem sekundären Bogen Gelb erkennbar, der Hauptbogen dabei breit, kein reines Rot, aber die anderen Farben gut zu erkennen, dann Radius = 0,1 bis 0,15 mm.

4. Ist der untere sekundäre Bogen vom Hauptbogen durch eine Spalte getrennt, enthält deutlich weiße Töne, dann ist der Radius 0,04 bis 0,05 mm.

Noch kleiner ist der Radius der Wassertröpfchen, wenn der Hauptbogen einen deutlichen weißen Streifen enthält (0,03 mm) oder gar beim e c h t e n w e i ß e n R e g e n - b o g e n (0,025 oder weniger).

Das sind dann nicht mehr Regen-, sondern Nebeltröpfchen.

Der echte w e i ß e R e g e n b o g e n erscheint auch in der Tat nur auf Nebelwänden. Ein weißes Band ersetzt die Farben Grün und Blau, die Ränder können gefärbt sein, der äußere orange, der innere violett, die Farben sind aber schmal und schwach. Ein erster sekundärer Bogen ist gewöhnlich durch eine dunkle Spalte vom Hauptbogen getrennt, seine Farben haben die umgekehrte Reihenfolge, außen steht violett, innen rot.

Unter den gleichen Bedingungen und in gleicher Weise kann auch der Mond einen Regenbogen bilden. Das Phäno-

men ist viel seltener, dann schmäler, nie so
prachtvoll wie ein Sonnenregenbogen. Mehrmals habe ich
es schon gesehen, immer aber nur den Hauptbogen allein,
keinen Nebenregenbogen und keinen sekundären.

Das nämliche prächtige Farbenspiel, auch angeordnet
in Streifen, sieht man sehr häufig über zerstäubtem Wasser,
an Springbrunnen, Wasserfällen u. dgl., sogar in ganz
besonderer Pracht, weil dabei die Sonne hoch oben stehen
kann. Dann erblicken wir von oben nach unten sehend den
farbigen Bogen, stets das Zentrum um 180 Grad der Sonne
gegenüber. Ein derartiger künstlicher Regenbogen steht
uns gewöhnlich viel näher als ein natürlicher, wir können
uns ihm sogar beliebig nähern, er wird dabei kleiner, aber
seine Farbenpracht nimmt nur noch zu. Auch der natürliche
Regenbogen steht uns oft gar nicht so fern, oder besser
gesagt die Wasserbläschen, in denen er gebildet wird, stehen
uns oft viel näher, als wir vermuten. Das wird deutlich,
wenn z. B. der Fuß des Bogens vor einem nahen Hügel
oder Gebäude erscheint; dann kann man durch den Farben-
bogen den Hintergrund, Hügel, Gebäude durchschimmern
sehen.

Wir wollen und können hier nicht Optik treiben, aber wir
müssen doch über die schönen Erscheinungen am Himmel,
die wir beobachtet haben, auch nachdenken, um doch
eine Vorstellung von ihrer Bildung zu bekommen. Wir
knüpfen an zum Teil schon früher Gesagtes an.

Überall handelt es sich natürlich um Erscheinungen,
die durch das Sonnenlicht hervorgerufen werden. Das
Sonnenlicht ist aber ein gemischtes Licht. Einen Lichtstrahl
fassen wir anschaulicherweise als Schwingungen des Licht-
äthers auf. Je nach der Wellenlänge der Schwingungen
wird im Auge der Eindruck der Farben hervorgerufen.
Die roten Strahlen haben von den sichtbaren die größte
Wellenlänge, die violetten die kleinste, dazwischen liegen die
anderen Farben in der Ordnung, wie sie der Regenbogen
zeigt. Das Sonnenlicht enthält alle diese Farben als gemischtes Licht, wird aber in seine einzelnen Bestandteile
zerlegt, wenn das Licht, das die Sonne aussendet, gebrochen
wird, d. h. eine Ablenkung von seinem Weg da erfährt,
wo es seine Geschwindigkeit ändert, z. B. aus Luft, in der
es sich rascher, in Wasser tritt, wo es sich langsamer bewegt.
Dabei werden dann die kurzwelligen Strahlen (die violetten)
am meisten von ihrem Weg abgelenkt, die langwelligen (roten)

am wenigsten. So wird also der gemischte Strahl in seine Bestandteile, Farben zerlegt, von da an gehen sie alle ihren eigenen Weg, bleiben aber in derselben Ebene, in der sie sich bis dahin bewegten. Bei der einfachen Spiegelung, Zurückwerfung (Reflexion) erfolgt eine solche Zerlegung nicht, der „Reflexionswinkel" ist für alle Farben der gleiche.

Im leeren Weltenraum bewegt sich das Licht schneller als in der Atmosphäre, beim senkrechten Einfall in diese wird die Richtung der Strahlen nicht geändert, um so mehr aber, je schiefer die Strahlen einfallen. Dann muß also eine Zerlegung des gemischten Sonnenlichtes eintreten. Am wenigsten werden die roten Strahlen abgelenkt, dann kommen die gelben. So ist der Abendhimmel ganz unten rot, etwas höher gelb gefärbt, das Grün und Blau heben sich vom Himmelsblau nicht ab.

Wassertropfen und -tröpfchen haben, so lange sie in der Luft schweben, eine kugelförmige Gestalt. Treffen die Sonnenstrahlen eine solche Kugel, so werden sie bei ihrem Eintritt gebrochen und in die Farben Rot, Gelb, Grün usw. zerlegt. An der Rückseite des Tropfens treten sie nur zum Teil aus, zum Teil werden sie reflektiert und bei ihrem Austritt aus dem Tropfen vorn in die Luft wieder gebrochen. Diesmal erfolgt keine weitere Zerlegung in Farben, das geschieht ganz allgemein immer nur einmal, der einmal gebrochene Strahl wird nie weiter in Farben zerlegt. Die aus dem Tropfen kommenden Strahlen gehen demnach ungefähr gegen die Sonne zurück, man sieht sie also nur, wenn man selber mit dem Rücken gegen die Sonne steht. Dabei gehen die roten Strahlen einen anderen Weg als die gelben usw., man sieht die roten aus anderen Tropfen kommen als die gelben, grünen, blauen usw. Die Tropfen, von denen wir die farbigen Strahlen sehen, müssen in einem ganz bestimmten Winkel zu den Sonnenstrahlen stehen, die von unserem Rücken her kommen, und zwar nach allen Seiten hin. Die für uns leuchtenden Tropfen müssen also kreisförmig angeordnet sein. Von den Strahlen, die aus anderen Tröpfchen kommen, sehen wir nichts. Alle werden in der gleichen Richtung von den Sonnenstrahlen getroffen, denn diese gehen parallel miteinander, weil sie aus ungeheuerer, nahezu unendlicher Entfernung kommen, aber die gebrochenen und zurückgeworfenen Strahlen gehen zum größten Teil an unseren Augen vorbei, nur aus denen, die etwa 42 Grad vom Gegenpunkt der Sonne abstehen, treffen sie uns. Daher kommt die Anordnung des Regenbogens auf einen Kreis um die Sonne von 42 Grad Abstand. Die Zerlegung der Sonnenstrahlen erfolgt überall, ist aber für einen Beobachter nur auf einem Kreisbogen sichtbar. Jeder Beobachter hat seinen eigenen Regenbogen, der auch seinen Stand mit dem Beobachter zugleich ändert.

Wir haben gesagt, daß der schon einmal gebrochene Strahl nicht weiter in Farben zerlegt wird. Der einfach zurückgeworfene wird es gar nicht. Daher kommt es z. B., daß man bei der Abenddämmerung zuweilen die rote Farbe hoch am Himmel beobachtet, obwohl die roten Strahlen von allen am wenigsten abgelenkt werden. Das geschieht dann, wenn hochstehende Wolken vom Abendrot, das tief am Horizont steht, wohin es gehört, noch beleuchtet werden. Die oft prachtvoll rot gefärbten hochstehenden Wolken und Wölkchen haben nicht direktes, sondern reflektiertes Sonnenlicht. Die Wolken reflektieren das Licht, von dem sie getroffen werden, selbst wieder: sonst könnten wir sie ja gar nicht sehen, wenn sie nicht selbst Ausgangspunkt von Lichtstrahlen würden. Sie reflektieren es sogar sehr gut, sie bestehen aus einer Unzahl winziger Wassertröpfchen, deren Oberfläche die Lichtstrahlen zum großen Teil zurückwirft, und nur ein kleinerer Teil dringt in die Tröpfchen ein, wird gebrochen, wieder reflektiert und erzeugt den Regenbogen, und es kommt nur darauf an, ob jemand sich gerade an dem günstigen Platz befindet, dann kann der Bogen diesem sichtbar werden. So ist's aber mit dem von der Oberfläche der Wassertröpfchen reflektierten Licht nicht. Von einer Kugeloberfläche wird ein Lichtstrahl nach allen Seiten hin zurückgeworfen, nach vorn und nach den Seiten, nach allen Punkten, die auf einer um den Mittelpunkt des Tropfens beschriebenen Halbkugel liegen, nur nicht nach hinten. Für jeden Lichtstrahl ist immer der Winkel, in dem er zurückgeworfen wird, der Winkel, den er mit dem Lot bildet, das man an seinem Austrittspunkt errichtet, gleich dem Einfallswinkel, dem Winkel, den er bildet mit dem Lot, das man an dem Punkte errichtet, wo er auftrifft: Der Reflexionswinkel ist gleich dem Einfallswinkel. Ein Lichtstrahl, der auf die kugelförmige Oberfläche eines Wassertropfens senkrecht, in der Richtung des Radius einfällt, wird zum Teil in derselben Richtung zurückgeworfen, die seitlich auftreffenden Strahlen treffen die Oberfläche schief, bilden mit dem Lot, dem Radius der Kugel einen Winkel, denselben nach der anderen Seite, wenn sie zurückgeworfen werden, gehen also seitlich weiter. Der Wassertropfen ist beleuchtet, sendet nach allen Punkten, die auf einer Halbkugel liegen, Strahlen aus, kann also auch von allen Punkten dieser Halbkugel aus gesehen werden. Die Strahlen verteilen sich im Raum und werden mit zunehmender Entfernung immer schwächer. Die Oberfläche einer Kugel nimmt mit dem Quadrat des Radius zu. Ist der Radius 2mal so groß, so ist die Oberfläche 4mal so groß, zum 3mal so großen Radius gehört eine 9mal so große Oberfläche usw. Wenn sich Lichtstrahlen auf eine 4 oder 9mal so große Oberfläche verteilen, dann sind sie 4 oder 9mal so schwach, d. h. ein Auge wird nur vom vierten, neunten Teil der Strahlen getroffen, die bei der Entfernung von Eins in das Auge gelangen würden. Die Menge von Lichtstrahlen, die durch die Pupille ins Auge kommen und auf der Netzhaut das Bild erzeugen, ergibt für uns die Helligkeit des Bildes.

In einem Glasspiegel sehen wir das Bild der Sonne kreisförmig, die Sonne ist richtig abgebildet. Das Bild der Sonne ist so hell, daß wir es nur durch ein geschwärztes Glas betrachten können, die anderen Teile des Spiegelglases sind dunkel dagegen, sie werfen keinen Sonnenstrahl in unser Auge. Bei den Wolken, die von der Sonne beschienen werden, ist das ganz anders. Sie geben uns gar kein Bild der Sonne, sie können auch blendend weiß erscheinen, aber man kann sie doch ohne große Beschwerden betrachten, erkennt dabei ihre Form und Ausdehnung, von der Lichtquelle, der Sonne, sieht man aber gar nichts. An den Wolken erzeugt jedes Wassertröpfchen ein ungemein kleines, hinter dem Tröpfchen liegendes Sonnenbildchen, das viel zu klein ist, als daß man es erkennen könnte. Außerdem geben alle Nachbarn des Tröpfchens, jeder für sich, auch ein solches Bildchen, die Bilder überlagern sich, verschwimmen ineinander, können nicht mehr voneinander unterschieden werden, fließen zu dem Gesamteindruck zusammen, den uns die Wolke, die Gesamtheit der Tröpfchen, macht. Eine solche Art von R e f l e x i o n heißt man die d i f f u s e.

Bei dieser Art von Reflexion können auch Farben auftreten, aber in ganz anderer Art als bei der Brechung. Manche Körper haben die Eigenschaft von gemischtem Licht, das auf sie fällt, einen Teil zu verschlucken und nur den anderen Teil zurückzuwerfen. Solche Körper heißt man gefärbt, farbig, bunt. Der andere Teil der Lichtstrahlen, den sie nach Verschlucken des einen Teils noch zurückwerfen, macht auf unser Auge den Eindruck der Farbe, ähnlich wie Lichtstrahlen von nur ganz bestimmter Wellenlänge, nur nicht so rein, weil sie auch Weiß und Schwarz enthalten, die zusammen Grau geben.

Das genauere Studium zerlegten Lichtes wird durch Brechung in einem Glasprisma vorgenommen. Das erzeugte farbige Band, das die Regenbogenfarben aufs schönste und klarste zeigt, heißt S p e k t r u m und die Farben heißen demnach auch gewöhnlich S p e k t r a l f a r b e n. Wir wollen diesen Ausdruck auch später verwenden.

Wolken, die von der Sonne beschienen werden, können sehr hell leuchten, geradezu blenden, daß man sie an einem schönen Sommertag nicht allzu lang betrachten mag. Das Licht, das sie zurückwerfen, geht also nicht durch die Wolken hindurch. Ein weiterer Teil wird von ihnen einfach verschluckt (absorbiert), erwärmt dabei die Wolke und erst der Rest dringt zwischen den Wasserbläschen und durch sie hindurch und kommt auf der anderen Seite wieder zum Vorschein. Das ist nur ein Teil des auffallenden Lichtes, also schwächer. Jede Wolke dämpft das durchtretende Licht und die nämliche Wolke, die hell leuchtet, wenn sie der Sonne gegenüber steht, hell und weiß aussieht, sieht neben oder vor der Sonne grau bis schwarz aus. So können Wolken bei Sonnenschein im Westen eine ganze Bank bilden, hinter der dann die Sonne vor ihrem eigentlichen Untergang verschwindet, — so dick ist die Bank. Nicht mit Unrecht achten Wetterkundige darauf, wie die Sonne untergeht, ob „sie ganz rein“ unter den Horizont taucht, bei ganz klarem Himmel oder „hinter einer Wand“. Ersteres ist ein gutes Wetterzeichen für den nächsten Tag, dieses ein schlechtes.

Wolken.

Es kommt auch in unseren Gegenden vor, daß bei eifrigem Suchen von früh bis abends selbst nicht das kleinste Wölkchen entdeckt werden kann. Solcher wolkenloser Tage sind es, sagt man, nur elf im ganzen Jahr; an sehr vielen ist der Himmel ganz bedeckt oder meist mehr oder weniger bewölkt. Der Grad der Bewölkung, so wichtig z. B. auch für photographische Aufnahmen, beeinflußt die Tageshelligkeit, was wir in der Stadt in engen Straßen, überhaupt in Wohnungen, noch mehr empfinden als im Freien. Die allgemeine Helligkeit aber wird bei nur teilweiser Bewölkung je nach der Stellung der Wolken zur Sonne meist herabgesetzt, bald aber auch erhöht. Bei eintönig grauem Himmel wird die Tageshelle um mehr als die Hälfte herabgesetzt; etwa um 30 Prozent, wenn die Sonne bei nur teilweiser Bewölkung hinter den Wolken verborgen ist.

Von den Wolkenformen sind auffallend und leicht kenntlich die Haufenwolken (Cumuli), jene bekannten dicht geballten, scharf begrenzten, bei auffallendem Licht weiß glänzenden Gebilde, die etwa 1400 bis 1800 m hoch stehen und aus denen die Phantasie ganz unwillkürlich, man möchte sagen zwangsweise, die wunderlichsten Bilder von Köpfen, Gesichtern, Untieren u. dgl. gestaltet. Seit den Tagen meiner Kindheit sind sie meine Lieblinge geblieben. Sie kommen im strengen Winter nicht vor, sind recht eigentliche Sommerwolken, können freilich auch schon, freudig begrüßt, im Vorfrühling als erste Boten lauer Lüfte sich einstellen. Ob sie fürs Wetter harmlos sind, kann erst ihre weitere Beobachtung lehren, ob sie sich zusammenballen und damit Regen oder Gewitter

bringen oder ob sie sich verkleinern und auflösen, oder
mit dem Wind weggetrieben werden. Sie können auch als
Übergangsform auftreten, wenn nach einem Gewitter der
Himmel aufgeht und zwischen den Wolken das Blau wieder
sichtbar wird. Meist heben sie sich von besonders schön
blauem Himmel ab. Wie alle Wolken sehen sie besonders
bei Sonnenschein weiß aus, wenn sie der Sonne gegenüber,
grau oder schwarz, wenn sie in der gleichen Richtung mit
ihr stehen, manchmal ganz unverhältnismäßig dunkel zu
ihrer Dicke. Oft habe ich mich zur Sommerszeit an Stunden
des Nachmittags durch reichliche Haufenwolken im Westen
täuschen lassen. Schwarz, drohend, ein Gewitter verkündend
sahen sie aus und mit dem Verschwinden der Sonne hinter
Wolken oder ihrem Untergang war nur mehr ein dünnes,
graues, unscheinbares, harmloses Ding übrig geblieben, und
die Optimisten in der Wetterprognose hatten gut lachen.
Dergleichen Wirkungen von anscheinender Aufhellung bei
verschiedener Beleuchtung und in der Nähe der Sonne
haben zur Ansicht des Volkes geführt, daß die Sonne (und
auch der Mond) „die Wolken frißt".

Eine zweite Wolkenform ist ebenso leicht kenntlich.
Es sind die F e d e r w o l k e n (Cirri), äußerst zarte Gebilde, gestaltet wie ihr Name es sagt, von weißer Farbe,
bald in geringer Zahl, bald fast den ganzen Himmel be-
deckend. Wenn es ihrer viele sind, so sind sie regelmäßig
einander parallel angeordnet, wie wenn der Wind durch sie
geblasen hätte. „Windwolken" heißen sie auch, und in
der Tat sind es heftige Winde, die sie vor sich herjagen
und Wind folgt ihrem Erscheinen ganz gewöhnlich. Sie
treten immer in großer Höhe auf, stehen von allen Wolken
bei weitem am höchsten, etwa 9000 m hoch und bestehen
wegen der dort stets herrschenden großen Kälte auch im
Hochsommer nicht aus Wasserbläschen wie die gewöhnlichen
Wolken, sondern aus kleinen Eisnadeln. Wenn sie sich
deutlich bewegen, so herrscht droben Sturm, denn die
Geschwindigkeit muß schon eine recht beträchtliche sein,
wenn sie aus so großer Entfernung ohne weiteres beim
Zusehen bemerkbar sein soll. Bei den Cumuli oder gar den
tief herabhängenden Regenwolken ist dies anders, wir sehen
ja eigentlich nur Winkelgeschwindigkeiten und zu gleichem
Winkel gehört in größerer Entfernung natürlich auch eine
größere dem Winkel gegenüber liegende Strecke. Die Geschwindigkeit von Wolken in verschiedener Höhe ohne

weiteres miteinander nach dem Augenschein zu vergleichen, geht also nicht an. Sturmgepeitschte, daherrasende, tief gehende Wolken bewegen sich in der Tat meist noch viel langsamer als Cirri, die in größerer Höhe sich eben noch zu bewegen scheinen. Einen direkten Maßstab für die Bewegung von Wolken erhalten wir sehr einfach, wenn die Sonne scheint, an dem Fortlaufen der Wolkenschatten auf ebenem Grund. Die Strahlen der Sonne treffen wegen deren überaus großen Entfernung merklich parallel auf die Erde und die Geschwindigkeit der Schatten ist gleich der der Wolke selbst. Hat man Merkmale auf der Erde, deren Entfernung bekannt ist, so kann man (wenn nicht erhebliche Niveaudifferenzen vorliegen) mit der Sekundenuhr leicht die Wolkengeschwindigkeit feststellen. Namentlich über größeren Wasserflächen, Seen dahinziehende Wolkenschatten sind gut zu beobachten. Es ist nicht selten an schönen Sommertagen, daß am Boden noch Windstille herrscht, während oben, in der Region der Cumuli, schon ein recht starker Wind weht. Dann kann man noch weiter bemerken, daß die Wasserfläche, sonst ruhig und glatt, an den Stellen, die von der Wolke beschattet werden, sich kräuselt und auch auf dem Lande lehrt uns das Gefühl schon, daß im Schatten die Luft bewegt wird. Es kommt dies vom Temperaturunterschied in der Sonne und im Schatten her. Die von der Sonne nicht bestrahlten Teile der Luft, die Teile, die über beschattetem Boden liegen, sind kühler als die, durch die die Sonnenstrahlen hindurchgehen und denen vom sonnenbestrahlten Boden von unten her reflektierte Wärme zugeführt wird. Aus diesem Grunde wird ein ganz wolkenloser Himmel bei großer Hitze und vollkommener Windstille immer viel unangenehmer empfunden als wenn auch nur einige Wolken ab und zu durch den erzeugten Luftzug „etwas Kühlung bringen". Die Cirri sind es, deren Eisnadeln durch Brechung und Reflexion des Sonnen- oder Mondlichtes die Halo-Erscheinung hervorrufen, Ringe, von denen schon die Rede war, ja die Bildung der Cirri wird oft erst an diesen Erscheinungen bei anscheinend wolkenlosem Himmel erkannt.

In der Mitte zwischen Feder- und Haufenwolken stehen nach ihrer Form und Höhenlage die Cirrocumuli, 3000 bis 7000 m hoch, die „Schäfchen", wie sie im Volke heißen. Der Name ist nicht schlecht gewählt, ihr Aussehen ähnelt in der Tat dem wolligen Vließ eines Schafs und ihrer viele zusammen sehen einer Schafherde aus der Entfernung nicht unähnlich. Bald kleinere Stellen des Himmels, bald fast den ganzen können sie bedecken. Bei irgend größerer Ausdehnung gehen sie auch unter dem Namen der „Regenmutter". Das trifft nur zum Teil zu, denn tatsächlich künden sie den Umschlag des Wetters nicht nur vom Guten zum Schlechten, sondern auch umgekehrt vom Schlechten zum Guten an. Der klare Himmel zwischen ihnen erscheint meist nachts tiefschwarz, am Tag tiefblau und besonders schön ist bekanntlich ihr Anblick, wenn sie, vom Mond hellbeglänzt, vom Wind getrieben, sich bewegen, vielleicht an einzelnen Stellen einen besonders hellen Stern durchleuchten lassen, dann beide wieder verdecken, den Mond und den Stern. Namentlich Jupiter und Venus geben so entzückende „Aspekte".

Wasser ist schwerer als Luft. Die Wolken bestehen aus Wasser, warum fallen sie nicht herunter? Die Frage liegt sehr nahe und die Antwort kann nur lauten: sie fallen auch, aber sehr langsam, sie fallen immer, auch wenn sie keinen Regen fallen lassen. Je kleiner ein Wassertröpfchen ist, desto größer ist seine Oberfläche im Verhältnis zu seiner Masse, zu seinem Gewicht. Die Schwerkraft wirkt auf die Masse, der Luftwiderstand auf die Oberfläche. Es ist klar, daß wegen des Luftwiderstands ein Wassertröpfchen um so langsamer fallen muß, je feiner es ist und jeder Luftzug von der Seite oder von unten her kann es wieder in die Höhe jagen. So müßte aber doch jede Wolke, wenn man ihr nur Zeit ließe, schließlich auf den Boden fallen, wie auch durch den Wind aufgewirbelter Staub sich schließlich am Boden absetzt. Das, was wir als Wolke schweben sehen, sind aber gar nicht immer dieselben Wassertröpfchen.

Kalte Luft kann weniger, warme mehr Wasser gelöst halten. Wenn in eine warme, mit Wasser nahezu gesättigte Luftschicht oben eine kältere Schicht einbricht, so scheidet sich Wasser in kleinen Tröpfchen aus und bildet die Wolke, in der die Tröpfchen langsam sinken. Sie sinken bis sie wieder in wärmere Luft kommen, wo sie sich wieder auflösen. Bis zu diesem Punkt sehen wir sie als Wolke. Der untere Rand der Wolke gibt die Grenze an, an welcher oben Tröpfchen, unten nur Wassergas sich in der Luft befindet.

Eine andere, bei weitem die häufigste Art, wie sich Wolken bilden, besteht darin, daß aufsteigende warme Luftströme Wasserdampf mit in die Höhe bringen, bis dahin, wo die Luft zu kalt ist, um das herangebrachte Wasser gelöst zu halten. Da scheiden sich Tröpfchen aus, die langsam fallen. Sie werden aber von dem entgegenkommenden, aufsteigenden Luftstrom wieder in die Höhe, in die gebildete Wolke wieder hineingeworfen, insoweit sie sich nicht wieder in der wärmeren Luft auflösen. So hat daher auch hier die Wolke eine untere Grenze, wo diese Wassertröpfchen jedenfalls als solche nicht mehr weiter fallen. Das ist der untere Wolkenrand. Die Wolke schwebt also nicht, soweit sie eine Ansammlung von Wasser ist, vielmehr der Zustand, der die Ausscheidung von Wasser ermöglicht, dieser Zustand hält sich in der gleichen Höhe. Deswegen schwebt anscheinend die Wolke.

Gefrorenes Wasser fällt im Winter in der Form von Schnee, und da ist es nicht wunderbar, daß die leichten Schneeflocken nur langsam fallen und von jeder Luftströmung schwebend gehalten werden. Anders ist es mit dem Hagel, der fast nur zur Sommerzeit beobachtet wird. In den häufigeren Fällen von Graupeln fallen rascher als Regentropfen etwa erbsengroße Eiskörner auch wohl solche von der Größe eines Taubeneis, häufig während eines Gewitters, worauf gewöhnlich eine sehr bemerkbare Abkühlung der Luft folgt. Viel merkwürdiger, zum Glück aber auch viel seltener ist der eigentliche Hagelschlag. Da fallen Eiskörner bis zu der Schwere eines Pfundes, bis zur Größe einer Mannsfaust und darüber, mit so großer Geschwindigkeit und Wucht, daß sie allüberall da, wo sie unter betäubendem Lärm und Prasseln niederfallen, die größten Zerstörungen an Feldfrüchten, in Gärten, an Dächern, Fenstern, ja sogar durch Gefährdung von Tieren und Menschen anrichten. Ich habe selbst ein Dorf nach einem Hagelschlag gesehen, der unter betäubendem Lärm, so daß man den Donner der vielen begleitenden Blitze gar nicht hörte, niedergegangen war. Die Straßen des Dorfes waren nicht gangbar, voll Schutt, zerschlagenen Ziegeln, die Dächer sahen aus, als seien sie mit Granaten zusammengeschossen. Armsdicke Äste waren von den Bäumen und viele Vögel tot geschlagen. Den kommenden Hagel erkennt man manchmal an der schwefelgelben Farbe der Wolke, die ihn bringt. Fast nie fällt er in der Nacht. Die runden Hagelkörner enthalten in glashellem Eis einen weißen undurchsichtigen Kern. Woher sie die Zeit genommen haben, um sich zu ihrer Größe in der Luft heranzubilden, wie sie solange schwebend sich erhalten konnten, ist schwer verständlich. Wahrscheinlich bilden sie sich in einem Trichter, der durch einen eng umschriebenen Wirbelsturm erzeugt wird. Der Trichter bewegt sich selbst mit bedeutender Geschwindigkeit vorwärts und läßt dabei alles, was von Körnern aus dem Wirbel hinauskommt, fallen, während durch neu einbrechende eiskalte Luft sich neue bilden. Damit würde sehr gut stimmen, daß der Hagelschlag immer nur enge Straßen einschlägt und strichweise Verheerungen hinterläßt, sowie daß das Hagelwetter, das wirklich auf den Beobachter einen erschütternden Eindruck machen kann, stets wie es rasch gekommen ist, auch ebenso rasch, kaum in ein paar Minuten, oft schneller, vorüber zu gehen pflegt.

Die bei jeder Beleuchtung grauen bis dunkelgrauen und schwarzen, noch tiefer gehenden Wolken, können große Teile des Himmels oder auch den ganzen bedecken, sind manchmal in horizontalen Streifen angeordnet, als „gehobene Nebel", S c h i c h t w o l k e n (Strati) in einer Höhe unter 1000 Meter. Sie sind es, die als eigentliche Regenwolken Niederschläge geben, um so leichter, je tiefer sie stehen. Höher stehende, diffuse Dunstwolken können leicht damit verwechselt werden, daher die häufigen Täuschungen und Zweifel darüber, ob es regnen wird, ob wir einen Schirm mitnehmen sollen oder nicht. In der Tat kann man es solchen Wolkenbildungen nicht mit Sicherheit ansehen, ob sie Regen bringen werden, den diffusen nicht und ebensowenig den einzelnen, wenn sie schon hoch oben stehen. Bei tiefem Stand gegen den Horizont hin und bei günstiger Beleuchtung gelingt dies dagegen öfter leicht. Man kann den fallenden Regen direkt in der Luft streifenförmig unter den verdächtigen Wolken niedergehen sehen, oder man sieht, wie entfernte Teile der Gegend, dann immer nähere vom fallenden Regen trüb, umdunkelt werden und kann darauf gefaßt sein, daß die Wolke, wenn sie über uns kommt — und ihren Weg erkennt man aus dem Fortschreiten des Regenschauers im Terrain leicht — auch uns Regen bescheren wird. Da die allermeisten Regenwolken bei uns ungefähr von Westen her kommen, steht auch meist in dieser Richtung eine solche Wolke, „die fallen läßt".

Gewitter.

Eine Sonderstellung nehmen die Gewitterwolken ein. Oft sehen sie freilich ganz harmlos aus, wie eben eine dunkle gewöhnliche Wolke auch, die vielleicht Regen bringen wird, oft aber auch, und namentlich bei schweren aufziehenden Gewittern, ist ihr Rand eigentümlich unregelmäßig gezackt. Einzelne hellere Fetzen hängen davon herab, halb zerrissen, halb geballt, wurstförmig oder zerstreut wie vorgeschobene Aufklärer gehen sie dem Gros voran. Freilich künden sich die meisten Gewitter schon vorher durch ferne Blitze, dann durch Donner an, mitunter schon stundenlang vor ihrem Ausbruch, auch ist die ungemein rasch zunehmende Bewölkung am Horizont, dann höher hinauf, bezeichnend für die gewöhnlichen „Wärmegewitter" im Sommer. Es kann aber auch ganz anders sein. Eine kleine, scharf begrenzte Wolke kann oben hängen, der niemand was schlimmes zutraut und plötzlich kommt eine elektrische Entladung, meist ist es dann ein ganz gewaltiger, greller, naher Blitz und ein furchtbarer Schlag, der nicht selten der einzige oder doch von wenigen der bei weitem stärkste bleibt.

Von den Blitzen können wir leicht drei Formen unterscheiden, wovon zwei sehr häufig sind: den Zickzack-, den Flächen- und den Kugelblitz. Der letzte ist ungemein selten. Er stellt eine leuchtende Kugel dar, bis zur Kopfgröße, und bewegt sich im Gegensatz zu den beiden anderen Formen ganz langsam, um dann gewöhnlich unter lautem Knall zu zerspringen. Solche Kugelblitze hat man schon durch offene Türen und Fenster hereinkommen und auf dem nämlichen Weg das Zimmer wieder verlassen sehen. Meist, aber nicht immer, sind sie ungefährlich, nur bei einem

Gewitter treten sie auf. Jede neue Beobachtung eines solchen Kugelblitzes ist von Wert, denn über seine Natur weiß man bis zur Stunde nichts Sicheres. Am meisten hat noch die Annahme für sich, daß es stark geladene Wasserblasen sind. Wer das Glück hat, einen Kugelblitz zu sehen, achte auf Größe und Helligkeit, die er ringsum verbreitet, auf Form, auf den Weg, den er einschlägt, auf die ganze Dauer der Erscheinung, darauf ob zugleich auch andere Blitze erfolgen, ob der Regen dabei in gleicher Stärke anhält, auf die Art des Verschwindens, ob Geruch „nach Schwefel" (Ozon) bemerkbar wird, auf etwaige zerstörende Wirkungen oder Beschädigung von Personen. Häufiger schon als diese echten Kugelblitze, die sich frei in der Luft bewegen, wird beobachtet, wie eine feurige Kugel z. B. in einen Blitzableiter tritt und entlang der Leitung nach unten fährt; es ist dies eine gewöhnliche elektrische Entladung. Leider kenne ich diese beiden Erscheinungen aus eigener Anschauung nicht. Die gewöhnlichen Zickzackblitze sind die gefährlichen, sie schlagen von Wolke zu Wolke oder von einer Wolke zur Erde, namentlich wenn die Wolken tief herabhängen. Deswegen sind in dieser Hinsicht die Wintergewitter bösartiger als die im Sommer, weil im Winter die Wolken durchgängig tiefer stehen. Häufig kann man beobachten, daß die Funkenentladung am Himmel sich teilt, Äste aussendet und so ein Bild erzeugt, wie wenn der schwarze Himmel zersprungen wäre oder wie auf Landkarten die Flußläufe mit ihren Nebenflüssen aussehen. Fast bei jedem heftigen Gewitter kann man dergleichen schöne Bilder zu sehen bekommen. Der Schein trügt in der Tat nicht. Es erfolgt eine wirkliche Zerteilung des elektrischen Funkens, von dem dann jeder Teil natürlich schwächer ist als der ganze. Obwohl gerade bei schweren Gewittern gehäuft auftretend, kommt dieser Form keine besondere Gefährlichkeit zu, doch scheint ähnliches, wenn auch nicht in so ausgesprochenem Maße, auch bei einschlagenden Blitzen vorzukommen. In seltenen Fällen werden nämlich durch ein und denselben Blitzschlag zwei verschiedene Stellen an der Erde getroffen. Dies ist nicht zu verwechseln mit dem häufigen Vorkommen, daß zwar ein Gegenstand, etwa ein Baum, eine Stange, ein Kamin, ja selbst ein Blitzableiter vom Blitz getroffen wird, daß aber von hier aus bis zur Erde der Blitz, wenigstens zum Teil, auf benachbarte Gegenstände, z. B. auch auf Menschen oder Tiere, abspringt. Daß dem

Funkenblitz eine gewisse Breite zukommt, daß es dünnere und dickere gibt, ist keine optische Täuschung, wie die photographische Aufnahme zeigt. So hat man z. B. den Durchmesser an einem Strahl zu 26 cm bestimmt. Die Dauer einer Funkenentladung ist eine außerordentlich kurze, ist kleiner als ein Millionstel einer Sekunde, alle im Dunkel vom Blitz beleuchteten Gegenstände, auch wenn sie sich in sehr rascher Bewegung befinden, scheinen daher absolut still zu stehen, wenn wirklich nur e i n e einzige Entladung sie beleuchtet. Nicht selten kann man aber bei einem Gewitter die Beobachtung machen, daß dies nicht zutrifft, man sieht z. B. beim Schein eines Blitzes die sturmgepeitschten Zweige eines Baumes sich deutlich bewegen. Das kommt daher, daß anscheinend einzelne Blitze in Wirklichkeit aus mehreren Entladungen bestehen können, die zu drei und vier im Verlauf von etwa einer Sekunde, aber jede für sich von einer momentanen Dauer, erfolgen. Die Pausen zwischen den einzelnen Schlägen, Bruchteile der Sekunde, sind immer noch kurz genug, um ein Zusammenfließen der einzelnen Sinneseindrücke, z. B. der Bilder eines Zweiges, an verschiedenen Stellen im Raum zu begünstigen, so daß der Anschein der Bewegung erzeugt wird, ähnlich wie bei einem Kinematographen.

Bei den Flächenblitzen ist diese anscheinend längere Dauer der Entladung noch häufiger zu beobachten. Auf Sekunden kann man die Beleuchtung der Gegend schätzen. Zum Teil mag dies auf Blendung des Auges durch das intensive Licht und Erzeugung von „Nachbildern" zu beziehen sein, wahrscheinlich handelt es sich aber auch hier oft um mehrere, vielleicht vieler sich rasch folgender Einzelentladungen.

Flächenförmig auftretende Blitze erfolgen immer in größerer Höhe, wo die Luft schon wesentlich dünner ist und dementsprechend die Elektrizität viel besser leitet. Weil sie nicht so gut isoliert, können an geladenen Körpern (den Wolken) auch keine so hohen Spannungen auftreten, wie sie zur Funkenentladung nötig ist, es erfolgt mehr ein Abfließen als ein Überspringen. Wegen der geringeren Spannung und der größeren Höhe, in der sich diese Entladungen abspielen, sind die Flächenblitze auch viel harmloser als die Zickzackblitze und gewähren nur ein prachtvolles Schauspiel, das bloß dadurch bedenklich ist, daß niemand weiß, ob nicht auch plötzlich die Gewitterwolke von einem tiefen Punkt einen verderblichen Strahl sendet. Die Flächenblitze erfolgen auch aus den beiden oben genannten Gründen (dünnere Luft und größere Entfernung) geräuschloser als die Funken, manche Gewitter und gerade solche mit „prächtigem Feuerwerk" sind durch schwächeren und selteneren Donner ausgezeichnet, während wieder bei anderen mit den dicken Funken Schlag auf Schlag erfolgt, oft einer immer ärger als der andere.

Unsere besten Elektrisiermaschinen geben höchstens Funken von 1 m Länge. Im Vergleich dazu ist die Länge der Blitze eine außerordentlich große. Blitze von 1 km Länge kommen sicher vor, und die elektrische Spannung, die solche Funken liefern kann, muß eine ganz ungeheuere sein. Mitunter kann man als eine weitere Folge diese Spannung auch ohne Funkenentladung beobachten. Ich selbst habe es schon erlebt, sogar am eigenen Körper, daß vor Ausbruch eines Gewitters sich bei unbedecktem Kopf die Haare nach oben sträubten. Es ist dies ein Zeichen dafür, daß man selbst zusammen mit dem Boden, auf dem man steht, stark elektrisch geladen ist und darüber eine Wolke, ebenfalls geladen, aber mit ungleichnamiger Elektrizität. Bedingung für das Zustandekommen dieser interessanten Erscheinung ist, daß der Mensch nicht von anderen Gegenständen in der Nähe, z. B. von Bäumen, Gebäuden überragt ist. Man mag beim Aufziehen eines Gewitters darauf achten, wo Menschen in der Ebene als höchste Körper emporragen. Man prüft weiter, ob die gesträubten Haare sich senken, wenn man die Hand, also einen gleichnamig geladenen Körper, flach darüber hält (gleichnamige Elektrizitäten stoßen sich ja ab, ungleichnamige ziehen sich an). Ist dies der Fall, so ist das Phänomen sichergestellt, eine andere Ursache, etwa das Emporwehen durch Wind ausgeschlossen. Es ist dann schon rätlich, das Feld zu räumen, denn der Blitz schlägt gern in die höchsten Punkte. Unter Bäumen oder neben Gebäuden hat man auch freilich insofern keine Sicherheit, als der Blitz dann wohl in den Baum, das Haus schlagen, aber leicht auch davon abspringen und danebenn Befindliche treffen kann. Schlägt der Blitz wirklich ein, so sind seine mechanischen Wirkungen zwar auffallend, aber absolut genommen nicht gar zu stark. Kamine, Mauerwerk können heruntergeworfen, Bäume können gespalten, Gegenstände, Menschen und Tiere auseinander und zu Boden geschleudert werden. In schlecht leitenden Körpern, wie Holz, entwickelt der Blitz häufig eine sehr bedeutende Wärme, wodurch Entzündung brennbarer Gegenstände herbeigeführt wird, doch genügt auch bei sehr guten Leitern, in Metallen, bei kleinem Querschnitt im Blitzableiter selbst, in Glockenzügen u. dgl. die entwickelte Wärme, um ein Schmelzen der Metalle zu bewirken. An solchen Spuren verfolgt man den Weg des Blitzes, achtet dabei auch auf den erwähnten Geruch nach Ozon. Noch viele Jahre nachher kann man den Schlag an Bäumen erkennen. Da ist die Rinde streifenförmig abgerissen, von oben bis zum Boden in einer Linie und, zwar selten, aber dann um so bezeichnender, in einer Spirale rings um den Baum verlaufend. Dann gelingt es auch die Stelle zu finden, wo der Blitz getroffen hat, sie ist immer ziemlich hoch oben, aber keineswegs stets am Gipfel. Zerstreute, bis auf mehrere Meter weggeschleuderte größere und kleinere Holzspäne, die zu dem verletzten Baume gehören, weisen, wenn sie noch da sind, mit Sicherheit auf den Blitz als Ursache hin, ebenso zeigt aufgerissene Erde entlang den Wurzeln den Weg, den der Blitz im Boden weiter eingeschlagen hat. Auf diese Dinge ist zu achten, denn Aufreißen der Rinde an Bäumen kann auch durch Frost geschehen; im feuchten Splint des Stammes sucht der Blitz meistens seinen Weg, und ebenda sprengt das gefrierende Wasser bei strenger Kälte die Rinde, doch sind da die Risse meistens kürzer, schmäler und niemals spiralförmig verlaufend. Der Blitz verbreitet sich im Boden noch eine kurze Strecke meist ziemlich geradlinig, oft freilich sich verästelnd. In sandigen Böden kann der Sand durch die große Hitze zusammengeschmolzen werden und so die „Blitzröhren" bilden, die mehrere Zentimeter dick leicht auf Meterlänge als starre Röhren im Boden aufgefunden und auch leicht und unverletzt herausgegraben werden können.

Alle Zickzackblitze, aber auch viele Flächenblitze, erzeugen einen gewaltigen Schall, den D o n n e r. Aus großer Entfernung, tief grollend, unheilverkündend nimmt er in größerer Nähe an Stärke und auch entschieden an Höhe zu. Der Donner von Blitzen, die in den Boden fahren, einschlagen und nicht weiter als höchstens 1 km entfernt sind, lautet knatternd, wie von lauter kleinen Explosionen herrührend. Man hat auch schon behauptet, daß der Donner wirklich durch Knallgasexplosionen erzeugt wird. Es soll das Wasser der Wolken elektrolytisch in Wasserstoff und Sauerstoff gespalten werden, welche beide zusammen das

explosive Knallgas bilden und durch die Hitze des elektrischen
Funkens sich sofort wieder unter heftiger Detonation zu
Wasser verbinden. Im Schall des Donners treten, wenn
der Blitz in der unmittelbarsten Nähe des Beobachters einschlägt, sehr hohe Obertöne, die man „metallische" nennt,
sehr deutlich hervor. Es lautet, wie wenn 500 Stahlkugeln
in ein ehernes Becken geworfen würden. Schon einige Male
habe ich solches metallisches Schmettern gehört und allemal
war der Einschlag nicht mehr als höchstens 100 m entfernt.
Bei solcher oder noch kleinerer Entfernung verschwindet
der Zeitunterschied zwischen Entladung und Donner, Blitz
und Schlag scheinen zusammen zu fallen. Sonst kann man
leicht die Entfernung des Blitzes erfahren, wenn man die
Sekunden zählt, die vom Blitz bis zum Anfang des Donners
verstreichen. Die Fortpflanzung des Lichtes geschieht so
rasch (300 000 Kilometer in der Sekunde), daß keine meß-
bare Zeit verfließt, bis wir ihn, selbst auf die größte irdische
Entfernung sehen. Der Schall aber legt rund 333 m in der
Sekunde zurück. Zählt man also nach einem Blitz die
Sekunden bis zum Donner, so kommt auf je drei Sekunden
ein Kilometer Entfernung bis zum nächsten Punkte des
Blitzes. Denn auch der Blitz kann Kilometerlänge haben
und der Donner wird auf seinem ganzen Wege gebildet,
gleichgültig ob durch Knallexplosionen oder, was wahrscheinlicher ist, durch die plötzliche Auseinanderreißung
der durchschlagenen Luft. Der Donner müßte auch bei
einem Blitz von einem Kilometer Länge und wenn er seine
Richtung gerade nach dem Beobachter zu haben sollte,
nach drei Sekunden beendet sein. Tatsächlich gibt es aber
häufig Donnerschläge, die viel länger dauern. Die lange
Dauer entsteht durch vielfachen Widerhall an Bergen,
Wolken und häufig ist eine erneute Verstärkung im Ab-
klingen zu bemerken. Dann kommt eben aus größerer Entfernung ein neues Echo. Bei einem heraufziehenden Gewitter und freiem Ausblick wird man stets finden, daß
schon lang ferne Blitze gesehen werden, bis der erste, anfangs
kurze und leise Donner kommt. Niemals wird man zwischen
Blitz und Donner mehr als etwa 72 Sekunden zählen können,
meist weniger als 30. In der Tat ist der Donner, der doch in
der Nähe so ungeheuer laut scheint, gar nicht so gar weit
hörbar, nicht über ungefähr 22 Kilometer Entfernung.
Geschützdonner, namentlich aus schwerem Geschütz, ist
auf die sechsfache Entfernung hörbar. So war es wenigstens,

als noch mit Schwarzpulver geschossen wurde. Die modernen Feldgeschütze mit rauchschwacher Ladung knallen nur noch, kaum kann man von Geschützdonner reden, das Feuer der schweren Artillerie kann aber sehr wohl mit dem Donner eines fernen Gewitters verwechselt werden. Stärkere Pulverexplosionen wie das Auffliegen von Magazinen werden auf sehr große Entfernungen gehört. Als in den dreißiger Jahren das Pulvermagazin in Mainz in die Luft flog und einen ganzen Stadtteil in Trümmer legte, wurde in Würzburg ein tiefer, wie aus dem Boden kommender Schall mit Sicherheit vernommen, d. h. auf eine Entfernung von über 100 Kilometer Luftlinie. Vereinzelt früher schon, sehr häufig aber im Kriege, wurde die Beobachtung gemacht, daß der Geschützdonner in einer gewissen Entfernung verschwindet, um in einer noch größeren wieder bemerkbar zu werden. Moltke spricht davon bei seiner Beschreibung der Schlacht bei Wörth: „Im waldigen Gelände soll der Geschützdonner nicht vernehmbar gewesen sein." Das klingt nach den Erfahrungen des letzten Krieges viel wahrscheinlicher als es damals scheinen mochte. Selbst längere Strecken können „im Schallschatten" liegen. Über die Ursache dieses merkwürdigen Verhaltens wird noch gestritten. Eine allgemein anerkannte Lösung liegt noch nicht vor. Die Schallwellen bestehen aus Verdichtung und Verdünnung der Luft. Wenn durch den Widerhall zwei Wellenzüge annähernd in der gleichen Richtung und so zusammen treffen, daß immer vom einen Wellenzug die Stellen der Verdichtung auf die Stellen des zweiten Wellenzuges treffen, wo Luftverdünnung herrscht, so wird dort die Luft weder verdünnt noch verdichtet, die Wellenberge und die Wellentäler gleichen sich aus, dort sind gar keine Schallwellen bemerkbar. Jeder Wellenzug geht aber, unbeeinflußt vom anderen weiter, und da, wo sie wieder auseinander gegangen sind, da ist wieder Berg und Tal, da ist Schall. Ein solches Zusammentreffen heißt man Interferieren von Wellenzügen, und es ist möglich, daß der Schallschatten auf diesem Vorgang beruht. In der Optik spielt der Vorgang der Interferenz eine sehr wichtige Rolle.

Auf die Fortpflanzung des Schalls ist übrigens der Wind auch von Einfluß. In der Windrichtung wird der Schall weiter fortgetragen als gegen den Wind. Bei starkem Wind aber ist die Hörweite im ganzen herabgesetzt. Wahrscheinlich handelt es sich dabei nicht nur um ein Übertönen durch das Sausen des Sturmwinds, sondern wirklich um eine Störung der Schallwellen auf ihrem Weg, um ein richtiges „Verwehen" also.

Explosionen in großer Nähe, beim Einschlagen eines Volltreffers, eines Einundzwanzigers z. B., können Menschen umwerfen, beschädigen, töten. Aber auch sehr heftige Donnerschläge werden nicht nur gehört, sondern auch gespürt, die Lufterschütterung kann Klirren der Fensterscheiben u. dgl. herbeiführen. Für Personen, die Gewitterfurcht haben, ist, wie es scheint, das Leuchten der Blitze, besonders nachts, das Unangenehmste, Kinder fürchten hauptsächlich den Donner. Ich weiß noch recht gut, wie ich als sehr kleiner Knabe an den Blitzen eigentlich meine Freude gehabt hätte, aber dann kam halt allemal der Donner, der arge Donner!

Weil man den Blitz auf viel größere Entfernungen sehen als den Donner hören kann, so hat man oft Gelegenheit, das lautlose Feuerwerk eines entfernten Gewitters zu beobachten. Man bezeichnet es mit dem Namen „Wetterleuchten". Nicht ganz mit Recht nimmt man an, daß jedes Wetterleuchten nichts anderes ist als fernes Blitzen. Wer gut beobachten kann, dem kommt doch, zwar selten, aber in vielen Jahren doch ab und zu, ein ganz anderes Phänomen vor, das auch aus lautlosen elektrischen Entladungen besteht, aber sie sind, möchte man wenn's nicht ein Unsinn wäre sagen, noch stiller als lautlos. Stets einen sehr großen Teil des Horizonts entlang huscht das Licht bald hier-, bald dorthin, bald an einer Stelle, gleich wieder an vielen Stellen zugleich, auch am wolkenlosen Himmel, bald am Horizont sich trennend, auf einmal hoch oben wie ein heller Fleck, oft sekundenlang. Es kommt danach kein Gewitter, das Wetter wird nicht verdorben, nicht einmal eine Abkühlung folgt danach. Im Gegenteil, gerade in den prachtvollsten Sommern kommt dieses seltene und glänzende Schauspiel vor. Gewiß ist nachgewiesen worden, daß der Widerschein von heftigen Gewittern auf erstaunliche Entfernungen wahrgenommen werden kann. Aber wer das eigentliche Wetterleuchten kennt und sehr weit entfernte Gewitter schon oft beobachtet hat, kann zwar bei diesen manchmal im Zweifel sein, was er vor sich hat, niemals aber, wenn er wirklich echtes Wetterleuchten sieht. Sehr wahrscheinlich handelt es sich dabei um stille Entladungen in sehr großen Höhen.

Niederschläge.

Niederschläge, welche Gewitter bringen, sind oft sehr beträchtlich, und in so kurzer Zeit können so gewaltige Wassermassen niedergehen, daß der Boden bald nicht mehr den kleinsten Teil davon aufsaugen kann. Dann stürzen sie zu Tal, oft mit verheerender Gewalt. Überschwemmungen, Austreten der Bäche und Flüsse, Wegspülen der Ackererde, Entwurzeln der Bäume und Unglücksfälle aller Art bezeichnen ihren Weg. So kann der Regen zum „W o l k e n b r u c h" werden. Ganz besonders tiefhängende Wolken, starke, beängstigende Verdunkelung des Himmels künden die Katastrophe an. Auch Tiere zeigen Furcht. Man kann sehen, wie vor dem Ausbruch eines Unwetters Herden in heller Flucht den Ställen zueilen; und während beim flüchtigen Wild der Bock als Kavalier allemal der letzte ist, die Reihe der Tiere deckt, ist hier, beim Rindvieh, allemal E r der erste, der in sausendem Galopp das Tempo der Flucht vorlegt. Keineswegs immer geht die Menge der Niederschläge der Heftigkeit der elektrischen Entladungen parallel, auch nicht der Stärke des Sturmwindes. Oft sind es lang stehenbleibende Wolken, die Zeit finden gewaltigen Regen zu entleeren, oft freilich auch genügt eine Stunde rasch hinziehender Gewitter, um ein zerstörendes Hochwasser zu liefern. Begreiflicherweise sind Täler, namentlich enge, ganz besonders gefährdet, und zwar gleichviel ob sie in gewöhnlichen Zeiten einen Wasserlauf oder nur ein altes Rinnsal bergen. Auch in ehemaligen, also seit Menschengedenken trockenen Wasserläufen, in denen kaum in nassen Jahren ein schmales, seichtes Wässerchen gesehen worden, können jetzt geschwollene, reißende Gießbäche dahinbrausen. Das Rauschen ist ein Warnungszeichen für die Anwohner, und zwar das letzte. Dann kommt die trübe, wellenschlagende Flut, von der niemand sagen kann, wie hoch sie steigen wird. Die Gewalt des zu Tal stürzenden Wassers übersteigt oft alle Begriffe. Was Widerstand leistet, wird fortgerissen. Brücken werden gesprengt, selbst in festen, glatten Boden einer guten Straße werden tiefe Löcher gerissen. Wie rasch das gehen kann, das habe ich selbst erlebt, als im Jahre 1877 das Wasser gerade erst in den Garten drang und ich, mein kleines Schwesterchen auf dem Arm, flüchtete, kaum hatte ich 10 oder 12 Meter im Lauf zurückgelegt, so mußte ich mich an der Türe schon anhalten, um nicht fortgerissen zu werden. Schlamm und Gerölle zeigen nach dem Ablaufen des Wassers noch seine größte Ausdehnung an und seine Höhe kann man auch am Schlamm, der hoch in den Bäumen hängen geblieben, ermessen, oder an anderen Dingen, die hergetrieben worden sind. Nach der erwähnten Katastrophe sahen wir am nächsten Tage in einer Waldschlucht, wo früher wohl ein Bächlein gelaufen war, seit vielen Jahren aber nicht mehr, fünf Meter hoch vom Boden einen Schubkarren hängen; an einer anderen Stelle sah man das Wasser wie eine zwei Meter hohe Mauer aus dem Walde hervorbrechen — es waren die Mengen, die uns zu der erwähnten Flucht veranlaßten. Seine Rettung suche man übrigens nie in der Richtung des Stromes, der ist allemal schneller als der geschwindeste Läufer, sondern womöglich auf der allernächsten Höhe auf der Seite zu gewinnen. Im erwähnten Beispiel traf übrigens zu, was so oft die Entstehung von Hochwasser begünstigt. Es war überhaupt ein nasses Jahr, ausgiebige Niederschläge hatten vorher den Erdboden durchtränkt, der Boden im Wald sogar, der Humus, die Moosdecke waren vollgesogen wie ein Schwamm, und was jetzt niederstürzte, konnte nicht aufgenommen werden, mußte abfließen, obwohl die Grundlage, Kiesboden, sonst für das Eindringen von Regen im allgemeinen günstig war, in dem Maße, daß der Boden nach Aufhören des Regens an der Oberfläche wenigstens bald wieder gangbar und trocken wurde. Damals stieg der Starnberger See in wenigen Stunden um etwa 30 cm, woraus sich die riesige Menge von Wasser berechnet, die in so kurzer Zeit zugeflossen war. Solche Wasserbecken, sozusagen ohne jedes Gefälle, stellen natürlich bei Wolkenbrüchen ein ausgezeichnetes Staubecken dar, worin die Wassermassen sich gefahrlos ansammeln können. In einem gleichlangen, etwa 200 m breiten Tal wäre ein rasender Strom

von vielen Metern Höhe entstanden, und was lag demgegenüber daran, daß der Seespiegel nachher 30 cm höher stand!
Es ist überhaupt nicht uninteressant den Wasserstand
fortlaufend zu messen. Es zeigt sich, daß Schwankungen
recht beträchtlicher Art sich im Verlauf von Monaten
einstellen können. Bei ruhigen Gewässern genügt es,
einen Maßstab unverrückbar so in den Grund zu rennen,
daß der Fuß voraussichtlich nie trocken werden wird; oder
noch einfacher: an Kunstbauten, Brückenpfeilern u. dgl.
wird ein solcher in Zentimeter geteilter Maßstab angebracht
oder auch nur einfach eingeritzt. Wo Wellenschlag stört,
geht das nicht, man muß die Schwankungen der Oberfläche
durch Strömung und Wellen ausschalten. In sehr einfacher
Weise gelingt dies, indem man eine nicht zu enge Blechröhre,
unten durchlöchert, in den Grund treibt. Im Rohr befindet
sich ein Schwimmer, etwa ein Kork oder auch eine hohle
Blechkapsel. Der Schwimmer hängt an einer Schnur, die
über eine Rolle läuft und ist äquilibriert durch ein Gegengewicht am anderen Ende der Schnur. In passender Höhe
trägt die Schnur auch eine Marke, deren Höhe an einem
hinten angebrachten Maßstab täglich, bei besonderen Ereignissen, wie gerade bei Wolkenbrüchen, auch öfter abgelesen wird. Mit einem ähnlichen Pegel habe ich schon
mehrere Jahre meine Beobachtungen am Starnberger See
angestellt. Man wird ja selten Gelegenheit haben, den Pegelstand auf die absolute Meereshöhe zu reduzieren, aber manchmal, z. B. bei zufälliger Anwesenheit eines Geometers,
läßt es sich doch leicht machen. Bekanntlich ist an jedem
Bahnhof eine Höhenmarke angebracht, die die Erhebung
über Normalnull, sogar bis auf einen Millimeter, oft selbst
auf Zehntelmillimeter genau angibt. Sie ist gerade dazu
da, damit bei Landesvermessungen der Geometer dort
„anbinden" und von da aus die Meereshöhe beliebiger
Punkte mit seinen Instrumenten bestimmen kann. Der
kann also auch mit leichter Mühe die Höhe des Pegels
über Normalnull ein für allemal feststellen. Sonst reicht
der Pegel mit seinem übrigens ganz willkürlichen Maßstab
natürlich nur hin, um S c h w a n k u n g e n im Wasserstand anzugeben. Diese Schwankungen sind begreiflicherweise an Bächen und Flüssen viel beträchtlicher als an
größeren Wasserbecken, an Seen beispielsweise. Doch habe
ich auch gerade am Starnberger See auffallend verschiedene
Zahlen erhalten, von Jahr zu Jahr und in den gleichen Ferien.

9*

Nicht genau zur Zeit der Schneeschmelze, oft auch einige Monate danach, pflegen die Pegel den höchsten Stand zu zeigen. Es braucht immer einige Zeit bis das Wasser, das im Boden versickert ist, seinen Weg zum Abfluß in Bach und Strom oder in Staubecken, in Seen gefunden hat. Heiße Sommer, wo viel Wasser durch die Hitze verdunstet, wo wenig Niederschläge es ergänzen, führen zu Tiefstand der Wasserflächen, kühle mit viel Regen umgekehrt zu hohem. Den niedersten Wasserstand wird man aber meistens im Winter finden, wenn die kleinen Zuläufe alle gefroren sind, zudem die Niederschläge in Form von Schnee kommen, der nicht abfließt, sondern liegen bleibt. Erst das Tauwetter bringt den höheren Stand oder sogar Hochwasser. Besonders warme Frühjahrsregen sind in dieser Beziehung zu fürchten. Alljährlich wird von großen Überschwemmungen berichtet, weil der warme Regen bedeutende Schneemassen verflüssigt und mit sich zu Tal reißt. Um so mehr ist dies zu erwarten, weil die tieferen Schichten des Erdbodens noch fest gefroren sind und ein Eindringen des Schmelzwassers verhindern. Laue trockene Winde und warmer Sonnenschein wirken anders. Die Schneedecke verschwindet da manchmal, fast ohne daß ein Tropfen flüssigen Wassers entsteht. Eis kann nämlich bei Zufuhr von Wärme auch einfach verdunsten, gasförmig werden, ohne die dazwischen liegende Phase des Tropfbarflüssigen zu durchlaufen. Solches kann man sogar in der Stadt an Dächern z. B. gelegentlich beobachten. Es wird dann auf der Südseite von Dächern der Schnee einfach weggeleckt, ohne daß die Dächer oder die Rinnen tropfen, oder wenigstens eine Menge von Wasser liefern, die irgend im Verhältnis zu den schwindenden Schneemassen stünde.

Auch tägliche Schwankungen können an einem einfachen Pegel, wie oben beschrieben, kenntlich werden und man kann sich davon überzugeen, daß nicht nur Niederschläge, sondern auch Winde, freilich in meist geringem Grade, die Höhe des Wasserstandes beeinflussen. Steht der Pegel z. B. am östlichen Ufer eines Wasserbeckens, so erhöhen andauernde Westwinde den Stand, östliche führen Wasser weg gegen Westen und erniedrigen ihn. Fast konstant ist der Rückgang des Wasserstandes in den letzten Sommer- und den ersten Herbsttagen. Eine tägliche Abnahme von $^1/_2$—1 cm ist das Gewöhnliche. Dazwischenkommende Regenfälle ändern den Gang natürlich und können ihn leicht umkehren. Die im Tau fallende Wassermenge ist zu unbedeutend dazu, und bei Nebel beobachtet man regelmäßig sogar eine recht bedeutende, rasche Erniedrigung des Wasserstandes.

Nicht überall freilich hat man Gelegenheit, den Stand von Wasserflächen zu bestimmen und so nasse Monate und Jahre wenigstens von trockenen zu unterscheiden, auch hat nicht jeder ein Instrument, wie es in meteorologischen Beobachtungsstationen zur Bestimmung der Niederschlagsmengen täglich benützt wird, einen R e g e n m e s s e r oder O m b r o m e t e r , an dem man recht genau feststellen kann, wieviel die Niederschlagsmenge auf einem Quadratmeter beträgt, wie hoch also der Boden überall mit Wasser bedeckt sein müßte, wenn das Wasser überall ganz gleichmäßig verteilt wäre und wenn nichts mittlerweile abgeflossen oder verdunstet wäre. Schneemassen werden dabei durch Erwärmen verflüssigt und in diesem Zustande gemessen. Für besonders bemerkenswerte Vorkommnisse hat aber jeder die Hilfsmittel an der Hand, um zu Ergebnissen zu kommen, die interessant, wenn auch nicht sehr genau sind. Man kann bei einem beginnenden heftigen Regenschauer oder einer Serie von Regentagen folgendermaßen vorgehen. Man bestimmt an einem trockenen Topf den Querschnitt der Öffnung, indem man, kreisförmigen Querschnitt vorausgesetzt, den größten Durchmesser mißt, die Hälfte davon einmal mit sich selbst und das Produkt noch mit der Zahl 3,14 multipliziert. Die erhaltene Zahl gibt den Querschnitt der Öffnung in Quadratzentimetern. Der trockene Topf wird gewogen und an einer Stelle, die nirgends durch Bäume oder Wände und Dächer vor dem Regen geschützt ist, ins Freie gestellt. Wenn der Regen aufgehört hat, wird der Topf außen sorgfältig abgetrocknet und wieder gewogen. Der Unterschied des Gewichtes gegen den leeren Topf ergibt in Grammen die Anzahl der Kubikzentimeter Wasser, die auf den schon bekannten Querschnitt der Öffnung niedergefallen sind und hieraus läßt sich dann leicht berechnen, wieviel auf einen Quadratmeter kommen, wie hoch die Niederschlagsmenge in Zentimetern anzunehmen ist.

Eigentlichen Wert gewinnen solche Bestimmungen erst dann, wenn man Vergleiche mit Beobachtungen an anderen Orten anstellen kann. Mit den Hilfsmitteln, die wir hier voraussetzen, sind aber immerhin Ergebnisse zu erhalten, die oft genug recht interessant sein können.

Gebirgszüge sind überall von wesentlichem Einfluß auf Stärke und Häufigkeit der Niederschläge. Luftströme, die durch Gebirge nach oben abgelenkt werden, erkalten, indem die Luft sich in der Höhe ausdehnt, ohne daß ihr neue Wärme zugeführt wird. Damit sinkt ihr Vermögen, Wasser gasförmig gelöst zu erhalten, Wasserdampf kondensiert sich zu flüssigem Wasser und fällt zu Boden. Die Seite des Gebirgszugs, die den meist herrschenden Winden zugekehrt ist, ist zugleich die regenreichste. In Deutschland, wo die meisten Gebirge von Nordwest nach Südost streichen, ist die Südwestseite die regenreiche. In Deutschland fallen die größten Regenmengen im Sommer, nur die Nordseeküste hat vorwiegend Herbstregen und hochgelegene Orte im Elsaß haben Winterregen. Die kleinsten Mengen fallen zu Anfang des Jahres, mittlere im Mai, die größten im Juni und Juli. Der September bringt wieder Mittelwerte, die dann bis zum Minimum sinken, nicht ohne im November eine vorübergehende Steigerung erfahren zu haben. Wenn von den Niederschlägen nichts ablaufen oder verdunsten würde, so würde der Boden in Deutschland jährlich $1\frac{1}{2}$—2 Meter hoch unter Wasser gesetzt werden.

Luft, die gerade so viel Wasserdampf enthält, wie sie bei gegebener Temperatur überhaupt enthalten kann, heißt man gesättigt. Die Mengen von Wasser, die gelöst werden können, nehmen mit steigender Temperatur zu. Wir wollen an einem Beispiel die wichtigsten Begriffe erklären, die wir auch später noch brauchen werden. Ein Kubikmeter Luft kann bei 10 Grad Celsius 9,3 g Wasserdampf gasförmig aufnehmen. Dieser Wasserdampf übt für sich einen Druck von 9,1 mm Quecksilber aus, erhöht also den Barometerstand um 9,1 mm. Im gewählten Beispiel ist die absolute Feuchtigkeit 9,1 mm. Die Luft ist dann mit Wasserdampf gesättigt, ihre Aufnahmefähigkeit ist völlig ausgenützt, daher sagt man, ihre relative Feuchtigkeit betrage 100 Prozent (wäre nur 4,55 g Wasser in einem Kubikmeter gelöst, so wäre die relative Feuchtigkeit 50 Prozent usw.). Man wendet aber auch sein Augenmerk auf die Fähigkeit bei gegebener Temperatur noch mehr Wasser aufzunehmen, auf das, was der Luft noch bis zur Sättigung, bis zur relativen Feuchtigkeit von 100 Prozent fehlt, auf das „Sättigungsdefizit". Es ist natürlich im oben angeführten Beispiel völliger Sättigung das Sättigungsdefizit = Null. Erwärmt man den Kubikmeter Luft, ohne ihm neues Wasser zuzuführen, auf 20 Grad, dann ist die Menge Wasserdampf = 9,3 g, die gleiche geblieben, sie übt aber bei 20 Grad einen Druck von 9,4 mm Quecksilber aus, die a b s o l u t e Feuchtigkeit ist also, wenn man diese Druckwerte als Maßstab nimmt, jetzt 9,4 mm. Dagegen hat sich die r e l a t i v e Feuchtigkeit bedeutend geändert, der Kubikmeter Luft hätte bei 20 Grad im ganzen 17,1 g Wasser aufnehmen können, 9,3 sind aber wirklich nur gelöst, die relative Feuchtigkeit ist also = 54 Prozent. Der Unterschied 17,1 minus 9,3 = 7,8 g gibt das Sättigungsdefizit.

Umgekehrt würde eine Abkühlung der Luft ihre Fähigkeit, Wasser gelöst zu halten, herabsetzen; bei 5 Grad auf 6,8 g und der Unterschied, 9,3 minus 6,8 = 2,6 g Wasser, würde tropfbar flüssig und ausgeschieden werden. Man sieht hieraus, daß die Frage, ob Niederschläge, Regen, Schnee, Tau entstehen, von dem Feuchtigkeitsgrad der Luft und von ihrer Temperatur abhängen. Die Temperatur, bei welcher bei gegebenem absolutem Wassergehalt die Luft gerade gesättigt ist, so daß jede weitere, noch so geringe Abkühlung Niederschläge bringt, heißt der T a u p u n k t. Je näher der Taupunkt der gerade beobachteten Temperatur der Luft liegt, eine desto geringere Abkühlung der Luft ist nötig, um ihn zu erreichen, je tiefer er liegt, eine um so größere. Geringere Abkühlungen sind natürlich eher zu gewärtigen als große, und so läßt sich im allgemeinen bei hochliegendem Taupunkt zunehmende Bewölkung und Regen, bei tiefliegendem klares, trockenes Wetter erwarten. Instrumente, die den Taupunkt direkt (Daniell'sches Hygrometer, Lambrechts Polymeter) oder indirekt (Psychrometer nach August, Haarhygrometer) zu bestimmen gestatten, sind für Beobachtung des Wetters sehr nützliche Dinge. Aber auch wem sie fehlen, der kann aus einfachen Beobachtungen schon wichtige Schlüsse ziehen. Es gibt in der Tat in der Natur allereinfachste Hygrometer genug, man muß sie nur kennen.

Das Wasser, das tief gelegene Brunnen oder gut angelegte und gespeiste Wasserleitungen liefern, hat das ganze Jahr über ungefähr die gleiche Temperatur oder diese sollte wenigstens höchstens um 2—3 Grad schwanken. Füllt man nun eine gläserne Flasche frisch mit dem Wasser, so wird man sehen, daß das Glas zu manchen Zeiten sich außen trübt, beschlägt, zu anderen Zeiten nicht. Die Luft kühlt sich durch Berührung mit dem Glas, das ungefähr die Temperatur des Wassers angenommen hat, ab, und sobald der Taupunkt erreicht ist, scheiden sich sehr kleine Wassertropfen ab, die das Glas beschlagen. Im gegebenen Fall liegt also der Taupunkt wenigstens so hoch wie die Temperatur des Wassers, noch tiefere würden um so sicherer Ausscheidung des Wassers bewirken, ob auch höhere, das kann man durch Aufstellen von noch mehr Flaschen herausbringen, deren Wasser immer um einen Grad höher eingestellt ist. So kann man schon den Taupunkt für gewöhnliche Zwecke hinreichend genau bestimmen. Man kann aber auch ohne weitere Untersuchungen, wenn die frischgefüllte Wasserflasche (natürlich vor Sonnenstrahlen geschützt) eines Tages sich mit Wasser beschlägt, was sie seit langem nicht getan hat, sagen, daß der Taupunkt gestiegen ist und daß schlechtes Wetter, Niederschläge wahrscheinlich geworden sind. Auf das „g e w o r d e n" ist dabei Nachdruck zu legen. Die Ä n d e r u n g gegenüber dem früheren ist das Wichtige. Man könnte ja natürlich eiskalte Körper verwenden, die stets sich mit Wasser beschlagen, wie ja auch aus dem Anlaufen der Fensterscheiben im W i n t e r gar nichts zu schließen ist, sie sind immer so niedrig temperiert, daß bei jedem vorkommenden Feuchtigkeitsgrad der Zimmerluft das Wasser sich an ihnen niederschlägt. Im Sommer ist es anders. Namentlich natürlich wenn beides sich geändert hat, die absolute Feuchtigkeit der Luft gestiegen, ihre Temperatur gesunken ist, wie nach Gewittern, ist das Anlaufen der Fensterscheiben eine regelmäßige Erscheinung. Auf diesem Verhältnis von Feuchtigkeit und Temperatur gründen sich gewisse Wetterregeln, auf die manche schwören und damit auch oft recht behalten.

Es gibt noch mehr Zeichen für hohen Wassergehalt der Luft. Manche Körper ziehen begierig Wasser aus der Luft an, sie sind „hygroskopisch". Dahin gehört z. B. das Kochsalz, wenn es nicht ganz rein, sondern mit kleinen Mengen noch leichter zerfließlicher Salze, Verbindungen des Kaliums und Magnesiums verunreinigt ist. Viehsalz z. B. ist viel hygroskopischer als Kochsalz; chemisch reines Chlornatrium ist es überhaupt nicht. Wird Salz feucht, so ballt es sich zusammen, die einzelnen Körner fallen beim Schütteln nicht mehr so leicht auseinander. Also auch in der Küche und auf dem Speisetisch haben wir ein rohes Hygroskop. Auch manche Pflanzenfasern nehmen bei hoher Feuchtigkeit der Luft mehr Wasser auf, geben es bei geringer wieder ab und verändern dabei ihr Volumen und ihre Form. In manchen Gegenden dient der „Hanickel" als Wetterprophet. Es ist dies ein abgeschnittenes Fichtenbäumchen, das man in den Boden steckte und ihm einen einzigen benadelten Zweig gelassen hat. Bei feuchtem Wetter geht der Zweig wie ein Zeiger in die Höhe, senkt sich bei trockenerem. Auch am abgeblasenen Dampf einer Maschine, etwa einer Lokomotive, kann man sehen, ob viel Wasser in der Luft ist oder nicht. Bei trockener Luft verschwindet der ausströmende Dampf fast sofort, bei nasser bildet er lang bleibende Wolken von kondensiertem Dampf, oft lange Streifen hinter der fahrenden Lokomotive herziehend. Der heiß ausströmende Dampf kühlt sich in der Luft ab, wird tropfbar flüssig und bildet so die Wolken. Vermag die Luft noch viel Wasser aufzunehmen, so verschwinden diese Wolken bald, im entgegengesetzten Fall nur langsam oder, wenn die Luft völlig gesättigt ist, auch gar nicht, und das kondensierte Wasser fällt als Sprühregen zu Boden. Man sieht, daß hierdurch eigentlich die ungefähre Größe des Sättigungsdefizits angezeigt wird. Es gibt auch eine mit Wasser ü b e r sättigte Luft, die in der Tat etwas mehr Wasser enthält, als sie eigentlich der herrschenden Temperatur nach gelöst halten könnte. Dieser Zustand ist aber wie bei jeder übersättigten Lösung ein sehr unbeständiger, geringfügige Ursachen können ihn stören und sofortige Ausscheidung tropfbar flüssigen Wassers bis zur normalen Sättigung veranlassen. Schon die Anwesenheit fester Körper, namentlich mit rauher Oberfläche, genügt hierzu, und darauf beruht es, wenn z. B. unsere Kleider bei feuchter Luft naß werden, mit tausenden feiner Wassertröpfchen sich beladen, auch ohne daß eigentlicher Regen fällt. Gegen dieses Naßwerden nützt natürlich kein Regenschirm, es regnet eigentlich auch unter demselben. Eine Bedingung dafür, daß die Luft mit Wasser übersättigt werden kann, ist ihre völlige Reinheit. Schon die Anwesenheit der allerkleinsten Staubteilchen genügt, um Kondensation des Wassers an ihnen herbeizuführen. Die allerfeinste Wasserhülle um diese Teilchen vergrößert sich, es bilden sich größere Tropfen, die wieder zu Zentren weiterer Kondensation werden und so bald dies einmal im Gang ist, fällt der Regen und hört nicht eher auf, als bis der Zustand der Übersättigung verschwunden, der Wassergehalt der Luft auf den Grad gesunken ist, der bei der herrschenden Temperatur der Sättigung entspricht. Dabei werden die allerkleinsten Staubteilchen durch das an ihnen niedergeschlagene Wasser so schwer, daß sie zu Boden fallen, und so ist wirklich nach jedem ausgiebigen Regen die Luft frisch gewaschen, der lästige Staub ist zu Boden gerissen, die Luft hat eine köstliche Reinheit und Frische, was wir mit unseren Atmungsorganen nicht nur als sehr angenehm empfinden, sondern auch an der viel klareren Fernsicht feststellen können. Andererseits dürfen wir nicht übersehen, daß die Anwesenheit von Staub in der Atmosphäre für die Menschen, ja man kann sagen für alle Lebewesen vom größten Vorteil ist. Wäre die Luft immer absolut rein und frei von allen festen Bestandteilen, etwa so, wie wir sie durch Filtration durch dicke Watteschichten wirklich machen können, so würde überhaupt nie Regen fallen und eine Kondensation des Wassers würde nur am Boden, auch an unserem Körper, erfolgen. Der Boden und wir mit ihm wären beständig naß, nie käme Regen, nur ein furchtbarer beständiger Tau wäre die Folge.

Der T a u entsteht auch wirklich in ähnlicher Weise, und bildet sich vorwiegend an rauhen Oberflächen, an Grashalmen, auf Brettern, nur braucht dabei die Luft nicht im ganzen mit Wasserdampf übersättigt zu sein, nur an der Unterlage, dem Boden selbst. Zur Taubildung gehört erstens natürlich Wassergehalt der Luft, dann aber beträchtliche Erkaltung der Bodenoberfläche unter die Lufttemperatur. Wärme kann Körpern zugeführt oder entzogen werden durch Leitung und Strahlung, zugeführt außerdem durch Kondensation von Wasserdampf, entzogen durch Verdunstung. Die Wärmeleitung allein würde bewirken, daß die Oberfläche des Erdbodens mit allem, was darauf ist, die gleiche Temperatur annimmt und behält, die den Luftteilchen zukommt, von denen es bespült wird. Durch Strahlung von der Sonne wird der Erdboden häufig viel stärker erwärmt als die Luft darüber. Es ist bekannt, wie bestrahlte Körper bei hochstehender Sonne sich „glühend" heiß anfühlen. Ein Teil dieser Wärme teilt sich den untersten Luftschichten mit, die erwärmten Luftschichten steigen auf, weil sie ausgedehnt, spezifisch leichter geworden sind, sie brechen das Licht in geringerem Grade als dichtere Schichten und werden in diesen als aufsteigender Luftstrom deswegen sogar sichtbar. Es ist dies das „Fächeln" der warmen Luft, das man an heißen Sommertagen über Äckern, Dächern so oft und leicht sehen kann, wenn kein Wind geht und die verschieden warmen Luftschichten durcheinander mischt. Einen Teil der zugeführten Wärme verliert aber der erwärmte Boden auch durch Strahlung. Jeder warme Körper strahlt Wärme nach allen Seiten aus, höher temperierte Körper mehr als kältere und auch die Beschaffenheit der Oberfläche ist auf die Größe dieser Strahlung von Einfluß. Eine rauhe, schwarze Oberfläche begünstigt die Strahlung, glatte, hellglänzende vermindert sie. Erhält ein warmer Körper von seiner Umgebung nicht ebensoviel Wärme zurück, als er ausstrahlt, so erkaltet er. Auch die Beschaffenheit der Atmosphäre ist dabei von Belang. In klarer Luft kann der am Tag durch die Sonne erwärmte Boden Nachts viel größere Wärmemengen gegen den kalten Weltraum ohne Gegenleistung ausstrahlen als wenn der Himmel bewölkt ist; und schon ein leichter Wolkenschleier vermindert die Ausstrahlung ganz erheblich. So kommt es, daß in einer klaren Sommernacht der Boden und die darauf befindlichen Pflanzen sich bedeutend unter die Lufttemperatur abkühlen können, so weit, daß hier der Taupunkt gerade erreicht wird und eben dann Wasser sich tropfbar flüssig als Tau niederschlägt. Das Wasser, das den Tau bildet, soll nach der Lehre der Meteorologie übrigens nicht aus der Luft, sondern aus dem Boden stammen. Von dort aufsteigend soll der Wasserdampf an der erkalteten Oberfläche zur Kondensation kommen und die Oberfläche benetzen. Es mag diese Lehre für die Mehrzahl aller Fälle zutreffen, aber für alle kann sie gewiß nicht gelten.

Im Winter, bei kaltem Wetter, ist der Wassergehalt der Luft überhaupt meist zu gering, als daß die paar Grade Temperaturunterschied zwischen Luft und Boden eine bemerkbare Kondensation von Wasser herbeiführen könnten. Es kommt aber doch gelegentlich vor. Wenn z. B. auf starken Frost wärmere, mit Feuchtigkeit gesättigte Winde einsetzen, so treffen sie auf hart gefrorenen Boden von sehr niederer Temperatur; es erfolgt hier, unmittelbar am Boden, ein Niederschlag, der aber sofort unter den Gefrierpunkt erkaltet, weil er seine Wärme durch Leitung an den kalten Erdboden abgibt. Was im Sommer Tau werden würde, wird im Winter zu G l a t t e i s. In den Übergangszeiten des Frühjahrs und Herbstes kann auch Ausscheidung des Wassers in f e s t e r Form geschehen und den Boden in Form des R e i f e s überziehen. Im ersten Fall ist der ohnehin

am Tag nicht tief durchwärmte Boden in der längeren Nacht
so stark erkaltet, daß das niedergeschlagene Wasser sofort
gefriert; die kurze Sommernacht reicht nur bis zur Taubildung. Reif ist also nur Glatteis in anderer Form, in kleineren Mengen, die nicht allerorts einen glatten, zusammen-
hängenden Überzug bilden, sondern gerade nur an einzelnen,
besonders stark abgekühlten Stellen kleine Kristalle bildend,
sich ansetzen. Das Erdreich hat vom Tage und vom Sommer
her noch viel Wärme aufgespeichert, die Temperatur der
tieferen Schichten, der Bodenluft, der Quellen und Brunnen,
sind durch eine kühle, klare Nacht noch nicht merklich geändert, sie bekommen durch Leitung von überall her immer
noch so viel Wärme, als sie durch Leitung an die erkaltete
Oberfläche abgeben und nur hier, an der Oberfläche, findet
der Wärmeverlust durch Strahlung statt. Dem entspricht
auch die Lokalisation von Tau und Reif. Flächen, die von
Bäumen, Dächern u. dgl. überragt und nach oben gedeckt
sind, bleiben frei, nicht weil sie nach oben geschützt sind,
so daß Tau und Reif nicht vom Himmel auf den Boden
darunter fallen könnte, sondern weil die Ausstrahlung der
Wärme verhindert oder abgeschwächt wird, also weil der Boden
darunter nicht erkaltet. Freie, baumlose Flächen, namentlich Wiesen, werden stark betaut oder bereift. Die Gras-
halme, jeder einzeln, erkalten durch Strahlung und sind
dabei so schlechte Wärmeleiter, daß sie vom Boden aus den
Wärmeverlust nicht durch Leitung ergänzen können: an
schlechten Wärmeleitern kann man überhaupt die Bedingungen für Taubildung am besten studieren. Hölzerne,
z. B. wagerechte Stangen, sind immer nur oben von Tau
oder Reif bedeckt, die Seiten kaum ganz oben, die Unter-
fläche gar nicht, denn diese Teile erhalten von der Nachbarschaft, vom Boden aus, Wärme zugestrahlt, die obere Fläche
strahlt nur ihre Wärme gegen den klaren Himmel aus.
Man findet, wenn man nur darauf achtet, leicht Beispiele,
die den Einfluß zeigen, den aus der Nachbarschaft, vom
Grund, zugeleitete Wärme ausübt, um Tau und Reif zu verhüten. Denn darauf muß man sein Augenmerk richten,
warum von Tau und Reif gewisse Stellen verschont bleiben,
während andere stark davon bedeckt sind, also die allgemeinen
Bedingungen zu Tau- und Reifbildung doch gegeben waren.
So habe ich an einem Dampfschiffsteg ca. 1 Meter über
dem Wasserspiegel immer und immer wieder folgende
Beobachtung machen können. Entlang dem Steg laufen

Geländer, Rundhölzer, je eines rechts und links und eines in der Mitte, um Ankommende und Abreisende zu trennen. Nur diese mittelste Planke wird von Tau oder Reif bedeckt, oder wenn beides sehr stark fallen sollte, wenigstens in ungleich höherem Maße als die beiden parallelen Stangen auf den Seiten. Alle sind aus Fichtenholz, keines ist beschattet oder überdeckt, aber die Mittelplanke hat unter sich den hölzernen Boden des Steges, bis zu dem ihre Stützen reichen, den Seitenplanken bildet nur zur Hälfte Holz, zur anderen das Wasser des Sees die Unterlage, in das auch ihre hölzernen Stützen hineinreichen. Die äußeren Planken bekommen vom See her Wärme, die mittelste nicht, diese allein wird kalt. Und so vorgehend kann man gewiß in vielen Fällen nachweisen, worauf die mitunter so sonderbare örtliche Beschränkung der Oberflächenniederschläge beruht.

Bekannt ist die verderbliche Wirkung der Nachtfröste auf die Vegetation, namentlich im Frühjahr auf Knospen und Blüten; aber auch im Herbst noch kann schwerer Schaden am Wein angerichtet werden. Der „schädliche Reif" entsteht in der oben entwickelten Weise. Er zeigt bekanntlich auch eine bald auf einzelne Lagen beschränkte, bald eine weitere, allgemeine Verbreitung, bald auch befallene und verschonte Stellen dicht beieinander. Klare, kalte Nächte sind für die Nachtfröste die erste Bedingung, und lokale, wie oben auseinandergesetzt, können noch dazu kommen, um das Erfrieren der zarten Pflanzenteile zu begünstigen. Bekanntlich fürchtet man besonders, daß die Sonne auf die erfrorenen Blüten scheint und daß sie so zu rasch auftauen und dabei erfrieren. Die Beobachtung ist richtig, aber die Deutung falsch. Die Erfrierung" von Pflanzenteilen ist, wie Julius v. Sachs nachgewiesen hat, ein Austrocknungsvorgang. Eine Blüte kann, während die Lufttemperatur den Gefrierpunkt noch gar nicht erreicht, durch Ausstrahlung in klarer Frühlingsnacht auf zwei Grad unter Null abgekühlt werden, wobei der Saft in der Pistille erstarrt. Wird jetzt die Pistille am Morgen von Sonnenstrahlen getroffen, so verliert sie Wasser durch Verdunstung, neues kann durch das gefrorene Gewebe nicht nachdringen und so verdorrt sie. Langsames Auftauen hätte sie ertragen, die Pistille hätte nicht mehr Wasser verloren, als durch Auftauen neue Zufuhr von Wasser möglich geworden wäre. Überzieht sich der Himmel gegen Morgen auch nur mit einer leichten Dunsthülle, so kann die ganze Blüte gerettet werden.

So ist auch der Nutzen zu verstehen, den Rauchwolken oder Bedecken blühender Obstbäume mit einem dünnen Schleier schaffen kann. Es handelt sich da oft um Millionen wirklicher, nicht eingebildeter Werte, die in einer Nacht verloren oder erhalten werden können.

Der klare Himmel ist es also, wie wir sahen, was die Ausstrahlung begünstigt, wie andererseits auch bei Tag die Aufnahme der Wärmestrahlen der Sonne. Heiße Tage, kühle Nächte im Sommer, bitterkalte Nächte im Winter, tagsüber in der Sonne manchmal recht behaglich, kurz starke Extreme bewirkt die durchsichtige, klare Luft. Umwölkung bringt im ganzen kühleren Sommer, aber auch zur heißesten Zeit schwüle Nächte. Ganz besonders in Talkesseln gelegene Orte sind dadurch ausgezeichnet. Wo Luftströmungen freien Zutritt haben, bringen sie zur Sommerzeit häufig Erleichterung und Abkühlung der Nacht, besonders wenn sie vom Gebirge oder von Waldgebieten her wehen. Beide können Kühle spenden, denn sie sind schon am Tag nicht so heiß geworden wie das flache, mit Wald nicht bestandene Land. Damit kommen wir von selbst auf die Einwirkung der Sonnenstrahlen, auf die „I n s o l a t i o n“.

Wärme.

Nur Materie kann Wärme leiten, der leere Raum nicht.
Deshalb fließt uns von der Sonne nur durch Strahlung
Wärme zu. Licht- und Wärmestrahlen sind nicht wesentlich verschieden, nur durch ihre Brechbarkeit und in Wellenlänge unterscheiden sie sich; die kurzwelligen violetten
und blauen sind wohl sichtbar, aber kalt, die gelben und die
roten sind sichtbar und warm und dann gibt es noch Strahlen
von noch größerer Wellenlänge, die ultraroten, die warm,
aber nicht sichtbar sind; es sind die „dunklen Wärmestrahlen". Die Wirkung jeder Strahlung, auch der Wärmestrahlung, auf eine Fläche ist außer von der Stärke der
Strahlung auch noch abhängig vom Winkel, unter welchem
die Strahlen die Fläche treffen; am größten ist sie bei senk-
rechtem Einfall, klein bei schiefem, am kleinsten, und zwar
immer gleich Null, wenn die Strahlen die Fläche nur berühren,
gar nicht schneiden. Jedem aus alltäglicher Erfahrung wohl
bekannte Erscheinungen beruhen zum größten Teil darauf. Die
Wirkung der Sonnenstrahlen ist am Morgen und Abend
geringer als am Mittag, im Winter geringer als im Sommer,
weil die Sonne tiefer steht. So wäre es auf dem Erdboden,
auch wenn die Erde keine Atmosphäre hätte. Aufrechte
Gegenstände dagegen, die von der Seite her getroffen werden,
würden sich morgens und abends viel stärker erhitzen als
um Mittag. Obwohl nun die Atmosphäre den Durchgang
der Licht- und Wärmestrahlen merklich verhindert und
abschwächt, kann man doch z. B. an Bretterzäunen, die
gegen Osten und Westen gerichtet sind, sobald die Sonne
nur aus dem untersten Dunstkreis hervorgebrochen ist,

die starke Erwärmung der Holzwand schon mit der Hand fühlen. Die Beobachtung ist am Morgen besser anzustellen als am Abend, wo alles, auch das Brett, schon mehr durchgewärmt ist. Will man mit einem kleinen Brennglas Papier oder Holz anbrennen, so muß der Strahlenkegel die Unterlage möglichst senkrecht treffen. Daß das Anzünden bei Tiefstand der Sonne auch bei wolkenlosem Himmel nicht mehr gelingt, zeigt deutlich die starke Absorption der Wärmestrahlen durch die Luft, denn der Einfallswinkel der Strahlen kann durch passende Haltung der Linse und des Zünders ja zu einem rechten gemacht werden. Daß beleuchtete, z. B. von der Sonne beschienene, Körper überhaupt sichtbar sind, beruht lediglich darauf, daß ein Teil der Lichtstrahlen reflektiert wird und so in unser Auge gelangt. Der absolut leere Raum kann zwar von Lichtstrahlen durchflossen, aber nicht selbst gesehen werden, er ist auch absolut dunkel. Daß der Himmel tatsächlich von uns gesehen wird, beruht nur darauf, daß die Luft nie ganz rein ist und immer eine Spur Staub, wenigstens fein verteiltes Wasser als Tropfen und Eisnadeln enthält.

Je reiner die Luft ist, desto durchsichtiger ist sie, desto mehr von den Strahlen der Sonne und der anderen Weltkörper läßt sie auf den Erdboden und in unser Auge gelangen, aber desto dunkler, desto schwärzer ist die Luft selber. Daß wir im Schatten auch noch etwas sehen, beruht nur auf den Wirkungen von reflektiertem, in der Luft durch unzählig oftmalige Reflexion „diffus zerstreutem" Licht. Vom Mond wissen wir, daß er keine Atmosphäre besitzt, dort gibt es keine Dämmerung, nur grelles Licht und völlig schwarze Schatten da, wohin auch beleuchtete Flächen ihren Reflex nicht mehr hinsenden können, glühend heiße Wände in der Sonne und eiskalte im Dunkeln. Nun ist die Fähigkeit Licht- und Wärmestrahlen aufzunehmen oder zum Teil zu reflektieren abhängig von der Oberflächenbeschaffenheit des bestrahlten Körpers; der eine ist hell und bleibt kühl, weil er mehr, der andere ist dunkel und wird heiß, weil er weniger reflektiert. Schwärzt man die Kugel eines Thermometers, so steigt dieses in der Sonne höher als ein daneben gehaltenes blankes. Je mehr Wärme eine Oberfläche aufnimmt, desto mehr strahlt sie auch aus. Im Schatten sinkt das berußte Thermometer rascher als das blanke, in glänzend geputzten Gefäßen bleiben heiße Flüssigkeiten länger warm und kalte erwärmen sich langsamer als in matten, schlecht geputzten. Sogar ein Überzug mit einem schlechten Wärmeleiter, z. B. Wolle oder Flanell, kann die rasche Erkaltung durch vermehrte Ausstrahlung nicht durch den geringeren Verlust auf dem Wege der Leitung ausgleichen. Es ist z. B. nicht zweckmäßig, eine Kanne mit heißem Kaffee mit einem Tuch zu umkleiden, das Getränke würde rascher erkalten als in einer sehr blank geputzten, frei dastehenden, sofern die Luft und die Kanne nicht bewegt werden. Während nämlich die Strahlung durch Bewegung der umgebenden Luft gar nicht beeinflußt wird, ist dies bei der Leitung im höchsten Grade der Fall. Irgend ein Körper von höherer Temperatur als die umgebende Luft gibt nur an die allernächste, ihn gerade berührende Luftschicht Wärme ab und bringt diese feine Schicht ungefähr auf seine eigene Temperatur; der Wärmeverlust des Körpers ist dabei ein recht kleiner, denn die Wärmekapazität der Luft, d. h. die Menge Wärme, die dazu gehört, um die Gewichtseinheit der Luft um einen Grad zu erwärmen, ist nur eine kleine. Die Luft leitet auch die Wärme in ruhendem Zustande sehr schlecht, es verliert die innerste Schicht von Luft an ihre Nachbarn nur sehr wenig Wärme, sie bleibt fast so warm wie der Körper, durch den sie erwärmt wurde. Der Wärmeverlust gegen einen viel kälteren Körper ist auch viel bedeutender als gegen einen, von nur um wenig geringerer Temperatur. Der warme Körper hat sich also durch Erwärmen der dünnen nächst benachbarten Luftschicht gegen weiteren Wärmeverlust selbst geschützt. Bewegt sich aber die Luft, oder bewegt sich der warme Körper in der Luft, so wird die nächste erwärmte Schicht sofort durch eine andere noch nicht erwärmte ersetzt und diese immer wieder von neuen, und jede entzieht dem Körper so viel Wärme wie die erste: der Körper erkaltet rascher, und zwar durch Leitung. Unter diesen Bedingungen ist der mit einem schlechten Wärmeleiter, z. B. mit Wolle, umkleidete Körper gegen Wärmeverlust besser geschützt als der freie. Auch bei der ruhigsten Luft wechselt diese doch langsam ihren Ort an der Oberfläche des warmen Körpers, indem die nächste erwärmte spezifisch leichter wird und nach oben steigend von unten her durch andere, kältere ersetzt werden muß, nur ist dieser Ersatz ein viel langsamerer als wenn heftiger Luftzug, Wind, den Körper trifft oder stark dagegen geblasen wird. Die Wirkung unserer Kleidung ist hiernach folgendermaßen aufzufassen: Umkleidete Körperteile verlieren durch

Strahlung mehr Wärme als nackte, dagegen weniger durch Leitung. Die in porösen Geweben eingeschlossene Luft kann sich nur sehr langsam bewegen, sie verhindert als schlechter Wärmeleiter den Wärmeverlust von der Haut. Man öffnet die Kleider an Brust und Hals, um sich abzukühlen, um der innersten, dem Körper direkt anliegenden Luftschicht freien Abzug nach oben zu gewähren, man schützt durch dickes Gewebe, durch Leder oder undurchlässige Stoffe bei heftigem Wind sich davor, daß die Luft durch die Poren der Kleider dringt und die vom Leib erwärmte innerste Schicht durch kältere ersetzt. Wo ein starker Luftzug mitspielt, wie beim Automobilfahren oder gar in Flugzeugen, ist auch bei gar nicht so niederen Lufttemperaturen ein Schutz durch Lederkleider dringend geboten. Dann müssen ferner die Stellen sorgfältig geschlossen werden, die sonst auch bei strenger Winterkälte dauernd offen bleiben, wie die Öffnung der Beinkleider oberhalb der Schuhe und der Ärmel an den Handgelenken. Daß die unten weit offenen Röcke der Frauenkleidung ertragen werden, kommt nur davon, daß die Luft darunter in Ruhe bleibt, nach oben ist das Entweichen der Luft, die fast Körperwärme angenommen hat, durch Gürtel oder Taillenband verhindert. Nur muß das Ausgeblasenwerden von der Seite her eben auch durch die Wahl dickerer Stoffe verhütet werden. Bei ruhiger Luft wird auch sehr niedrige Temperatur im Freien lang nicht so unangenehm empfunden wie selbst bei höherer Temperatur ein wehender Wind. Ja es gibt kaum einen Tag im Jahr so heiß, daß man bei schneller Autofahrt den Schutz warmer Kleidung gern entbehren möchte. Zu dem Wärmeverlust durch Strahlung und Leitung kommt beim menschlichen Körper freilich noch der durch V e r d u n s t u n g , der unter gegebenen Bedingungen sogar stärker ausfallen kann als die beiden anderen zusammen.

Jedes Gramm Wasser verbraucht, wenn es gasförmig wird, dabei 540 Kalorien, d. h. soviel Wärmeeinheiten, als 540 g Wasser brauchen, um von 0 Grad auf 1 Grad erwärmt zu werden. Die Oberfläche des menschlichen Körpers ist nur selten ganz trocken, fast stets ist sie mit einer Spur von Flüssigkeit, bei reichlicher Schweißbildung sogar von ganz gewaltigen Mengen überzogen und die Verdunstung des Wassers kühlt die Körperoberfläche bedeutend ab, so daß auch die inneren Teile allmählich ihre Wärme an die erkaltete Oberfläche in vermehrtem Maße abgeben. Der Körper des

Warmblüters, also auch des Menschen, ist mit der Fähigkeit ausgestattet, seine Innentemperatur immer ziemlich auf der gleichen Höhe von ca. 37,5 Grad zu erhalten, ob es nun außen kalt ist oder heiß. Eines der wichtigsten Hilfsmittel dieser „Wärmeregulation" ist die Schweißbildung, wenn die Temperatur der Umgebung eine sehr hohe wird. So können es z. B. Arbeiter an Feueressen noch stundenlang in einer Außentemperatur von über 100 Grad, ja selbst bis zu 130 Grad aushalten, wenn die Luft trocken ist und das vom schwitzenden Körper verdunstende Wasser immer wieder aufzunehmen vermag. Die Erneuerung der Luftschicht an der Körperoberfläche ist da für die Abkühlung von Vorteil, obwohl ja hier immer wieder neue heiße Luftteilchen die Körperoberfläche treffen. Es wird dann die nächste Luftschicht, die sich vom Körper her mit Wasserdampf gesättigt hat, durch neue, trockene ersetzt, die wieder Wasser aufnehmen kann. So erklärt es sich, daß bei großer Hitze jeder Luftzug angenehm empfunden wird, daß wir solchen sogar absichtlich durch Fächeln u. dgl. hervorrufen, daß ruhige heiße Luft viel unangenehmer wirkt und vollends gar, wenn sie schon eine hohe Feuchtigkeit und ein geringes Wärmedefizit hat, so daß dann selbst durch Luftzug keine Erleichterung eintritt, weil die erwünschte Schweißverdunstung ausbleibt. Dann entsteht das Gefühl drückender Schwüle, viel lästiger bekanntlich als trockene Hitze und auch viel gefährlicher durch Stauung der Wärme und Überhitzung des menschlichen Körpers. In diesem wird jederzeit, sogar bei körperlicher Ruhe, Kohle, in ihren chemischen Verbindungen als Fett und Zucker, verbrannt und dadurch beständig Wärme erzeugt, wie durch offenes Feuer, nur viel langsamer. Diese ständige Wärmeerzeugung wird durch Muskelarbeit gesteigert und verhindert von selbst bei schlechtem Wärmeschutz und Winterkälte schließlich den Tod durch Erfrieren, sie führt aber, wenn die Außentemperatur hoch und die Abkühlung durch Wasserverdunstung klein ist, zur Wärmestauung im Innern und so in der Form des Hitzschlags zum Tode. Am schlimmsten ist es natürlich, wenn einerseits der Wärmeverlust herabgesetzt, andererseits die Wärmeerzeugung durch Körperarbeit vermehrt ist. Die in der Mitte einer geschlossenen Kolonne marschierenden Soldaten sind am gefährtesten, denn sie können ihre vermehrte Wärme nicht einmal nach der Seite hin durch Strahlung anbringen, da überall ihre gleich hoch temperierten

Kameraden ihnen ebensoviel Wärme entgegenstrahlen.
Von der Wirkung reflektierter Wärme oder der von hochtemperierter Umgebung ausgehenden dunklen Wärmestrahlung kann man sich oft und leicht überzeugen. Die
Hitze, die im Sommer vom Pflaster und den Häuserreihen
ausgestrahlt wird, kann auch dann noch unerträglich sein,
wenn diese bereits im Schatten liegen und draußen im Freien
schon die erfrischende Abendkühle sich bemerkbar macht.
An Sommerabenden ist es in Straßen, die aus Süd nach
Nord laufen, auf der Westseite kühler, auch wenn die ganze
Straße schon im Schatten liegt. Umgekehrt kann ein
Spaziergang entlang der Südseite von Baulichkeiten, die
von der Sonne beglänzt werden, in scharfer Winterkälte
den Eindruck behaglicher Wärme erwecken. Hier kommt
auch wieder der Einfluß des Einfallswinkels auf die Wirkung
der Insolation in Betracht. Gerade in den besten Weingegenden sind die Berge, auf denen der köstlichste Tropfen
wächst, oft steil wie die Kirchendächer nach Süden geneigt.
Der Boden wird hier an einem Sonnentag glühend heiß,
und wenn in klarer Nacht auch die Luft sich stark abkühlt,
strahlt der Boden die viele Wärme aus, deren der Weinstock
zur Reifung seiner Frucht so dringend bedarf. Die warmen
Nächte sind, wie jeder Winzer weiß, das Notwendigste für
einen guten Herbst, und wenn im Frühjahr und im Herbst
die verderblichen Nachtfröste drohen, so ist es die strahlende
Wärme vom Erdboden aus oft noch, die den Schaden verhütet. Freilich, was dem Weinstock von Nutzen, ist dem
Winzer eine schwere Last bei seiner harten Arbeit auf dem
steilen Weinberge, und jeder Tropfen im Faß ist durch
einen Tropfen sauren Schweißes erkauft. Obstbäume und
Sträucher, die in Italien und Spanien wild wachsen und
Früchte tragen, können bei uns an manchen Orten noch
kultiviert werden, wenn man sie an Spalieren zieht, d. h.
an Wänden, die tagsüber von der Sonne stark erwärmt,
in der Nacht noch langsam ihre Wärme abgeben. So kommen
auch bei uns die Melonen, die Pfirsiche, die Quitten zur
Reife. Begünstigend wirkt auch die Nähe einer großen
Wasserfläche. Wasser hat eine sehr bedeutende Wärmekapazität, von allen Stoffen sogar die größte, d. h. um
1 Gramm von Null auf ein Grad zu erwärmen, dazu gehört
bei Wasser mehr Wärme als bei jedem anderen Stoff. Fester
Erdboden wird am Tag heißer, erkaltet aber am Abend
und in der Nacht auch viel rascher als Wasser. So blühen

und tragen auf den Inseln im Chiemsee die Pfirsiche, die
Quitten und auch die süßen Kastanien im Freien, sie taten
es wenigstens, wie ich weiß, im Jahre 1864. Auf dem
nämlichen Grunde beruht es, daß See- und Küstenklima
überhaupt gleichmäßigeren Temperaturverlauf, mildere
Winter, gemäßigte Sommer, nicht die hohen täglichen und
Jahressprünge zeigt wie das Innere von Kontinenten.

Eine oft absichtlich herbeigeführte und oft wieder
recht unwillkommene und lästige Aufspeicherung der Sonnenstrahlen geschieht bei ihrem Durchgang durch Glas. Glas
läßt die leuchtenden Strahlen von allen Farben leicht durch-
treten, es ist eben durchsichtig, dagegen verwehrt es den
dunklen, ultraroten Wärmestrahlen den Durchtritt fast völlig.
Sie können durch Glasscheiben in die Innenräume nicht
hinein, wohl aber die leuchtenden gelben und roten. Diese
erwärmen alles, was sie treffen; die dunklen Strahlen, die
von den erwärmten Körpern aber jetzt ausgehen, können
rückwärts durch das Glasfenster nicht hinaus. Dieser Teil
bleibt tatsächlich innen und erfährt beständig durch neu
eintretende helle Strahlen eine weitere Steigerung. Davon
macht man Gebrauch bei Anlage von Treib- und Gewächs-
häusern in der Gärtnerei. Jeder hat aber auch schon die
Hitze empfunden, die der Aufenthalt in Veranden, die mit
Glas verschalt sind, oder in Eisenbahnwagen mit geschlossenen Fenstern zur Sommerszeit den Aufenthalt so lästig
macht. Die Wärme, die von außen zugeführt wird, auch
durch das erhitzte Dach und die Wände, speichert sich im
Innern an. Öffnen der Fenster wirkt in zweierlei Weise
erleichternd. Erstens durch Ausstrahlung durch das offene,
nicht mehr durch Glas versperrte Fenster und zweitens, weil
die heiße Innenluft hinaus und dafür kühlere hereinströmen
kann. Die Temperaturdifferenz zwischen einem Glashaus
und dem Freien kann viele Grade betragen.

Ein Teil der Wärme, die uns die Sonnenstrahlen spenden,
gelangt gar nicht bis zur Erdoberfläche, sondern wird von
der Luft absorbiert, deren Temperatur dadurch steigt.
Dieser Teil ist um so größer, je dichter die Luft ist und je
mehr Wasserdampf und Kohlensäure sie enthält. Deswegen
ist die dünnere Luft in größeren Höhen viel kälter als in
der Tiefe, aber aus noch einem weiteren Grunde. Auch der
von der Sonne erwärmte Erdboden gibt einen Teil seiner
Wärme wieder an die Luft darüber ab. Durch Leitung wird
die berührende Schicht erwärmt, steigt in die Höhe, mischt

sich mit den höheren Schichten. Auch durch Strahlung gibt die Erdrinde Wärme gegen den freien Weltraum hin ab, aber nicht die ganze Menge geht dahin verloren, ein Teil davon wird auf diesem Rückwege wieder von der Atmosphäre absorbiert, von den tiefen viel mehr als von den weit entfernten, dünnen Schichten, also ein weiterer Grund, der es erklärt, warum die Luft auf hohen Bergen, bei der Luftschiffahrt in großen Höhen soviel kälter, oft bitterkalt getroffen wird, während unten die Temperatur der Luft sehr hoch sein kann.

Will man die Temperatur der Luft erfahren, so muß das Thermometer vor direkter und indirekter Bestrahlung sowie vor Benetzung durch Niederschläge geschützt sein. Die Messungen müssen im Schatten vorgenommen werden, wobei man sich nicht mit dem Ausschluß direkter Sonnenstrahlen begnügen darf, auch die Strahlung nicht zu weit entfernter Körper, vom Boden, von Wänden usw. muß durch dazwischen gestellte Scheiben aus Metall abgesperrt werden. Metalle lassen keine Spur von strahlender Wärme durch, wie sie ja auch für sichtbare Strahlen, für Licht undurchlässig sind. Darauf beruht ja auch die Verwendung von eisernen Ofenschirmen. Stellt man einen solchen vor den heißen Ofen, so erfährt man schon durch das Gefühl, daß die Wärmestrahlung vom Ofen her sofort aufgehört hat. Freilich, wartet man so lang, bis der Ofenschirm durch diese Strahlung selbst heiß geworden ist, nun dann empfindet man wieder Wärmezufuhr durch Strahlung, aber nicht vom Ofen durch den Schirm hindurch, sondern vom heißen Schirm selbst. Weil also erwärmte Metalle selbst wieder Wärme ausstrahlen, werden die Thermometer, mit denen man die Lufttemperatur bestimmen will, an den meteorologischen Stationen in einem d o p p e l t e n Mantel von Blech aufgehängt, das zudem mit weißer Farbe bestrichen ist, um seine Erwärmung durch Strahlung möglichst gering zu gestalten. Auch vor aufsteigender erwärmter Luft vom Boden her muß das Thermometer bewahrt sein, außerdem aber die Luft stets freien Zutritt haben, damit das Thermometer auch den Schwankungen der Lufttemperatur ordentlich folgen kann. Die Luft hat eine geringe Wärmekapazität und ist ein schlechter Wärmeleiter, es dauert also viel länger in Luft als in Wasser bis das Thermometer sich auf die richtige Zahl einstellt. Die Temperatur von Wasser erfährt man in ein paar Sekunden, wenn man das Thermometer

eintaucht und darin hin- und herbewegt, in der Luft bedarf
es hierzu oft vieler Minuten. Daß eine Messung vollendet
ist, erkennt man daran, daß der Stand, von Minute zu Minute
gemessen, schließlich keinen Unterschied mehr zeigt. Je
mehr die Temperatur des zumessenden Mediums von der
früheren Temperatur des Thermometers abweicht, desto
länger dauert es, bis die Konstanz seines Standes erreicht
wird. Wer also z. B. die Temperatur von sehr heißem Wasser
messen will, braucht länger dazu, bis das Thermometer im
Wasser nicht mehr steigt, als wenn das Wasser nur lauwarm
ist, in beiden Fällen aber viel weniger Zeit, als wenn die
Messungen in Luft vorgenommen werden. Bringt man z. B.
das Thermometer aus einem kühlen Raum in ein geheiztes
Zimmer, oder von diesem im Winter vors Fenster ins Freie,
so kann man beim Ablesen nicht gleich den richtigen Wert
erwarten, sondern muß von Zeit zu Zeit, etwa alle Minuten,
wieder nachsehen, und erst, wenn zwei aufeinander folgende
Ablesungen keinen Unterschied ergeben, den Stand des
Thermometers als den richtigen ansehen. Um fortlaufende
Messungen der Lufttemperatur vorzunehmen, bringt man
deshalb sein Instrument dauernd im Freien an, auf der
Nordseite des Hauses, vor Regen geschützt, nicht zu nahe
am Boden. Die Ablesung kann durchs Fenster geschehen.

Es gibt ein einfaches Mittel, die Lufttemperatur sehr
rasch und recht genau zu messen und noch dazu im vollen
Sonnenlicht. Das geschieht durch das „Schleuderthermo-
meter". Man befestigt sein Thermometer gut an einem
Stück Bindfaden und schleudert es ca. eine halbe Minute
daran rasch im Kreis herum, und liest dann rasch im Schatten
des eigenen Körpers ab. Der Einfluß der Leitung überwiegt
hier den der Strahlung so gewaltig und so viel neue Luftteilchen kommen immer wieder in Berührung mit dem
Instrument und gleichen ihre Temperatur mit diesem aus,
daß das Thermometer im vollen Sonnenschein kaum merklich
in seinem Stand von einem abweicht, das auf das sorgfältigste
vor jeder Bestrahlung geschützt ist. Vorausgesetzt ist dabei,
daß nicht erhitzte oder stark reflektierende sonnenbeschienene
Flächen in der Nähe sind. Man führt deswegen die Messung
über Grasboden und etwa in Manneshöhe aus.

Die Wahl des Thermometers ist nach folgenden Gesichtspunkten zu treffen. Alle Messungen zu wissenschaftlichen
Zwecken, in neuerer Zeit in Deutschland überhaupt alle,
werden mit der hundertteiligen Skala nach Celsius angestellt.

Hat man etwa noch ein altes Instrument, das nach Réaumur geteilt ist, so geschieht die Umrechnung nach Celsius durch Multiplikation des abgelesenen Wertes mit $^5/_4$. Die Skala soll wenigstens von —30 Grad bis +50 Grad reichen, sonst versagt das Instrument gerade in besonders interessanten Fällen großer Kälte oder Hitze. Das Instrument soll nicht zu kurz sein, damit die Grade bequem abgelesen und auch halbe Grade noch leicht abgeschätzt werden können. Der Methode des Abschätzens bedient man sich sehr häufig bei wissenschaftlichen Beobachtungen, wo die Einteilung der Meßinstrumente nicht fein genug für die gewünschte Genauigkeit ist. So kann man z. B. bei recht deutlicher Skala auch wohl Viertel- und Fünftelgrade abschätzen; will man es auf $^1/_{10}$ Grad der Genauigkeit treiben, so muß schon ein Präzisionsinstrument, bei dem jeder Grad in Zehntel geteilt ist, verwendet werden. Jeder aber, der es ehrlich mit seinen Beobachtungen meint, überzeugt sich erst davon, welche Genauigkeit er seinen Meßinstrumenten überhaupt zutrauen darf. Das ist ein Grundsatz, gegen den leider sehr häufig, selbst bei wissenschaftlichen Untersuchungen, gefehlt wird. Es ist natürlich gar keine Schande, nur ein schlechtes Instrument zu besitzen, nur darf man dann nicht andere oder sich selbst mit zu weit gehender Feinheit der Messungen täuschen wollen. Ein gewöhnliches, ungeprüftes Zimmerthermometer kann z. B. recht wohl fast um einen Grad zu hoch oder zu tief zeigen, man muß sich dann dessen bewußt sein, daß die Messung, wie man sagt, nur bis auf einen Grad genau ist oder, wie man schreibt, auf ± 1 Grad genau, oder, wie man sich noch ausdrücken kann: Wahrscheinlicher Fehler = ± 1 Grad. Das ist dann ehrlich, und solche Messungen sind wirklich von Wert, wertlos wären hier Messungen, die noch Zehntelgrade angäben. Jeder Unbefangene, Arglose müßte ohne weiteres denken, ihre Genauigkeit gehe auch bis auf ± 0,1 Grad, während keine Bürgschaft dafür vorliegt, daß nicht das ganze Instrument einen Fehler von 0,5 Grad oder 0,6 Grad hat, wie ich dies auch schon an sog. ,,Normalthermometern'' gefunden habe. Im allgemeinen kann man erwarten, daß die gewöhnlichen Zimmer- und Badethermometer bis auf ± 1 Grad genau gehen, aber mit dem Erwarten und Annehmen ist es nicht getan, es heißt selbst nachsehen, prüfen. Wie die genaue Prüfung der Thermometer zu wissenschaftlichen Zwecken geschieht, kann hier nicht ausgeführt werden. Was wir mit

unseren Thermometern tun können, ist folgendes: Wir
können unser Instrument mit dem Fieberthermometer eines
Arztes vergleichen. Wenn diesem ein amtlicher Prüfungs-
schein beigegeben ist, so kann man die Bestimmung auf
0,1 Grad zuverlässig damit machen, andernfalls ist heutzutage
ein Fehler, größer als $\pm$ 0,2 Grad, äußerst unwahrscheinlich.
Wir gießen warmes und kaltes Wasser unter gutem Umrühren in einem Topf zusammen, bis die Temperatur,
gemessen mit unserem Thermometer, zwischen 37 Grad
und 40 Grad beträgt, und bringen dann das Fieberthermometer rasch ins Wasser dicht neben unser Thermometer,
so daß beide Birnen gleich hoch stehen und vergleichen den
Stand der beiden Instrumente. Der Unterschied wird auf
halbe Grade bestimmt und notiert. Das gibt die Korrektur,
die bei allen unseren späteren Messungen angebracht werden
muß, die sich nicht allzu weit von dem Intervall 37 bis
40 Grad entfernen. Es kommt aber vor, daß der Fehler eines
Thermometers bei verschiedenen Temperaturen recht verschieden groß ist, z. B. weil die Kapillare nicht überall den
gleichen Durchmesser hat. Es ist deshalb recht wünschenswert, das Thermometer wenigstens noch an einem zweiten
Punkte zu prüfen. Das ist dann der Gefrierpunkt des Wassers,
den das Instrument genau mit 0 Grad anzeigen muß. Zu
diesem Zweck füllt man im Winter ein hölzernes Kästchen
mit Schnee, bringt es ins Zimmer und steckt das Thermometer
so hinein, daß die Birne und die Röhre etwa bis zur Marke
Null direkt vom schmelzenden Schnee umgeben und berührt
wird. Auch hier wird eine etwaige Abweichung von 0 Grad
als Fehler notiert. Man tut gut, diese Prüfung, namentlich
wenn man ein feines in Bruchteile von Graden eingeteiltes
Instrument besitzt, in jedem Winter gelegentlich zu wiederholen, denn viele Instrumente zeigen im Verlauf von Jahren
gar nicht unbedeutend höher, weil sich das Glas der Röhre
allmählich zusammenzieht. Nur das Jenenser Normalglas
hält sich unverändert. Thermometer, die daraus verfertigt
sind, tragen auf der Hinterwand der Röhre einen Längs-
streifen von blaßlila Farbe. Auch darauf ist beim Einkauf
zu achten, wenn ein feines Thermometer, namentlich z. B.
ein Fieberthermometer, erworben werden soll. Hat man diese
Vorschriften befolgt, so kann man ruhig seine Messungen
auf $\pm$ 0,5 Grad genau ansehen. Freilich werden solche
Messungen mehr als zufällige und zu beliebig gewählten
Zeiten ausgeführt werden, selten, daß ein Privatmann

täglich regelmäßig zur selben Stunde, etwa morgens und abends, sein Thermometer abliest. Meist geschieht es nur, wenn uns das Gefühl eine besonders hohe oder besonders niedrige Temperatur ankündigt. Es ist ja dann ganz hübsch, erzählen zu können: Nachmittags 2 Uhr im Schatten $32^1/_2$ Grad oder um Mitternacht —15 Grad, das sind aber Beobachtungen, die eben nur für den Augenblick einen Wert haben, später nicht mehr, weil sie nicht mit anderen Werten vergleichbar sind. Höchstens kann man bei ganz bedeutenden Extremen noch nach Jahren sich derselben erinnern, als Kuriosa sind sie gelegentlich interessant. Niemand kann den Gang der Temperatur durch alle Stunden des Tages und der Nacht, kein Privatmann ununterbrochen und regelmäßig auch das ganze Jahr hindurch immer am nämlichen Beobachtungsort verfolgen, und ohne eine solche fortlaufende Beobachtungsreihe ist man nicht einmal sicher, ein Maximum oder Minimum der Temperatur einmal übersehen zu haben, geschweige denn berechtigt, aus seinen Messungen ohne weiteres die Mittelwerte für Tage, Monate, Jahre zu berechnen. An meteorologischen Stationen wird der Stand der Instrumente wenigstens dreimal am Tage abgelesen, aus den gewonnenen Zahlen nach einer bestimmten Formel der Mittelwert für jeden Tag, aus diesen Mittelwerten der für jedes Monat, dann für jedes Jahr berechnet. Die Bestimmung des höchsten und des niedrigsten Standes muß auch hier durch selbstregistrierende Instrumente geschehen, die nur einmal im Tage abgelesen werden. Auch für den Privatmann ist der Besitz eines „Maximum- und Minimumthermometers" doch recht wünschenswert, die Instrumente, von denen das nach Sixt wohl das bequemste ist, waren in der guten Zeit nicht teuer, für einige Mark zu erstehen. Sie sind leicht abzulesen und zu stellen. Sie werden, wie oben beschrieben, im Schatten aufgehängt. Vergleich mit einem bereits geprüften Thermometer ist hier noch dringender geboten und geschieht am besten, indem man daneben ein Thermometer, dessen Fehler man kennt, aufhängt und bei recht verschiedenen Temperaturen vergleicht.

Ein solcher „Thermometrograph" braucht nur einmal des Tags (am Morgen) abgelesen und neu gestellt zu werden. Das arithmetische Mittel aus Maximum und Minimum ergibt überdies bis auf einen Grad genau die Mittel-Temperatur des ganzen Tages, der Fehler überschreitet bei uns nicht 0,4 Grad. Noch besser ist eine einmalige Ablesung der Lufttemperatur und zugleich des Minimums der vergangenen Nacht. Die Summe beider Zahlen halbiert gibt die Mitteltemperatur des Tags.

Das allereinfachste Zimmer- und Badethermometer ist recht wohl brauchbar, um plötzliche Temperatursprünge zu kontrollieren, z. B. die Temperatur unmittelbar vor Ausbruch eines Gewitters und nach Abzug desselben zu vergleichen. Natürlich muß man dabei den gewöhnlichen Gang der Temperatur möglichst in Rechnung ziehen. Am Abend ist die Luft kühler als am Mittag, ob dazwischen ein Gewitter zum Ausbruch kam oder nicht. Vergleichende Messungen am Tag nachher sind nicht zu unterlassen, liegen solche auch vom Tag vorher vor, dann um so besser.

Auch die Temperatur von Gewässern muß im Schatten gemessen werden, und zwar muß auch der Grund des Wassers, über dem gemessen wird, wenn er sichtbar ist, beschattet sein. In rasch fließenden Bächen und Flüssen ist das Wasser immer gut gemischt, in ruhigen Weihern und Seen dagegen kann die Oberfläche viel wärmer sein als die tieferen Teile. Der Unterschied ist oft an sonnigen Tagen so beträchtlich, daß er beim Baden auffällt. Schwimmt man horizontal und stellt dann den Körper senkrecht oder taucht in die Tiefe, so kommt man oft mit so kaltem Wasser in Berührung, daß man ohne nähere Untersuchung an den Zufluß von kalten Quellen denken müßte. Solche kommen nun auch wirklich in der Nähe des Ufers nicht selten als Ursache für die Temperaturdifferenz in Betracht. Letztere ist dann aber fast immer nur im Bereich von einigen Metern bemerkbar; ist sie weiter ausgebreitet und überall konstant, so verdankt sie ihre Entstehung der Schichtung des wärmeren, von der Sonne bestrahlten Wassers über den kühleren und schwereren Teilen. Auf die Verteilung des warmen und kalten Wassers sind übrigens Wind und Wetter von großem Einfluß.

Weht ein paar Tage Westwind, so wird das Wasser am Ostufer eines Sees wärmer als am Westufer, umgekehrt nach Ostwind. Der Wind treibt die Wasserteilchen der Oberfläche vor sich her. Diese Bewegung ist aber keineswegs mit der Wellenbewegung zu verwechseln. Wirft man einen Körper, der zwar schwimmt, dabei aber nicht viel aus dem Wasser herausragt, in die Wellen, so wird er merklich mit den Wellen nach oben und unten bewegt, auf dem Wellenberg auch mit dem Berg vorwärts, im Tal aber ebensoviel rückwärts. Kommt er in die Brandung, da wo die Wellen sich am Ufer überschlagen, so wird er rasch herausgeworfen. Er kommt auch allmählich heran, wenn er, aus dem Wasser ragend, dem Wind eine Fläche bietet. Sonst kann man lange warten, bis eine deutliche Ortsveränderung eintritt. Nach längerer Zeit wird sie aber doch bemerkbar. So verschiebt sich auch bei Wind die oberflächliche warme Wasserschicht in der Richtung des Windes und wird, weil schließlich das Wasser überall gleich hoch stehen muß, da wo sie herkam, durch das kältere Wasser aus der Tiefe ersetzt. Im allgemeinen kühlt der Wind das Wasser durch stärkere Verdunstung ab.

Der Wind.

Die von der Sonne gespendete Wärme ruft in der Atmosphäre Temperaturunterschiede und damit Luftströmungen hervor. Die kältere Luft ist spezifisch schwerer als die warme. Die warme Luft steigt in die Höhe und wird von der Nachbarschaft her durch andere, kühlere ersetzt. So entstehen die Winde. Über die Windrichtung geben bekanntlich die Wetterfahnen Aufschluß. Bei ihrer Errichtung ist selbstverständlich, daß sie nach allen Seiten frei stehen und nach den Himmelsrichtungen genau orientiert sein müssen wie ein Kompaß. Wehende Fahnen sind ein unvollkommener Ersatz, ihr beständiges Flattern erschwert die Beobachtung außerordentlich. Rauchsäulen an Kaminen sind schon besser, weil sie längere Streifen ziehen. Auch bei schwachem Wind kann man ohne Hilfsmittel die Windrichtung leicht annähernd bestimmen, indem man den rings befeuchteten Finger in die Höhe hält. Auf einer Seite spürt man deutlich die Verdunstungskälte: das ist die Seite, die vom Luftzug getroffen wird, von dieser Seite her kommt der Wind.

Zur Messung der Windstärke dienen besondere Instrumente, die A n e m o m e t e r, von denen die Schalenanemometer die genauesten sind. Billiger und bequemer ist die Wild'sche Windstärkentafel, die an der Wetterfahne angebracht werden kann. Die meisten sind wohl auf die grobe Schätzung der Windstärke angewiesen. Rauchsäulen, die in ruhiger Luft gerade aufsteigen, weichen im Wind

von der Senkrechten um so mehr ab, je stärker der Wind ist,
schließlich werden sie in horizontaler Richtung fortgeblasen
und ihre Geschwindigkeit, die gleich der des Windes ist,
läßt sich gelegentlich unter Zuhilfenahme der Sekundenuhr
annähernd bestimmen. Je lauter und je rascher Fahnen
flattern, desto stärker ist der Wind, in der Ruhe herab-
hängende Fahnen wehen im Wind aus, die aus Fahnentuch
leichter als die aus anderen Stoffen, sie nähern sich der
Horizontalen und bei stärkerem Wind schlagen sie sogar
gelegentlich nach oben um. Der allerstärkste konstant
wehende Wind würde sie genau in die Horizontale stellen;
wechselt er aber erheblich in seiner Stärke, so kann die
Fahne unten einen solchen Ruck erhalten, daß sie die Horizontale nach oben durch ihre Trägheit beträchtlich überschreitet und hat der Wind gleich wieder etwas nachgelassen,
so stellt sich die Fahne für einen Augenblick sogar nach oben.
Fahnen, die sich oben verwickelt haben, hängen blieben,
wie man es oft nach einer Sturmnacht zu sehen bekommt,
sind nicht nur ein Zeichen, daß der Wind heftig,
sondern daß er auch in seiner Stärke wechselnd, daß er
b ö i g war.
　　Auch das Ohr gibt Aufschluß darüber, ob der Wind
mehr oder weniger heftig weht. Das Heulen des Sturmes
kennt jeder. Bewegt sich Luft gegen scharfe Kanten,
dünne Stäbe, durch enge Öffnungen, so erzeugt sie einen
Schall. Das Spielen von Blasinstrumenten beruht darauf.
Diese verstärken aus dem Gewirr von Schwingungen nur
solche von bestimmter Wellenlänge je nach ihrer eigenen
Länge wie bei den Orgelpfeifen und geben so einen Ton
von ganz bestimmter Höhe, der bei starkem Anblasen nur
lauter wird, aber seine Höhe beibehält. Und wird etwa eine
gespannte Saite oder eine Metallzunge durch den Wind
zum Schwingen gebracht, wie bei den „Aeolsharfen“, so
entsteht auch immer ein Ton von der Höhe, wie sie durch
Gewicht und Spannung des schwingenden Körpers, der
Saite, der Zunge bedingt ist, nur mehr oder weniger laut.
Ganz im Gegensatz dazu verhalten sich die eigentlichen
„S c h w i r r t ö n e“, die an Kanten, Stäben usw., ohne
Resonator einer selbständigen Schwingung nicht fähig, durch
bewegte Luft entstehen. Sie ändern ihre Tonhöhe mit
steigender Luftgeschwindigkeit, je größer diese, desto höher
der Ton. Und ebenso: je rascher wir z. B. einen Hieb mit
einer Gerte oder einer Klinge durch die Luft führen, einen

desto höheren Ton hören wir. Auch von der Schärfe der Kante ist der Schwirrton abhängig. Wo aber immer an der gleichen Stelle ein Schwirrton erzeugt wird — und das trifft doch bei den Naturbeobachtungen an der nämlichen Stelle zu — da zeigt das Höherwerden eine Zunahme, das Tieferwerden eine Abnahme der Windgeschwindigkeit an. Im Wald rauscht der Wind tiefer, an Schornsteinen, Dachfenstern, Fensterspalten singt er höher, an allen derartigen Orten kann er seine Höhe ändern und erzeugt so das Heulen, wobei natürlich die hohen Töne zugleich auch die stärkeren zu sein pflegen. Bei uns kommen die heulenden Stürme häufiger aus Westen, weil Westwinde von größerer Geschwindigkeit meist ungleichmäßig, böig, hingegen blasen auch starke Ostwinde oft mit recht gleichmäßiger Geschwindigkeit. Namentlich interessant ist in dieser Hinsicht das Losbrechen eines Gewittersturmes. Oft wird die ganz ruhige, regungslose Luft plötzlich durch einen Windstoß in Bewegung gesetzt, der in Sekunden oder weniger ein lautes Sausen mit rasch zunehmender Höhe ertönen läßt. Es sind nicht die angenehmsten Herren, die sich so anmelden.

Das musikalische Intervall beim Sausen und Heulen des Windes beträgt während einer einzigen Böe leicht bis zu $1^1/_2$ Oktaven. Das Sausen der Kamine, das man in der Wohnung wahrnimmt, ist wohl bald lauter, bald leiser, ändert seine Höhe aber nicht, wenn diese durch die Ausmessungen des Kamins, durch die Länge der Luftsäule von oben bis zur Feuerstelle bestimmt wird. In diesem Fall ist der ganze Kamin nichts anderes als eine, freilich sehr unvollkommene, Orgelpfeife, die oben an der Öffnung des Kamins vom Wind angeblasen wird.

Für die Wirkung des Windes ist es natürlich gleichgültig, ob er sich mit einer gewissen Geschwindigkeit gegen einen ruhenden Körper oder der Körper sich in ruhender Luft mit der gleichen Geschwindigkeit bewegt. Auch bei Windstille empfinden wir auf galoppierendem Pferd, im rasch fahrenden Wagen, gar im Auto oder aus dem Fenster eines Eisenbahnzuges schauend einen lebhaften Luftzug und spüren sogar deutlich den Druck, den wir auch im Sturmwind merken. Bewegen wir uns und bewegt sich zugleich die Luft, so setzt sich die Wirkung aus beiden Geschwindigkeiten zusammen, sie ist gleich der Summe, wenn wir gegen den Wind, gleich der Differenz, wenn wir uns mit dem Wind bewegen.

Aus dem Kamin eines Bahnzugs oder eines Dampfschiffes steigt der Rauch gerade in die Höhe. Bei Windstille läßt ihn das Fahrzeug hinter sich und er bildet so einen langen Streifen, der hinterher zieht. Geht Wind, so wird je nach seiner Richtung der Rauch nach der Seite abweichen. Bleibt er aber immer senkrecht über dem Kamin stehen, so weht der Wind genau vom Rücken des Fahrzeugs her und mit der nämlichen Geschwindigkeit, mit der sich das Fahrzeug selbst bewegt. Der Wind mag übrigens so stark oder so schwach sein wie er will, in einem solchen Fall ist es für das Fahrzeug windstill. Wer damit fährt, verspürt keinen Luftzug, die Fahnen des Schiffes hängen schlaff herab. Bei Gegenwind addiert sich zur Windgeschwindigkeit die der Fahrt, beim Wind vom Rücken her wird ein Wind von der Geschwindigkeit, die der Differenz der beiden entspricht, verspürt, er kommt aus der Richtung der größeren Geschwindigkeit. Bei seitlichem Wind ergibt sich Richtung und Stärke nach dem Gesetz des Parallelogramms der Kräfte. An einem solchen einfachen Beispiel ergibt sich mit Leichtigkeit der so sehr wichtige Begriff der „r e l a t i v e n   G e s c h w i n d i g k e i t ".

Ein Ton erscheint uns um so höher, je mehr Schallschwingungen in der Sekunde unser Ohr treffen. Nähern wir uns einem tönenden Körper, einer Pfeife, Glocke, oder nähert sich der tönende Körper uns, so treffen von den Schallwellen, die er erzeugt, in der Sekunde mehr auf unser Ohr, als wenn wir und er still stehen; der Ton muß höher werden. Umgekehrt erhält unser Ohr in der Sekunde weniger Schallwellen und der Ton wird — für uns — tiefer, wenn sich während des Tönens unser Abstand vergrößert.

Das merkt man z. B. sehr schön, wenn man im Eisenbahnzug rasch an einem Läutwerk vorbeifährt. Während man sich ihm nähert, ist der Ton deutlich höher, als wenn man daran vorbei ist und sich von ihm entfernt. Ein besonders schönes Beispiel habe ich jahrelang oft genug beobachten können. An meiner Wohnung führt die Eisenbahn vorbei, und da eine Haltestelle in der Nähe ist, pflegen die Züge hier regelmäßig ihr Signal mit der Dampfpfeife zu geben. In einer Entfernung von ein paar hundert Metern steht am Bahndamm ein Haus, an dessen Wand ein Echo entsteht, das ich auch hören kann. Noch nachdem der Pfiff der Lokomotive vorbei ist, höre ich sein Echo von dem Hause her. Kommt der Zug von dem Hause hergefahren, so ist das Echo tiefer, fährt er gegen das Haus zu, so ist es höher als der Pfiff. Diesem Doppler'schen Prinzip sind wir bei den Doppelsternen schon begegnet.

Es ist üblich, die Stärke des Windes nach Graden zu messen und man hat verschiedene Bezeichnungen dafür gewählt. Am verbreitetsten ist die Beaufortsche Skala, nach der 12 Windstärken unterschieden werden. Sie ist eigentlich nur brauchbar in der Ebene, speziell auf dem Meer, die Einteilung ist auch lediglich den Bedürfnissen und Erfahrungen des Seemanns angepaßt, für unsere Zwecke weniger geeignet.

Folgende Landskala ist aus Mohr, „Grundzüge der Meteorologie", entlehnt. Die erste Kolonne enthält die Bezeichnung der Windstärken, die zweite die Geschwindigkeit der Luftbewegung in Metern pro Sekunde, die dritte den Winddruck in Kilogramm auf ein Quadratmeter Fläche, die vierte die dabei in der Natur zu beobachtenden Wirkungen des Windes.

Landskala für Windstärke.

	Wind-stärke	Wind-Ge-schwindigkeit	Winddruck	Wirkungen des Windes
o	Stille	o bis 0,5	o bis 0,15	Der Rauch steigt gerade oder fast gerade empor.
1.	Schwach	0,5 bis 4	0,15 bis 1,87	Für das Gefühl bemerkbar, bewegt einen Wimpel.
2.	Mäßig	4 bis 7	1,87 bis 5,96	Streckt einen Wimpel, bewegt die Blätter der Bäume.
3.	Frisch	7 bis 11	5,96 bis 15,27	Bewegt die Zweige der Bäume.
4	Stark	11 bis 17	15,27 bis 34,35	Bewegt große Zweige und schwächere Stämme.
5.	Sturm	17 bis 28	34,35 bis 95,4	Die ganzen Bäume werden bewegt.
6.	Orkan	über 28	über 95,4	Zerstörende Wirkungen.

Nach dem, was ich gesehen und mit einem Schalenanemometer gemessen habe, sind hier die Geschwindigkeiten in Metern in jeder Rubrik entschieden zu hoch; ein Wind von 10 Meter Geschwindigkeit bewegt schon lang stärkere Stämme.

Die zerstörenden Wirkungen der Stürme sind ja bekannt genug, sie sind darauf zurückzuführen, daß bewegte Luft auf jeden festen Gegenstand, auf den sie trifft, einen Druck ausübt. Der Druck auf je einen Quadratmeter Fläche ist gleich dem Gewicht eines Kubikmeters Luft (1,293 kg) mal dem Quadrat der Geschwindigkeit. Ein Wind von vier Meter Geschwindigkeit übt also eine 16 mal größeren Druck auf die gleiche Fläche aus als einer von einem Meter Geschwindigkeit. Von Einfluß ist freilich auch noch die Form der Fläche, auf die der Wind trifft, von gewölbten, keilförmigen gleitet er ab, in hohlen Schalen „fängt er sich" und drückt stärker auf diese. Spezifisch leichtere Luft (erwärmte) drückt bei gleicher Geschwindigkeit weniger als spezifisch schwerere (kältere). Hieraus folgt, daß auf den Gipfeln hoher Berge, wo die Luft dünn ist, erst stärkere Winde den gleichen Druck ausüben als schwächere in den Tälern, und wenn trotzdem die Wirkung des Windes dort so oft eine zerstörende ist, so kommt dies daher, daß eben in der Höhe häufiger Winde von sehr bedeutender Geschwindigkeit auftreten.

Der Winddruck macht sich bemerkbar durch Beugen von Zweigen, Bäumen, Stangen, deren elastische Kraft hierbei überwunden wird, durch Fortwehen von Gegenständen. Daß leichte Dinge, Papier, Stroh, Hüte davonfliegen, ist ja eine sehr gewöhnliche Erscheinung. Der Wind muß schon eine ziemliche Stärke haben, um diese Gegenstände auch noch in große Höhe zu reißen. Beim Staub gehört nicht viel dazu. Feiner Kalkstaub, wie er bei trockenem Wetter die Straßen deckt, pflegt schon bei mäßigem Wind wolkenartig in die Höhe zu steigen, marschierende Heereskörper verraten sich von weitem schon durch die Staubsäule, die ihren Zug begleitet; sie ist in ihrer Mächtigkeit abhängig von der Menge des aufgewirbelten Staubes, ist er einmal in der Luft, so genügt schon ein leichter Luftzug, ja selbst das Aufsteigen der von der Sonne erwärmten Luft, ihn in große Höhe zu bringen. Ein Kavallerie-Regiment im Trab liefert eine Staubsäule wie eine Infanterie-Division im Schritt, und was die rasenden Automobile auf staubiger Landstraße in dieser Hinsicht fertig bringen, ist ja männiglich bekannt. Deutliche Beispiele dafür, wie die Staubbildung von der Geschwindigkeit dessen abhängt, was sich auf der

Straße bewegt, den Straßenbau durch Reiben und Stampfen beschädigt und den so gebildeten Staub in Bewegung setzt, so daß er dann vom Wind ergriffen und weiter fortgeführt werden kann. Ganz starke Winde räumen aber mit der staubigen Luft schon sehr bald wieder auf. Beim herannahenden Gewittersturm sieht man mitunter schon auf fernen Landstraßen Staubwolken daherkommen, die ersten Stöße wirbeln dann auch beim Beobachter den Staub auf, so sehr, daß er, um Augen und Nase zu schützen, sich umdreht. Aber oft schon nach einigen Sekunden ist alles vorüber, die Luft rein, die Straßen sauber gefegt, auch wenn noch kein Regen fiel. Die Staubplage ist am lästigsten, wenn bei trockenem Wetter nur leiser Wind weht, zudem öfter ganz aussetzend, so daß der kaum aufgewirbelte Staub sich wieder zu Boden setzt, um auf den nächsten Windstoß zu warten.

Auch am eigenen Körper kann man sehr wohl den Druck des Windes spüren, heftige Stöße bringen den Körper ins Schwanken oder werfen ihn selbst um. Auch in unseren Gegenden kommt das vor, und es braucht dazu keines eigentlichen Wirbelwindes, von dem später noch die Rede sein soll. Ich selbst habe schon gesehen, wie Arbeiter auf dem Heimwege auf freiem Feld einfach in den Schnee umgeblasen wurden. Häufiger geschieht dies noch in Städten, wo der Wind in engen Gassen, an Ecken leicht eine besonders große Geschwindigkeit annehmen kann. Gibt es ja doch in jeder Stadt Ecken und Plätze, an denen auch beim stillsten Wetter Zugluft, bei Wind furchtbarer Sturm herrscht. In der Regel handelt es sich um Ecken, an denen Gassen auf freie Plätze münden. Wird der breite Querschnitt einer sich bewegenden Luftsäule gezwungen, einen engeren Querschnitt anzunehmen, so ist in letzterem natürlich die Geschwindigkeit eine größere, sie ist sechsmal so groß, wenn der Querschnitt sechsmal kleiner geworden ist.

Da der Winddruck mit dem Quadrat der Geschwindigkeit wächst, so ist der Einfluß des Luftwiderstandes, namentlich auf Fahrzeuge, die sich mit bedeutender Geschwindigkeit bewegen, groß. Eisenbahnzüge, die längere Strecken gegen den Wind fahren, erleiden regelmäßig beträchtliche Verspätungen dadurch. Man pflegt, um den Luftwiderstand möglichst klein und unschädlich zu machen, bekanntlich die Stirnseite an Lokomotiven und von Automobilen kegelförmig zu gestalten. Auch ein Fußgänger ermüdet früher, wenn er lang gegen starken Wind angekämpft hat. Er findet sich auch in der Atmung behindert, der „Wind steckt ihn". Um die Luft bei der Ausatmung aus der Lunge durch Nase oder Mund herauszutreiben, damit er wieder neue einatmen kann, muß er der Luft an der Öffnung von Nase oder Mund eine Geschwindigkeit verleihen, welche die des Gegenwindes übertrifft. Es ist vielleicht nicht uninteressant, daß ein erwachsener Mann bei äußerster, kurzdauernder Anstrengung die Luft mit einer Geschwindigkeit von 100 Metern in der Sekunde heraustreiben kann, während die Luftgeschwindigkeit bei den ärgsten Stürmen in unseren Gegenden 50—55 Meter wohl nie übersteigt. Aber durch den Gegenwind wird nicht nur die Ausatmung erschwert. Im Gegenteil fühlt man sich bei starkem entgegenblasendem Wind bekanntlich auch oder vornehmlich bei der E i n - atmung beengt. Das hat aber einen anderen Grund, in den Eigenschaften und Einrichtungen des menschlichen Körpers und ist nicht einfach mechanische Folge wie die Behinderung der A u s atmung. Wenn Luft mit großer Gewalt in die Luftwege eindringt, so wird dadurch ganz ohne unser Zutun, „reflektorisch", eine starke Ausatmung ausgelöst. Das setzt sich der Einatmung entgegen, unterbricht sie und erzeugt so das Gefühl des „Steckens". Auf jeden Fall kann man schon durch heftigen Gegenwind gezwungen sein, zeitweilig stehen zu bleiben, das Gesicht vom Wind abzukehren, um so zu Atem zu kommen, dann weht der Wind nicht in die Nase hinein, sondern von der Nase weg. Die Geschwindigkeit, mit der die Atmungsluft herausgetrieben wird, hängt von der Kraft der Muskeln des Rumpfes ab, Schwächeren benimmt der Wind leichter den Atem als Kräftigen. Der oben erwähnte Schneesturm, der die Reihe von erwachsenen Männern umgeworfen hat, hat auch mir den Atem genommen und damals diente ich als Einjähriger mit der Waffe.

Ganz starke Winde führen nicht nur leichtere Gegenstände mit sich fort, sondern alles, was nicht niet- und nagelfest ist, Dachziegel, ganze Dächer müssen mit; Schornsteine, Mauern fallen ein, Äste, Stämme werden gebrochen, Bäume entwurzelt.

Wir haben schon bemerkt, daß Temperaturunterschiede die letzte Ursache von Luftströmen abgeben, nicht gleichmäßig hohe oder niedere Temperaturen. In der heißen Zone gibt es weite Bezirke völliger Windstille (die Kalmen), und

an anderen Orten sind Stürme von der allergrößten Heftigkeit nicht ungewöhnlich. Diese Orkane treten gemeiniglich
als W i r b e l s t ü r m e (Tornados, Zyklone) auf, von deren
entsetzlichen, verheerenden Wirkungen leider so oft die
Tagesblätter zu berichten wissen. Aber auch bei uns kommen
Wirbelstürme gelegentlich vor, die wenigstens einen
schwachen Begriff von jenen fürchterlichen Naturereignissen
geben können. Oft legen solche Wirbelstürme lange Wege
zurück, überall Zerstörung und Verwüstung verbreitend,
dabei fast immer der Breite nach sehr wenig ausgedehnt,
ziehen sie eigentlich einen schmalen Streif ihrer Tätigkeit
durchs Land, durch Wälder oft hindurch, beiderseits so
scharf abgegrenzt, wie eine Straße ziehend, auf der alles
gebrochen oder entwurzelt durcheinander liegt, während an
den Grenzen kaum Zweige verletzt wurden, sind solche
Katastrophen auch an ihren Folgen leicht kenntlich, für
den, der nicht Augenzeuge war und erst später den ver-
wüsteten Ort betritt. Die bedeutende Längenausdehnung
bei geringer in der Breite ist gewöhnlich bezeichnend gegenüber einem W i n d b r u c h , dem einzelne Bäume oder
einige Reihen zum Opfer gefallen sind. Nicht immer liegen
die gefallenen Bäume annähernd parallel wie beim Wind-
bruch, oft kreuz und quer durcheinander, weil eben die
Windsbraut in kreisförmiger Bewegung den Wald durchrast,
während das Zentrum des Wirbels ziemlich in gerader Linie
seinen Weg zurücklegt. Die Drehbewegung kann man auch
an den Verletzungen der Bäume selbst erkennen. Ein Teil
ist wohl entwurzelt, ein Teil geknickt, manche aber deutlich
abgedreht, in ein- bis zweifacher Manneshöhe meistens.
Der Wind hat die Äste der Krone gepackt und an diesen
eben so heftig und stark horizontal herumgedreht, an
einem so großen Hebelarm, daß die Holzfasern, die im
dünnen Stamm nur an einem viel kleineren Hebelarm
angreifen, trotz ihrer Stärke nicht länger Widerstand leisten
konnten.

Solche Wirbelstürme bilden sich bei uns oft unter gleichzeitigen elektrischen Entladungen, sind also Teilerschei-
nungen eines Gewittersturmes. In harmloserer Weise aber,
in kleinem Maßstabe, kann man häufiger Luftwirbel beobachten, die gerade an schönen Sommertagen, bei ruhigem Wetter
gelegentlich auftreten. Solche Wirbel reißen leichte Gegenstände, Hüte, hoch in die Luft, man sieht die kreisförmige
Bewegung des Staubs, der Blätter deutlich. W i n d h o s e n

hat man diese harmlosen Wirbel genannt. Ich habe aber
schon erlebt, wie ein solcher Wirbel, nur ein paar Meter im
Durchmesser, einen kleinen Strauch einfach aus dem Boden
gerissen und in die Luft geführt hat. Allen diesen Wirbel-
bewegungen kommt eine saugende Wirkung auf die benachbarten Teile zu. Die Luftteilchen befinden sich in einer
sehr schnellen kreisförmigen Bewegung und sind durch die
Zentrifugalkraft gezwungen, sich immer weiter vom Mittelpunkt des Kreises nach außen zu begeben. Dies geschieht
in allen Schichten des Wirbels von oben bis unten, in der
Achse des Wirbels entsteht also ein luftverdünnter Raum
und die benachbarten Luftteile stürzen in diesen mit großer
Geschwindigkeit hinein, alles was sie nur können mit sich
reißend. Die Luftverdünnung in einem großen Wirbel macht
sich auch im raschen und starken Fallen des Barometers
bemerkbar, was zu den wichtigsten und konstantesten
Vorboten der Wirbelstürme überhaupt gehört. Am schönsten
und interessantesten wird das Schauspiel, wenn ein Wirbel
sich über einer Wasserfläche bildet oder eine Windhose
auf ihrem Weg über eine solche hinzieht, sie wird dann
zur W a s s e r h o s e. Auf dem Wasser bilden sie sich
nur bei bewölktem Himmel, eine einzige Wolke kann
aber zu ihrer Bildung hinreichen. Die Wasserhose sieht
aus wie ein grauer Schlauch, der sich von der Wolke
bis auf die Wasserfläche herabsenkt. Die Mitte ist
heller als die Ränder des Schlauchs, die Säule ist also
anscheinend hohl. Meist ist die Wasserhose etwas gekrümmt, was mit der Fortbewegung der Wolke zusammenhängt, die sich schneller bewegt als der Fuß der Wasserhose auf dem Wasser; doch bleibt auch dieser nicht stehen,
sondern ändert mit geringerer oder größerer Geschwindigkeit seinen Platz. Bei entfernten Windhosen kann man
diese Fortbewegung des ganzen Gebildes deutlich beobachten.
Einmal habe ich das Glück gehabt, in meiner unmittelbaren
Nähe, kaum 10 oder 20 Meter von mir entfernt, auf der
Fläche des Starnberger Sees vier oder fünf Wasserhosen
nacheinander sich bilden und abziehen zu sehen. Das Wasser
kräuselte sich, fing zu hüpfen an, stieg empor, wahrscheinlich
bis zur Wolke, was ich nicht sehen konnte, und alle vier
zogen nacheinander in der nämlichen Richtung ab. Der
Durchmesser jeder Wasserhose mochte etwa 2—3 Meter
betragen. Aus der Ferne habe ich mehrmals fertige Wasserhosen beobachtet und auch solche in ihrer Bildung. Diese

sah ich von der Wolke ausgehend, der Schlauch senkte sich nieder bis zum See. Eine deutliche Trichterbildung, wie sie gewöhnlich in den Lehrbüchern abgebildet wird, habe ich meistens vermißt. Eine Wasserhose war stattlich, breit, wohl 20 Meter. Man konnte dies an dem nahe vorbeifahrenden Dampfschiff ungefähr abschätzen. In der Heimat der mächtigen Zyklone richten Wasserhosen bekanntlich nicht selten durch ungeheuere Überschwemmungen großen Schaden, auch an Menschenleben, an.

Gewässer.

Hiermit kommen wir von selbst wieder zu Beobachtungen an Gewässern. Wie der Wasserspiegel in seiner Höhe schwanken kann und wie man die Schwankungen am Pegel mißt, haben wir schon besprochen. Die Geschwindigkeit der Strömung in Bächen und Flüssen läßt sich ohne besondere Instrumente nur annähernd bestimmen an treibenden Gegenständen, die nahe am Ufer, z. B. an zwei Beobachtern vorbeikommen, deren Entfernung voneinander ausgemessen wurde. Für weiter vom Ufer entfernte Gegenstände würde diese Methode aber sehr ungenau, und die Geschwindigkeit in der Mitte eines Stroms übertrifft die an den Ufern immer um ein Bedeutendes. Ja man hat sogar nicht selten Gelegenheit, gerade bei schnell fließenden Wasserläufen am Ufer, in Buchten eine rückläufige Bewegung wahrzunehmen. Ein hineingeworfenes Holz bewegt sich dem Ufer entlang nur langsam stromabwärts, bleibt oft hängen, und wenn es in einen „Wirbel" oder Strudel gerät, so schwimmt es stromaufwärts, kommt vielleicht von neuem in den Strudel und lang nicht vom Fleck, bis es zufällig oder durch unser Zutun der Strömung in der Mitte überantwortet und von dieser dann mit ganz überraschender Schnelligkeit fortgerissen wird. Es sind immer Hindernisse, die der Strom findet, wenn er Wirbel bildet. Diese Hindernisse brauchen aber gar nicht sichtbar zu sein und nicht aus dem Wasser hervorzuragen, auch überflutete Ungleichheiten des Bodens, Steine, Riffe oder was sonst hier eine kleine Untiefe hervorruft, wird durch die Wirbelbildung angezeigt. Deswegen bleiben auch derartige Wirbel immer an Ort und Stelle, während das Wasser daneben doch unaufhörlich vorbeifließt und sich von oben erneut. Wo ein Wasserlauf an einer Stelle breiter oder schmäler, tiefer oder seichter wird, allgemein wo sich der Querschnitt des Laufs verkleinert oder vergrößert, ist bei genügender Schnelligkeit der Strömung die Gelegenheit zur Wirbelbildung gegeben und um so leichter entstehen sie, je rascher und plötzlicher die Änderung des Querschnitts sich vollzieht. Schießt das Wasser zwischen zwei Dämmen eingeengt, z. B. an Wehren, Schleusen sehr rasch dahin, so erleidet es an den Wänden immer gegenüber der Mitte durch Reibung eine derartige Verzögerung, daß allemal Wirbelbildung eintritt. Sie erfolgt dann auf beiden Seiten ganz gleichmäßig, beobachtet man den Vorgang aber genau, so kann man bald bemerken, daß sich die Wirbel vom Rand her abwechselnd ablösen, nie auf den beiden Seiten zugleich, immer einer rechts, dann einer links usf. Die Wirbelbewegung erfolgt auf den beiden Seiten im entgegengesetzten Sinne, wenn rechts im Sinne der Uhr, dann links gegen die Uhr, denn stets eilen die der Mitte der Strömung zugekehrten Teilchen denen voraus, die dem Rande näher stehen und die mittleren drehen sich dann im Bogen gegen den Rand zu, gehen an diesem rückwärts, hinten wieder gegen die Mitte und bilden so ihre Kreise.

Die Wirbelbildung verlangsamt allgemein die Fortbewegung des Wassers. Daher kommt es, daß Schiffe, die zu groß sind, um von der Wirbelbildung beeinflußt zu werden, sogar rascher zu Tal fahren als das Wasser fließt. Darin liegt nur ein scheinbarer Widerspruch. Es ist nicht das Wasser, was das Schiff nach abwärts treibt, sondern das Wasser und auf ihm das Schiff fallen beide die schiefe Ebene hinunter, die der Flußlauf bildet. Die diesem Fall entsprechende Geschwindigkeit erreicht das Schiff viel vollkommener als das durch Wirbel verzögerte Wasser. Nur zum Teil wird das schnellere Schiff durch die Reibung im langsamen Wasser aufgehalten, im ganzen ist es im Vorteil. Dies gilt nicht für kleinere im Wasser schwimmende Gegenstände, diese machen in der Tat recht genau die Bewegung der berührenden Wasserteilchen nach Richtung und Schnelligkeit mit. Es gilt auch nicht für Gegenstände, die plötzlich der Strömung überantwortet werden, für hineingeworfene Hölzer, für Schiffe, die vom Strand aus ins reißende Wasser geraten. Zuerst fallen sie nicht, sondern werden von der fallenden Wassermenge mit fortgenommen.

Für jeden Wasserlauf besteht, solange er konstant fließt, nicht steigt, noch fällt, natürlich das Gesetz, daß durch jeden Querschnitt, gleichviel wo er liegt, in der Zeiteinheit stets die gleiche Wassermenge durchfließt. Dasselbe gilt auch für strömende Flüssigkeiten in Röhren. Wäre es an einer Stelle nicht so, so würde entweder oberhalb das Wasser sich anstauen und beständig steigen, an einer anderen Stelle dafür beständig fallen und das Bett leer laufen. So ist also an der Stelle, wo das Bett eng und seicht ist, der Lauf des Wassers um soviel schneller als an weiten und tiefen Stellen.

Die Sonnenwärme hat, in mechanische Arbeit umgewandelt, das Wasser vom Erdboden gasförmig in die Höhe gehoben, dort, aus den Wolken, fällt es herab, speist Bäche und Flüsse und findet sich schließlich wieder in den großen Becken der Seen und der Meere. „Zum Himmel steigt es, vom Himmel kommt es, ewig wechselnd." Eben dieselbe Arbeit, die die Sonnenwärme dadurch leistet, daß die Anziehung der Erde überwunden wurde, kann vom fallenden Wasser, wenn es von der Erde angezogen wird, wieder herunterfällt, auch wieder geleistet werden. Von der Arbeit, die fallende Regentropfen wirklich leisten, können wir uns nicht, wohl aber leicht von der durch fließende Bäche und Ströme geleisteten überzeugen. Die Arbeit ist gleich dem Produkt der Wassermasse mal der Fallhöhe. Ein kleiner Wasserlauf mit starkem Gefälle kann dieselbe Arbeit leisten wie ein breiter Strom, dessen Wasser sich kaum merklich bewegt. Die Arbeit, die ein Kubikmeter Wasser leistet, wenn er im Giesbach 50 Meter tief fällt, ist die gleiche, die ein Kubikmeter Wasser im Strom verrichten kann, wenn seine Oberfläche 100 Kilometer weiter fließt an eine Stelle, wo seine Oberfläche 50 Meter tiefer liegt. Der Strom führt dabei vielleicht in der Sekunde 20mal soviel Kubikmeter als der Bach, er kann also 20mal soviel Arbeit leisten auf 50 Meter Fallhöhe als dieser, aber beim Bache kann das Gefälle, weil auf kleinerem Raume liegend, leicht mechanisch ausgenützt werden, beim Strom nicht. Unter einem Mühlrad, durch eine Turbine kann das Wasser gut um $1/_2$ oder 1 Meter hoch fallen, im Strom wäre der nämliche Höhenunterschied vielleicht erst hunderte von Metern weiter abwärts gegeben.

Keine Turbine kann man lang genug, kein Mühlrad groß genug machen, um diese Gefälle ohne weiteres mechanisch auszunützen. Diese Abschweifung in das Gebiet der Mechanik schien geboten, nicht weil die Ausnützung der Wasserkräfte ja gegenwärtig auf der Tagesordnung steht und das allgemeine Interesse mit Recht in Anspruch nimmt, sondern weil selbst mit diesen dürftigen Vorkenntnissen die Beobachtung bewegten Wassers überhaupt von ganz anderen Gesichtspunkten aus angestellt und beurteilt werden kann.

Arbeit leistet fließendes Wasser ganz ohne Zutun der Menschen beständig. Es überwindet die Reibung an Grund und Ufern, verliert dabei an Geschwindigkeit, reißt vom festen Land Teile ab unter Überwindung des Zusammenhangs dieser Teile, es übermittelt den losgerissenen die eigene Geschwindigkeit, leistet also auch Arbeit durch Massenbeschleunigung. Die Kraft eines bewegten Körpers ist gleich dem Produkt seiner Masse mal dem halben Quadrat seiner Geschwindigkeit. Die Kraftwirkungen bewegten Wassers können wir also gerade an schnell fließenden Gewässern, Sturzbächen am deutlichsten und schönsten wahrnehmen. Wildbäche oder Flüsse, die zeitweilig Hochwasser führen und rasch dahinbrausen, Erdreich, Steine, Felstrümmer mit sich fortreißen, sind ein wohl bekanntes Schauspiel. Auch nachdem das Hochwasser abgelaufen ist, zeigen die oft massenhaften Gerölle und Versandungen auf dem überschwemmten Gebiet, welch ungeheure Massen fester Teile das wilde Wasser mit sich geführt hat. Wer zum erstenmal im Gebiet der Voralpen z. B. das Bett der Isar oder der Loisach betrachtet, staunt über die Größe der einzelnen Trümmer noch mehr als über deren Gesamtheit, und vollends, wenn er Gelegenheit hat, vom sicheren Ufer aus zu sehen, wie im brausenden Wildwasser, etwa in einer Klamm, zentnerschwere Steine mit s p r i n g e n. Jeder, der hineinfiele, würde natürlich sofort totgeschlagen werden. Der Bewohner der Ebene läßt sich von solchem Tosen und solcher mechanischer Arbeit nichts träumen, doch kann auch er am ruhig fließenden Gewässer das gleiche beobachten — im Kleinen. Je größer die Geschwindigkeit des Wassers ist, desto schwerere Körper, desto größere Felstrümmer und Steine vermag es in der Schwebe zu halten und mit sich zu führen. Verlangsamt sich die Geschwindigkeit, so sinken zuerst die großen, dann immer kleinere Stücke zu Boden und bleiben liegen. So tragen viele Bäche und Flüsse von wechselndem Wasserstand selbst dazu bei, daß ihr Bett versandet und das Hochwasser bei der nächsten Schneeschmelze muß sich vielleicht ein ganz neues Bett graben. Solches kann man besonders schön wieder an Flußbetten im Vorland der Alpen beobachten, aber selbst an den Mündungen der größten Ströme sind derartige Veränderungen des Flußbettes durch fallende „Sinkstoffe" bekannt genug und durch Veränderung des Fahrwassers, Verlegung der Fahrrinne das Leidwesen des Schiffers. Was an schnellen Flußläufen das Gerölle ist, das ist weiter unten in den tiefen und langsamen Flüssen und Strömen der Sand und der Schlamm. Die feinen Körner bleiben noch übrig, wo die groben schon weiter oben zu Boden gesunken oder ans Ufer geschwemmt wurden und weil die großen sich gegenseitig zerstoßen, zermalmen, verkleinert haben. Je weiter man einen Flußlauf gegen seine Mündung verfolgt, desto feiner ist das Korn des Sandes, deutlich kleiner schon beispielsweise in Aschaffenburg als in Würzburg. Durch diese Zertrümmerung der größeren bilden sich erst die kleineren, die als allerfeinste Beimengungen dem Wasser die bekannte trübe Lehmfarbe der Flüsse verleihen. Bei Hochwasser freilich nehmen die Flüsse auch Lehm, Erde u. dgl. vom Ufer und von überschwemmten Gebieten mit sich fort und ihre Fluten sehen noch schmutziger aus als zu gewöhnlichen Zeiten. Sie lassen dann mit Sinken des Wassers Schlamm und Erde auf dem festen Boden zurück, wo beide verwittern und das nächste Hochwasser bereichert sich wieder an den Resten davon. Der in Jugendkraft stürmende Giesbach findet ganz oben nichts derart. Er rauscht durch Fels und grobes Gerölle, entführt grobe Steine, keinen Schlamm, und dazwischen glänzt sein Wasser grün, nur getrübt oder milchweiß gefärbt durch mitgerissene Luft. In den Strudel gezogene Luft ist es auch, was das Murmeln des Bachs, das Rauschen des Sturzbachs hervorruft, doch kann man auch gelegentlich im Donnern des Falls das Aneinanderschlagen der Felstrümmer, in rasch fließenden Bächen das Kreischen, Reiben des feinen Gerölls und gröberen Sandes auf dem Grunde des Bettes deutlich unterscheiden.

Ganz allgemein ist die lebendige Kraft eines bewegten Körpers gleich dem Produkt seiner Masse mal dem halben Quadrat der Geschwindigkeit, und das gilt so gut fürs Wasser wie für die Luft. Ein Kubikmeter Wasser ist aber 773mal so schwer wie ein Kubikmeter Luft, hat also eine 773mal größere Masse; die Arbeit, die bewegtes Wasser mit einer bestimmten Geschwindigkeit leisten kann, ist also auch 773mal größer. Andererseits übertrifft die Geschwindigkeit der Luftbewegung in einem starken Wind die rasch fließenden Wassers ganz bedeutend. Immerhin ist es begreiflich, daß Sturzbäche, aber auch Flüsse und Ströme, namentlich wenn sie angeschwollen sind und rasch fließen, ganz gewaltige Zerstörungen in der Natur und an Kunstbauten anrichten können. Selbst an den Ufern, an denen das Wasser doch nur vorbeifließt, ist solches zu erwarten und zu beobachten, denn kein Ufer ist absolut glatt, überall stellen sich dem Wasser kleinere und größere Unebenheiten, Hindernisse in den Weg, die entweder rasch oder in anderen Fällen im Verlauf von Jahren, selbst Jahrhunderten erst beseitigt werden. So bleibt kein Ufer auf die Dauer unbeschädigt und unverändert, jeder Flußlauf verändert sowohl seinen Ort, verschiebt sein Bett, als auch gräbt er sich dieses tiefer. Das geschieht an allen Stellen des Laufes, selbst ganz oben, am Ursprung der Quellen und Bäche. „Wasserscheide" heißt man bekanntlich die auf der Höhe gelegene Linie, die zwei Flußgebiete voneinander trennt. Der Regentropfen, der z. B. am Ausgang des Thüringer Waldes auf der nördlichen Seite des Rennstiegs niederfällt, kommt in einen Zufluß der Elbe, ein südlich von der Scheide fallender in den Main und Rhein. Zufällig ist der Rennstieg bekanntlich Wasserscheide für zwei Flüsse und zwei Volksstämme, die Thüringer und die Franken.

Die nämliche Scheide, nur nicht so deutlich und bekannt, findet sich an tausend anderen Orten, überall da, wo zwei Flußgebiete aneinander stoßen. Wie jeder Flußlauf sich allmählich selbst tiefer senkt, so geschieht es auch an seinem Ursprung hoch oben. Wo mehr Niederschläge fallen, die kleinen Wässerchen schon reicher sind und rascher fließen, vollzieht sich der Abnagungsprozeß in größerem Maßstab, neues Land wird durch die Abtragung des trennenden Kammes für den Flußlauf gewonnen. Das geschieht auf beiden Seiten der Grenze, man heißt dies den „Kampf um die Wasserscheide", in dem wie immer und überall der Stärkere Recht behält. Auch an kleinen und selbst in den kleinsten, an den dürftigsten Wässerchen, können wir ähnliches beobachten. Sogar in den „Flußläufen", die Regentropfen am Fenster herabrinnend bilden. Unten sind die Ströme und Flüsse, oben die Bäche und Quellen als

Fahrstraßen der einzelnen Wassertropfen, dazwischen liegen die trockenen Teile wie die Erhebungen des Bodens. Bei manchem Tropfen bleibt es zweifelhaft, wohin er sich wenden wird, dann plötzlich findet er seinen Weg in einen Wasserlauf, verstärkt diesen, so daß er auch mit anderen Wassertropfen in Berührung kommt und diese dann mit sich fortreißt.

So kann auch ein anschwellender Flußlauf in der Natur Verbindungen zwischen nahe liegenden Wasserläufen oder mit Staubecken herstellen und so sein Zuflußgebiet vergrößern, oft in kurzer Zeit so stark, daß gefährliche Überschwemmungen entstehen. Das Durchbrechen von Weihern und Staubecken, von Dämmen und Schleusen kann durch den Druck des ruhigen Wassers von innen her bewirkt werden, wenn er für die Eindämmung zu groß wird. Der Druck ruhenden Wassers ist für jeden Quadratmeter gleich 1000 Kilogramm mal der Höhe des Wasserspiegels in Metern. 50 Zentimeter unter dem Wasserspiegel beträgt also dieser Druck pro Quadratmeter 500 Kilogramm oder zehn Zentner. Steigt der Wasserspiegel, so steigt also auch der Druck, vielleicht bis zur Höhe, so daß eine Schleuse nicht mehr hält, ein Damm nachgibt. Viel gefährlicher wird aber die Sache, wenn einmal das vorher ruhige Wasser abzulaufen, sich zu bewegen beginnt. Dann kommt zum Druck die Stoßkraft des bewegten Wassers. Je tiefer unter dem Wasserspiegel ein Damm schadhaft wird, desto größer ist die Geschwindigkeit des durchströmenden Wassers, anfangs sickert, bald fließt es durch und nimmt doch immer etwas mehr von dem angrenzenden Erdreich des Dammes mit fort, erweitert sich den Weg, die Geschwindigkeit, die Beschädigung nimmt zu, große Mengen Erdreich rutschen nach, der Durchbruch ist da und die entfesselten Wassermassen stürzen tosend zu Tal. Das kleine Loch im Damm kann anfangs mit ein paar Körben Sand und Erde leicht verstopft werden und hunderte von Menschen sind bekanntlich bei drohender Sturmflut an gefährdeten, nur durch Dämme geschützten Stellen des flachen Landes oft tageund nächtelang angestrengt damit beschäftigt, jeden kleinsten Schaden des Dammes auszubessern, jedes Durchsickern sofort zu stillen, denn keinem ist unbekannt, was kommen wird und kommen muß, wenn dem Übel nicht im allerersten Anfang gesteuert wird. Wenn Kinder „Kunstbauten" aus Sand und Schmutz an den kleinen Rinnsalen

im Garten und an der Straße nach einem Regenguß auf-
führen, kann man alles dies, zwar in sehr kleinem Maßstab,
aber nicht minder deutlich beobachten. Die Hauptsache
ist, zu verhüten, daß ruhendes Wasser, das nur durch den
hydrostatischen Druck wirkt, zu fließendem wird, dessen
Gewalt mit dem Quadrat der Geschwindigkeit zunimmt.
Wehre, Brückenpfosten, kurz alle Kunstbauten sind bei
Hochwasser aus mehrfachem Grund gefährdet. Das Wasser
selbst steigt, „staut sich", dadurch wird der Druck auf die
Bauten größer, denn der Spiegel des Wassers steht höher
und die Fläche, die eintaucht, auch, der Druck ist aber
proportional der Höhe mal der Fläche. Außerdem aber
strömt oben Wasser rasch nach und vermehrt nicht durch
seinen Druck, sondern durch seinen Stoß die Gefahr. Es
gilt also die getroffene, gedrückte Fläche zu verkleinern,
Verlegung der Brückenöffnung durch Treibholz u. dgl.
rasch zu beseitigen, dem Wasser neue Wege zum Abfließen
zu öffnen, Schleusen zu öffnen u. dgl. Wie wir schon beim
Wind gesehen haben, ist der Druck bewegter Luft, so auch
hier des bewegten Wassers, auch von der Form des Körpers
abhängig, auf den die Flüssigkeit stößt, und wie man um
den Luftwiderstand zu verringern der Fläche eine Keilform
gibt, so gibt man auch Schiffen, von denen man eine möglichst
schnelle Fahrt verlangt, eine vorn zugeschärfte Form.
Messerscharf geradezu wird der Schnitt des Bugs bei Schnell-
dampfern konstruiert. Auf den Einfluß der Stauung und
der Bugwelle auf die Schnelligkeit eines Schiffes näher
einzugehen, führte hier wohl zu weit. Auch für den Querschnitt von Brückenpfeilern wählt man eine keilähnliche
Form und stellt den Pfeiler mit der scharfen Kante gegen
den Strom. Dieses Mittel, den Widerstand des Pfeilers
gegen das strömende Wasser und damit den Druck des
Wassers gegen den Pfeiler zu verringern, hilft solange das
Wasser flüssig ist, kommt aber Treibeis, so ist die Sache
nicht so einfach. Mit einer großen Scholle Eis kann vielleicht
eine viele Zentner schwere Masse mit bedeutender Geschwindigkeit auf die Kante des Brückenpfeilers treffen. Da Druck
die auf die Flächeneinheit wirkende Kraft ist, die Fläche
an der Kante hier aber eine sehr kleine, so ist hier der
Druck sehr hoch und sind Beschädigungen der Kante,
namentlich wenn der Stoß ein wenig seitlich erfolgt, und
von da aus weitere Zerstückelung des Pfeilers zu fürchten.
Deshalb verstärkt man gern das Mauerwerk an den Kanten

durch Eisenbänder und gestaltet sie nicht gar zu scharf und dünn, mehr bogenförmig, damit sie mehr widerstandsfähig bleiben und doch eine zweite wichtige Aufgabe, die Zertrümmerung antreibender großer Schollen in kleinere Stücke erfüllen können. Diesem Zwecke genügen auch in anderer Weise sogenannte „Eisbrecher", die oft der Brücke stromaufwärts vorgelagert sind. Es sind dies auf starker Stütze ruhende Holzstämme, von oben her schief aus dem Wasser in der Richtung des Stromes sich erhebend. Antreibende Schollen steigen diese schiefe Ebene durch ihre Geschwindigkeit hinauf und zerbrechen oben durch ihre eigene Schwere, weil ihr Gewicht nicht mehr vom Wasser getragen wird, in zwei Stücke, die rechts und links ins Wasser herunter gleiten.

Der „Eisgang" oder „Eisstoß" ist übrigens nicht nur in Flüssen und Strömen, sondern auch gelegentlich an ruhigen Wasserbecken, an Seen, von zerstörenden Wirkungen am Ufer begleitet. Die bewegende Kraft ist hier aber der Wind, wenn er wie so oft bei einbrechendem Tauwetter sich in heftigem Maße einstellt. Ist ein Wasserbecken überall zugefroren, von einer glatten Eisdecke überzogen, so gleitet bewegte Luft nahezu reibungslos darüber weg und vermag irgend mechanische Wirkungen nicht hervorzurufen. Mit dem Tauwind kommen ungleichmäßige Erwärmungen der Eisdecke, damit ungleichmäßige Ausdehnung und verschieden starke Spannungen an vielen Orten. Die Kräfte, die hierbei auftreten, sind ungeheuer groß. Endlich führen sie, oft von mächtigen Lufterschütterungen, Donner wie bei einer Kanonade begleitet, zum „Brechen des Eises", das sich dabei an einzelnen Stellen haushoch aufbäumen kann. Jetzt hat der Wind einen Angriffspunkt und in seiner Richtung drängen die Eisschollen nach- und übereinander dem Ufer zu, dort mitunter sich bergartig türmend, viele Meter ins Land vordringend, Hütten und Häuser erreichend. Ihre Geschwindigkeit ist freilich nur klein, die Gesamtheit ihrer Masse aber sehr groß und es gibt wenig, was ihnen standhält. An den Uferbauten werden Molen und Dämme zerdrückt, ungeheure Steinmassen fortbewegt. An eingerammten Pfählen, die standhalten, reiben und reiben die angedrückten Eisschollen die ganze Nacht ruhelos hin und her und schneiden sie ab wie mit einer Säge. Nur starke Betonmauern, die halten stand. Bei uns sind Westwinde häufiger als Ostwinde, und der Tauwind weht erst recht wohl allemal aus West oder Südwest. Deshalb leiden an Binnenseen vorwiegend die Ostufer unter den Folgen des Eisstoßes, der zum Glück gewöhnlich nur nach einer Reihe von Jahren sich zu wiederholen pflegt, denn zwei Bedingungen müssen erfüllt sein, damit er sich einstellt: Große Eismassen, trotzdem rasches Auftauen durch starken Tauwind; das kann allerdings auch zweimal im nämlichen Jahre zutreffen, wenn auf das erste Tauwetter wieder anhaltender strenger Frost einfällt. Sehr selten ist bei uns der Winter so mild, daß in den Wasserläufen und Becken sich gar kein Eis bilden sollte, selten aber auch, daß sie ganz von Eis überzogen werden und ganz zufrieren. Am Starnberger See geschieht dies durchschnittlich alle fünf Jahre, an fließendem Wasser seltener und hier meist nur an Stellen häufiger, wo die Stromgeschwindigkeit eine geringere ist, oberhalb von Brücken öfter als unmittelbar stromabwärts davon. Achtet man auf die Art, wie natürliche Gewässer einfrieren und auftauen, so kann man leicht beobachten, daß beides zuerst am Ufer bemerkbar wird. Erst finden wir das Wasser am Uferrand von einem schmalen Eisstreifen eingefaßt, er vergrößert sich, einzelne Schollen werden davon abgerissen, treiben fort, „der Fluß geht", die Schollen stauen sich, frieren zusammen, vom Ufer her vergrößert sich die Eisdecke auch, sie wird zusammenhängend: „der Fluß steht". Die höher stehende Sonne spendet mehr Wärme und jeden Tag länger. Da schmilzt das Eis an den Ufern, ein anfangs schmaler Saum trennt das Eis vom Land, auf der Eisdecke bilden sich schon Lachen von Wasser, bis sie endlich bricht, die Schollen zu Tal treiben, der Fluß „geht wieder". Die Ursache hierfür ist in der ungleichen Erwärmung und Erkaltung von Land und Wasser zu suchen. Wasser hat ja, wie schon öfter bemerkt, von allen Körpern überhaupt die größte Wärmekapazität. Jeder andere uns bekannte Stoff braucht zu seiner Erwärmung um einen Grad eine kleinere Anzahl von Kalorien als das gleiche Gewicht von Wasser. Bei der Erwärmung eines Körpers ist eine gewisse Wärmemenge in ihm aufgestapelt und eben diese gibt er wieder an seine Umgebung ab, wenn er erkaltet und seine frühere Temperatur wieder annimmt. Wenn im Winter die Sonnenstrahlung schwächer wird, die Lufttemperatur auf Null und darunter sinkt, so erkalten beide, das Wasser und das feste Land, ersteres aber langsamer, weil es entsprechend seiner größeren Wärmekapazität mehr Wärme bei der gleichen Temperatur enthält als die feste Erdrinde, das Wasser „hält also die Wärme länger" als das feste Land. Umgekehrt erwärmt sich die feste Erdrinde rascher und stärker bei gleicher Wärmezufuhr als das Wasser, „das Wasser braucht länger um warm zu werden", und so wird der Gefrierpunkt bei fallender Temperatur von oben nach unten, bei steigender von unten nach oben am Erdreich, vom Ufer eher erreicht als im Wasser, das Wasser, das unmittelbar im Wärmeaustausch mit dem Ufer durch Leitung steht, gefriert also und taut eher auf als das vom Ufer entferntere. Dabei wirkt allerdings auch der Umstand mit, daß die Strömung am Ufer wegen der Reibung am langsamsten ist und immer kann man beobachten, daß ruhige Wasser leichter gefrieren als bewegte. Zuerst an einzelnen Stellen bilden sich kleine Eiskristalle, an die sich bald andere anlegen, oft überaus schnell, so daß in einigen Stunden schon große Flächen von einer noch sehr dünnen Eisdecke „überschossen" werden. Das findet man ganz allgemein bei allen Kristallisationsprozessen, daß erst einmal der Vorgang an kleiner Stelle eingeleitet sein muß, damit er sich, dann sehr rasch, durch die ganze Flüssigkeit fortpflanzt. Die kleinsten Eiszentra werden aber in der Strömung anfangs immer wieder vernichtet, weil immer wieder Flüssigkeitsteilchen zuströmen, die noch ein wenig über null Grad Temperatur haben und die feinen Eisnädelchen wieder zum Schmelzen bringen. Man kann sogar ganz reines Wasser unterkälten, z. B. auf eine Temperatur von vier Grad unter Null bringen, wenn kein einziges Staubkörnchen im Wasser das Ansetzen eines Eiskristalles begünstigt. Bringt man aber ein Staubkörnchen hinein, oder noch besser einen, wenn auch noch so winzigen Eiskristall, etwa das Bruchstück nur von einer Schneeflocke, so vollzieht sich dann in der unterkälteten Flüssigkeit die Erstarrung blitzähnlich schnell an allen Orten und sofort ist das flüssige Wasser zu Eis geworden. Dabei steigt die Temperatur, wie niedrig sie auch vorher gewesen sein mag, allemal gerade auf null Grad. Beim Gefrieren wird Wärme frei, beim Schmelzen von Eis wird Wärme verbraucht. Erwärmt man Eis oder Schnee, z. B. indem man es in einem Gefäß ins warme Zimmer bringt, so zeigt das Schmelzwasser immer die gleiche Temperatur von null Grad, solange nur noch irgendwo „festes Wasser", also Eis, sich in dem tropfbar flüssigen befindet. Diese beiden Phasen können nur bei genau der gleichen Temperatur von null Grad nebeneinander bestehen. Und gefriert Wasser, wenn es abgekühlt wird, so sinkt niemals seine Temperatur, so niedrig auch die Umgebung temperiert sein mag, unter null Grad, so lange bis auch der letzte Rest von Wasser zu Eis erstarrt ist. Daher kommt es, daß bei strenger Winterkälte die Temperatur der Luft steigt, wenn reichlich Schnee fällt, d. h. wenn der Wassergehalt der Luft durch die Kälte erst tropfbar flüssig, dann fest wird. Bei der Kondensation von Wasserdampf zu flüssigem Wasser liefert jedes Gramm Wasser 54 Kalorien und beim Erstarren zu Eis weitere 79. Der Gefrierpunkt und der Taupunkt des Wassers ist immer genau der gleiche, eben null Grad. Beim Erkalten sorgt die frei werdende Wärme, daß die Temperatur nicht tiefer sinkt, beim Auftauen wird soviel Wärme, wieviel auch zugeführt werden mag, zunächst „gebunden", so daß die Temperatur nicht höher steigt als auf null Grad. Wegen der mit großer Genauigkeit zutreffenden Konstanz des Gefrierpunktes wird dieser ja auch zum Ausgangspunkt für die Gradeinteilung aller Thermometer (mit Ausnahme des wirklich unvernünftigen Fahrenheit'schen) gewählt. Der Gefrierpunkt ist aber nur konstant unter der Voraussetzung, daß das Wasser c h e m i s c h r e i n ist. Enthält es Salze, Zucker, Säuren gelöst, so wird der Gefrierpunkt erniedrigt, je nach der Menge der gelösten Körper erstarrt die Lösung mehr oder weniger unter null Grad, oft um mehrere Grade bei den Lösungen, wie sie in der Natur vorkommen. Deswegen eicht man sein Thermometer nicht in schmelzendem Eis, denn kein Wasser auf dem Erdboden ist je vollkommen rein, fast jedes noch so klare Quell-, Fluß-, Seewasser enthält mehr oder weniger feste Bestandteile, meist Kalksalze gelöst, sondern man verwendet Schnee. Der ist durch Gefrieren von destilliertem Wasser aus Wasserdampf entstanden, und also rein, denn beim Verdampfen bleiben die im Wasser allenfalls gelösten Bestandteile zurück und nur reines Wasser wird gasförmig. G r o b e Verunreinigungen, selbst leicht sichtbare Beimengungen von Staub und Ruß schaden nichts, nur wirklich g e l ö s t e Stoffe erniedrigen den Gefrierpunkt. Das Wasser, das in unseren Früchten, den Äpfeln, Birnen, auch in Knollen, wie in den Kartoffeln, stets in reichlicher Menge vorhanden ist, wenn man es auch nicht sieht, ist wesentlich eine Lösung von Zucker und anderen Bestandteilen, gefriert also erst unter Null. Will man seine Vorräte davon vor dem Erfrieren in kalten Nächten und ungeheiztem Raum schützen, so stellt man in denselben Raum eine Schüssel mit Wasser. Sinkt die Temperatur, so gefriert dieses und die dabei frei werdende Wärme verhindert es, daß die Temperatur bis zum Gefrierpunkt der Zuckerlösung in den Früchten sinkt, solange die Schüssel überhaupt flüssiges Wasser enthält. Ist alles gefroren, so hört dieser Schutz auf und der Eisklumpen muß durch neues Wasser ersetzt werden.

Kältere Luft ist immer schwerer als wärmere, sie sinkt, während diese in die Höhe steigt. Beim Wasser trifft dies nur bis $+4$ Grad zu; sinkt die Temperatur noch weiter, so dehnt sich das Wasser wieder aus, wird leichter bis zu null Grad, und dann beim Gefrieren kommt noch einmal eine plötzliche, sehr bedeutende Ausdehnung. Deshalb trifft man im Winter die kältesten, dem Gefrierpunkt am nächsten stehenden Wasserschichten oben, weiter unten treten Temperaturen zwischen 0 und 4 Grad auf, letztere findet man am Grund des Gewässers und deswegen erfolgt auch das Zufrieren an der Oberfläche und erst von hier aus wächst die Eisschicht gegen die Tiefe und wird dicker. Die Ausdehnung des Wassers während es zu Eis erstarrt, beträgt ein Zehntel seines Volumens, und so schwimmen die Eisschollen, deren Gewicht kleiner ist als das des gleichen Volumens Wasser, auf diesem. Etwa der neunte Teil ihrer Masse schaut aus dem Wasser heraus. Ein Eisblock, und dies gilt auch annähernd für die Eisberge auf dem Meer, ist also unter Wasser viel, neunmal dicker als oben, man täuscht sich daher im Schätzen der Mächtigkeit bedeutend, wenn man dies nicht beachtet. An jedem Eisblock, der in klarem Wasser schwimmt, kann man sich leicht davon überzeugen. Die Tragfähigkeit einer Eisscholle ist aber gleich dem Gewicht des Wassers, das die Eisscholle dann verdrängt, wenn sie gerade ganz unter Wasser taucht, minus des eigenen Gewichtes des Eises. Um einen Menschen von 150 Pfund zu tragen, muß also die Eisscholle selbst 165 Pfund wiegen. Eine andere Frage ist die nach der Festigkeit gegen Bruch. Eis, das auf dem Wasser schwimmt, „trägt" viel besser als hohl liegendes. Letzteres bildet sich z. B. wenn bei Tauwetter Wasser die Eisdecke überschwemmt und ein zweiter Frost auch dieses Wasser zum Gefrieren bringt. Daß man dünne Eisdecken mit seinem Stock an den weißen Stellen, unter denen sich eine Luftblase befindet, leichter durchstoßen kann, als die benachbarten dunklen, die unmittelbar ans Wasser grenzen, beruht aber zum guten Teil darauf, daß das Eis über den Luftblasen wesentlich dünner ist; es wächst nicht mehr in die Dicke, sobald Luft und nicht Wasser darunter ist. Entsteht beim Stoßen aufs Eis oder wenn wir einen Stein darauf werfen, ein hohler Schall, so ist höchstwahrscheinlich Luft darunter und dem Eis ist nicht zu trauen. Ein besseres Zeichen für die Tragfähigkeit des Eises ist es, wenn ein großer, fest darauf geworfener Stein klirrend abspringt und nur eine ganz oberflächliche Verletzung der spiegelglatten Fläche hinterläßt. Niemals sollte eine Eisdecke von Menschen betreten werden, bevor sie an einer Stelle aufgehackt und ihre Dicke gemessen ist. Eis von 10 cm Dicke trägt Infanterie, von 15 cm Reiterei, von 20 cm (1 Spanne) Dicke Feldgeschütze und 30 cm tragen schwere Geschütze. Weit gespannte Eisflächen sind deutlich elastisch, schwingen recht bemerklich, wenn Lasten darauf bewegt werden. Jeder Schlittschuhläufer weiß, wie es sich angenehmer auf freien Eisdecken über Flüssen und Seen läuft gegen die harte Bahn des Grundeises auf überschwemmten Wiesen. Auch beim Fall aufs Eis wird dieser Unterschied recht bemerkbar. Solche künstliche Eisbahnen haben freilich den großen Vorzug der unbeschränkten Ungefährlichkeit schon beim dünnsten Eis, können also viel häufiger und länger gegen das Frühjahr hin benützt werden.

Der Begriff der g l e i t e n d e n Reibung ist bei jeder Fortbewegung über Eis und Schnee von grundsätzlicher Bedeutung. Die Reibung, d. h. die Verzögerung von fortschreitender Bewegung ist aber von mehreren Dingen abhängig: Vom Druck, unter dem zwei Flächen gegeneinander gepreßt werden, von der Beschaffenheit der Flächen, dagegen von der Größe der berührenden Flächen n u r dann, wenn die Flächen durch den Druck selbst verändert werden. Ein Schlitten z. B., dessen Kufen zu scharf sind, und der deswegen den Schnee eindrückt, in ihn versinkt, erfährt bei seinen Bewegungen eine stärkere Reibung als einer, der auf breiten Läufen über ihn hinweggleitet. Man bezeichnet den Einfluß der physikalischen Beschaffenheit des reibenden Körpers mit dem Namen des „R e i b u n g s - k o e f f i z i e n t e n". Ist dieser klein, so ist es die Reibung auch. Merkwürdigerweise ist nun die Größe des Reibungskoeffizienten auch bei ganz gleich beschaffenen Oberflächen der nämlichen Körper selbst wieder abhängig von der Geschwindigkeit, mit der die beiden Körper sich aneinander verschieben, und zwar nimmt der Reibungskoeffizient mit steigender Geschwindigkeit in vielen Fällen erheblich ab. Dies ist ganz besonders der Fall, wenn Stahl auf Eis gleitet, und so wird die Leichtigkeit begreiflich, mit der Schlittschuhläufer eine erstaunlich große Geschwindigkeit erreichen und namentlich, wie lang und weit sie sich — auch die Knaben beim Schleifen — beim Auslauf noch weiter bewegen. Es dauert lang, bis die ganze Reibung auf dem Eis, zusammen mit dem Luftwiderstand, die Wucht des schweren, rasch sich bewegenden Körpers vernichtet (in Wärme umsetzt) und seine Geschwindigkeit auf den Wert Null bringt.

Vergleicht man die Bewegung im Schlitten mit der im Räderwagen, so kommt bei diesem eine andere Art von Reibung in Betracht, erstens die Z a p f e n r e i b u n g an den Achsen und zweitens die r o l l e n d e R e i b u n g am Radkranz. Beide zusammen sind bei gleich schwerem Wagen nicht so stark wie die gleitende Reibung an den Schlittenkufen allein, solang der Schlitten langsam fährt. Schrittfahren strengt den Schlittengaul mehr an als den Wagengaul, auf dem nämlichen Boden beim Trabfahren aber ist der Schlittengaul besser daran, weil der Reibungskoeffizient der gleitenden Reibung sich mit größerer Geschwindigkeit bedeutend verkleinert. Dazu kommt freilich noch ein anderer Umstand, der den Schlitten bei guter Bahn zweckmäßiger erscheinen läßt als den Räderwagen. Beide sollen gleich schwer sein, dann wirkt die Kraft ihres Gewichtes beim Schlitten auf die viel größere Fläche der langen Schlittenkufen, die mit dem Schnee in Berührung stehen, als an den Rädern, die den Schnee nur an kleinen Stellen berühren. Nun ist aber Druck die auf die Flächeneinheit wirkende Kraft, der Druck an den Schlittenkufen ist also geringer, an dem Kranz der Räder viel größer, der Schnee gibt dem größeren Druck am Radkranz nach, der Wagen sinkt ein, bleibt leicht stecken oder kann nur mit der größten Kraftentfaltung weiter bewegt werden. Wohl bemerkt bei „guter Bahn"; bei schlechter, wie ohne Schnee und Eis überhaupt, ist der rollende Wagen stets dem schleifenden Schlitten bei weitem überlegen.

Merkwürdigerweise kann man auf anderen spiegelglatten Flächen, etwa auf Glas, zwar gut mit Rollschuhen, aber nicht mit gewöhnlichen Schlittschuhen laufen und auf Eis und Schnee nicht mit breiten Brettern, sondern nur auf Schlitten mit den verhältnismäßig schmalen Kufen fahren, obwohl doch die Reibung bei gleichem Gewicht die gleiche ist, bei größerer wie bei kleinerer Berührungsfläche. Man deutet dies so, daß wahrscheinlich unter den scharfen Eisen der Schlittschuhe und unter den Kufen des Schlittens der große Druck die allernächste dünne Schicht von Eis verflüssigt und daß also tatsächlich eigentlich nicht Reiben an Eis, sondern Schwimmen auf Wasser stattfindet. Das Schmelzwasser erstarrt dann augenblicklich wieder zu Eis, sobald der Druck aufhört. Auf dem gleichen Vorgang beruht es, wenn man einen Eisblock scheinbar ohne jede Verletzung mit einem feinen Draht durchschneidet. Man fängt die Sache so an, daß man einen Eisblock (z. B. eine Stange künstlichen Eises) über zwei Stützen lagert und dazwischen um den Block einen feinen, aber festen Metalldraht schlingt, an dem ein schweres Gewicht hängt. Die Kraft des Gewichtes wirkt nun auf die sehr kleine Oberfläche des Drahtes, dieser „drückt" also sehr stark auf das Eis, dieses schmilzt, der Draht schneidet durch das Wasser und hinter ihm heilt die Wunde durch sofortiges Wiederfrieren und schließlich ist der Draht durch, das Gewicht fällt zu Boden und die Eisstange ist doch ganz. Nach diesen Überlegungen sinken also die Läufe der Schlittschuhe und der Schlitten auf spiegelglatter und „stahlharter" Eisfläche tatsächlich eine Spur ein, und man fährt so immer wieder ein ganz klein wenig gegen ein festes Hindernis. Vorn an den Läufen ist dieses nur sehr schmal, wird leicht durch Verschieben und Zertrümmern oder ganz einfach durch Hinaufsteigen überwunden, weshalb die Läufe bekanntlich von hinten nach vorn gekrümmt sind. Bei seitlichem Bewegen aber wirkt der Widerstand an der ganzen Länge der Kufe oder des Laufes entgegen und ist so groß, daß entweder rascher Stillstand der Bewegung, oder wenn diese sehr schnell ist, wenigstens des Laufes erfolgt und der Körper, der Schlitten, der nur unten festgehalten wird, dem Gesetz der Trägheit zufolge umschlägt.

Kristalle.

Zwei Flüssigkeiten sind mir eingetrocknet. Die eine in einem Leimtiegel. Der heiße Leim war flüssig, mit dem Erkalten ist er fest geworden. Die andere war ein Fruchtsaft, von dem ein Rest offen stehen geblieben war. Auch der Fruchtsaft ist erstarrt wie der Leim, zufällig sieht einer wie der andere aus, beide braun, aber am Rand des Fruchtsaftes finden sich farblose Körner, die beim Leim fehlen. Jeder erkennt auf den ersten Blick, daß dies auskristallisierter Zucker ist. Am Leim ist nichts von Kristallbildung zu beobachten. Der Leim nimmt wie eine Flüssigkeit einfach die Form des Gefäßes an, in dem er sich befindet, auch noch im erstarrten Zustand. In der Tat betrachtet man solche Körper als unterkühlte Flüssigkeiten. Sie unterscheiden sich von den gewöhnlichen Flüssigkeiten nur durch die Schwerbeweglichkeit ihrer Teile.

Viele Körper lagern, wenn sie aus dem flüssigen Zustand in den festen übergehen, ihre kleinsten Teile (die „Molekule") ganz regellos neben- und übereinander, so z. B. der Leim, Gallerte, Hühnereiweiß beim Erstarren. Andere dagegen ordnen sie in ganz gesetzmäßiger Weise und bilden Formen nach fest bestimmten Typen, die K r i s t a l l e. In jedem Kristall unterscheidet man wenigstens drei, höchstens vier Hauptrichtungen, nach denen diese Ordnung erfolgt, und nennt sie die A c h s e n der Kristalle. Je nach Größe und Lage dieser Achsen zueinander unterscheidet man sechs Kristallsysteme. So z. B. kristallisiert das Kochsalz in Würfeln des „regulären" Systems, das drei Achsen hat, die von gleicher Größe sind und alle drei aufeinander senkrecht stehen. Läßt man eine starke Lösung von Kochsalz in Wasser langsam verdunsten, so scheiden sich solche Würfel am Boden und an den Wänden des Gefäßes, namentlich auch an rauhen Körpern, z. B. in die Lösung hängenden Fäden ab. Der käufliche Kandiszucker stellt Kristalle dar, die sich um Fäden in starker Zuckerlösung gebildet haben, nach einem anderen System, dem asymmetrischen (mit drei schief aufeinander stehenden Achsen). Die Kristallformen fallen um so reiner und vollkommener aus und werden um so größer, je ungestörter die Ausscheidung aus der Lösung erfolgt. Der gewöhnliche Hut- und Würfelzucker wurde bei seiner Ausscheidung absichtlich durch Umrühren gestört, so daß die anfangs immer sehr kleinen Kristalle nicht wachsen konnten, sondern immer gleich wieder zertrümmert wurden, doch kann man auch hier mit bloßem Auge oder Lupenvergrößerung die Zusammensetzung aus kleinen scharfkantigen Kristallen noch erkennen. Am Kandiszucker, der Zeit zur Ausbildung hatte, kann man die Kristallform an großen Exemplaren leicht wahrnehmen.

Auch das Wasser bildet, wenn es fest wird, Kristalle, und zwar nach dem hexagonalen System mit vier Achsen. Drei davon liegen in einer Ebene, sind gleich groß und schneiden sich unter Winkeln von 60 Grad in einem Punkte; auf ihnen steht die Hauptachse senkrecht; sie kann kürzer oder länger sein als die drei Nebenachsen. Besonders zierliche Kristallformen bildet das Wasser, wenn es in der Luft zu Schnee erstarrt. Am schönsten kann man sie beobachten, wenn man fallenden Schnee auf dem Rockärmel auffängt. Der Stoff des Rockes ist ein schlechter Wärmeleiter und bei starkem Frostwetter halten sich die Kristalle lange darauf. Schmelzen sie, so beginnt die Verflüssigung erst an den Kanten und Ecken, weil die Kristalle hier am dünnsten sind. Zuletzt bilden sich Tropfen, in denen man manchmal noch feine Eisnädelchen mit der Lupe kurze Zeit herumschwimmen sieht, bis auch diese vergehen.

Ein Kristall, der ganz frei in seiner Nährlösung hängt oder schwimmt, und sich dabei sehr langsam vergrößert, verändert seine Form nicht, er wächst nur. In der Natur sind solche freie Kristalle in wohl ausgebildeten, großen

Exemplaren nur selten zu finden, es gibt aber geradezu Züchtereien von solchen Kristallen, in denen sie in großer Vollkommenheit erhalten werden. Meistens aber entwickeln sich die Kristalle nicht nach allen Seiten gleich schnell, bilden bald flache, tafelähnliche, bald sehr spitze, spießartige Formen aus, je nachdem sie aus der Nährlösung neue Stoffe angliedern, durch „Apposition" wachsen. Dabei können aber auf den alten sich neue kleinere Kristalle selbständig ansetzen, wie überhaupt Kristalle gern aneinander sich anschließen und so ganze Gruppen, Drusen bilden. Die Eisblumen am Fenster sind nichts anderes als aneinander gereihte Eiskristalle, bei denen die Flächenausdehnung weit die Dicke überragt und sehr wohl kann man erkennen, wie es einzelne, langgezogene, spießartige Formen sind, die die schönen blumen- und federartigen Formen bilden. Das Wasser erstarrt eben an der kalten Fläche des Fensterglases zu Eis, daher bilden sich an vielen Orten die dünnen Platten und Nadeln, die im Verhältnis nur langsam in die Dicke wachsen, denn die Zimmerluft ist ja wärmer. Bei länger dauerndem Frost freilich schlägt sich aus dem Wassergehalt der Zimmerluft immer mehr Feuchtigkeit am Fenster nieder, oft mehr in Form von undurchsichtigem Schnee als klarem Eis und kann dann dickere Auflagerungen von zottigem Aussehen liefern. Stets schießen diese Eisgebilde zuerst am Rand des Glases, entlang dem Fensterrahmen, an und wachsen von da an gegen die Mitte zu. Es ist der nämliche Vorgang wie beim Anlaufen der Fenster, was wir früher schon besprochen haben. Bei Doppelfenstern läuft stets das äußere allein oder wenigstens zuerst an und bildet in der Kälte Eisblumen, denn das innere Fenster ist vor dem Wärmeverlust, gegen die kalte Luft draußen durch das äußere geschützt. Die Eisblumen kann man, wie jeder schon als Kind gewußt hat, durch Druck zum Schmelzen bringen. Preßt man eine blanke Münze darauf, so erscheint darunter ihr Gepräge im Eis abgebildet. Diese Abdrücke halten sich lang, auch wenn erneute Eisbildung erfolgt, denn an ihnen ist die Kristallform durch den Druck und das Schmelzen zerstört und neue Kristalle lagern sich lieber in der Umgebung an schon vorhandenen an. Ein ganz dünner Überzug von Fett verhindert das Anlaufen und das Zufrieren von den Fenstern, so daß man immer gut durchschauen kann.

Die fetten Stellen nehmen Wasser nicht an. Fett wird vom Wasser nicht „benetzt". Das weiß man auch aus alltäglicher Erfahrung und wir müssen dieser Erscheinung auf den Grund kommen.

In allen tropfbaren Flüssigkeiten ziehen sich die kleinsten Teilchen (die Molekule) gegenseitig an, die Kraft der K o - h ä s i o n hält sie zusammen. Außerdem üben aber auch feste Körper, die mit der Flüssigkeit in Berührung gebracht werden, auf deren einzelne Teilchen eine anziehende Kraft aus (Kraft der A d h ä s i o n). Ist die Adhäsion stärker als die Kohäsion, so bleibt am festen Körper, wenn man ihn aus der Flüssigkeit herausnimmt, von dieser etwas an ihm hängen. Einige Flüssigkeitsteilchen werden von ihren Nachbarn losgerissen, weil sie am festen Körper stärker angezogen werden, der feste Körper zeigt sich von der Flüssigkeit b e n e t z t. Ein Stab von Glas, Holz oder Metall, den wir in Wasser, Öl, Fett eintauchen, ist, wenn wir ihn herausziehen, naß, wenn er in Quecksilber eingetaucht war, trocken. Das Quecksilber bleibt nicht an ihm hängen, Wasser bleibt aber auch nicht an ihm hängen, wenn er vorher eingefettet war. In einem festen Rohr, z. B. einem Glasrohr, das einen kleinen Querschnitt hat und das mit einer Flüssigkeit nicht ganz gefüllt ist, gibt schon die Gestalt der Flüssigkeitsoberfläche Aufschluß darüber, ob die Wand der Röhre benetzt wird. Ist das der Fall, so steigt die Flüssigkeit an der Wand des Rohres, von der sie sehr stark angezogen wird, nach oben und die Oberfläche ist nach oben konkav. Man kann das an jedem engen zylindrischen Gefäß, ja sogar an jedem Wasserglas sehen, wenn man die Oberfläche ganz am Rand beobachtet. Dagegen hat Quecksilber in einem Glasrohr eine nach oben konvexe Oberfläche, der Rand der Flüssigkeit ist nach unten gedrückt, das Quecksilber hat „ein Häubchen". Die Kraft, mit der Flüssigkeitsteilchen sich gegenseitig anziehen, ist bestrebt, der Flüssigkeit ein möglichst kleines Volumen zu geben. Die Gestalt, in die noch am meisten hineingeht, ist die Kugelgestalt, die Kugel ist, wie in der Geometrie gelehrt wird, der Körper, der im Verhältnis zu seiner Oberfläche das größte Volumen hat. Wenn nicht eine äußere größere Kraft einwirkt, so gestaltet sich die Oberfläche einer Flüssigkeit kugelförmig. Das ist auch annähernd der Fall, wenn die Flüssigkeitsteilchen sich gegenseitig stärker anziehen, als sie von außen, von der Glaswand, angezogen werden. Im anderen Fall, wenn die Adhäsion stärker ist, wird die Kugelgestalt gestört und die Flüssigkeit von der Wand nach oben gezogen. Hat man zufällig eine ganz besonders enge Glasröhre zur Hand, etwa die Kapillare eines zerbrochenen Thermometers, so kann man damit noch einen hier einschlägigen Versuch anstellen. Taucht man die auf beiden Seiten offene Kapillare in einen Tropfen Quecksilber, so drückt man damit die Oberfläche nach unten, in der Kapillare steht dann das Quecksilber tiefer als außen. Taucht man sie aber in Wasser, so steigt dieses in der Kapillare nach oben und steht in der Röhre um so höher, je enger diese ist, „Kapillarattraktion".

Grund und Boden.

Das Wasser bildet, wenn es zu Eis erstarrt, noch andere bemerkenswerte Formen, die mit der Kristallform nichts zu tun haben, wenn die äußeren Bedingungen dazu gegeben sind. Wir meinen hier die E i s z a p f e n. Sie wachsen flächenartig, wo Wasser an kalten Wänden ganz langsam herunterrinnt, und in rundlichen Gebilden, eigentlichen Zapfen, frei in der Luft an der Unterseite feuchter tropfender Körper, z. B. von einer langsam überlaufenden oder schadhaften Dachrinne aus. Dort bleibt ein Tropfen Wasser einmal zum Teil hängen, weil er früher erstarrt als er die Größe erreicht, die zum Losreißen und Fallen nötig ist. Langsam sickert von oben Wasser nach und rinnt an der Oberfläche des winzigen Eisstückchens nach unten, wo es wieder gefriert und so den Anfang der Zapfen verlängert, ein kleinerer Teil aber erstarrt auch schon vorher, wenn der Weg weit, der Zapfen schon lang geworden ist. Das Dickenwachstum ist oben älter als an den jüngsten unteren Teilen, deswegen ist der Zapfen auch oben immer dicker als unten, wo er gewöhnlich in eine abgerundete, oft aber auch fast nadelscharfe Spitze endet. Berührt aber die Spitze den festen Boden oder auch eine Wasserfläche (an Springbrunnen kann man im Winter ganz besonders schöne Bildungen bewundern), so verbreitet sich der Zapfen ganz bedeutend und erhält einen flachen Fuß. Ja es kann sogar dem Zapfen von oben, wenn er tropft, von unten einer entgegenwachsen, der von den herunterfallenden Tropfen das Material zum Wachsen erhält und beide Eiszapfen können, an ihren Enden dick, sich in der Mitte an einer dünnen Stelle vereinigen.

Ganz das gleiche geschieht, wenn nicht das Wasser selbst, sondern in ihm gelöste Stoffe, in der Natur allermeist Kalksalze, aus ganz langsam abfließendem oder abtropfendem Wasser sich ausscheiden. Manche Höhlen und Grotten verdanken ihren Schmuck diesem Vorgang und auch hier können Zapfen des festen Materials von oben nach unten oder umgekehrt wachsen. „S t a l a k t i t e n" heißt man sie im ersten, „S t a l a g m i t e n" im zweiten Fall, T r o p f s t e i n b i l d u n g das ganze und mit Recht, denn wirklich werden die Tropfsteine von Tropfen durch Jahre und Jahrhunderte hindurch erzeugt. So lange Zeit braucht es allemal, unvergleichlich viel mehr als bei den Eiszapfen, denn bei diesen erstarrt das Wasser selbst, bei den Tropfsteinen nur die Spur von Kalksalzen, die sich im Wasser gelöst findet. Neutraler kohlensaurer Kalk ist fast unlöslich in reinem Wasser, seine Löslichkeit wird durch gleichzeitige Anwesenheit freier Kohlensäure bedeutend erhöht, indem sich saures Kalksalz bildet. An der Luft scheiden solche Lösungen aber stets allmählich freie Kohlensäure aus, das Wasser kann nicht mehr soviel Kalk gelöst halten, und dieser scheidet sich dann aus kalter Lösung als Kalkspat und wenn das Wasser heiß ist als Aragonit ab.

Jedes Brunnenwasser enthält etwas Kohlensäure, viele Mineralwasser sehr große Mengen davon gelöst. Läßt man ein Glas mit Trinkwasser eine Zeitlang ruhig stehen, so setzen sich an der Wand des Gefäßes kleine Luftbläschen fest, die nichts anderes sind als Kohlensäure. Erhitzt man das Wasser bis zum Sieden, läßt es dann erkalten und stehen, so geschieht dies nicht mehr, die Kohlensäure ist durch das Sieden ganz verjagt worden. Dagegen wird das Wasser dann trüb, wenn es eine kleine Menge von Kalk enthält, der vorher durch die Kohlensäure in Lösung gehalten wurde. Der weiße Rand, den Brunnenwasser in den Gläsern zurückläßt, wenn das leere Glas nicht gleich sauber ausgetrocknet wurde, besteht im wesentlichen aus kohlensaurem Kalk (Kreide), zum Teil auch aus schwefelsaurem (Gips). Stark kalkhaltige Wässer heißt man h a r t im Gegensatz zu den w e i c h e n , die nur wenig oder nichts davon und statt dessen vielleicht kohlensaures Natron in kleinen Mengen gelöst enthalten. Die „Härte" vermindert sich also beim Erwärmen, indem Kohlensäure entweicht und der kohlensaure Kalk sich absetzt, der Gips aber, der schwer zwar, aber in heißem Wasser so gut wie in kaltem und unabhängig vom Kohlensäuregehalt löslich ist, bleibt im Wasser gelöst, und bildet die „b l e i b e n d e" Härte.

Beim Verdunsten des Wassers bleibt aber auch der Gips zurück und bildet mit dem kohlensauren Kalk zusammen den P f a n n e n - oder K e s s e l s t e i n. An vielen Orten in der Natur konnte man diesen Vorgang beobachten. So sind z. B. häufig die Steine am Grund von stehenden Gewässern, aus was immer sie bestehen mögen, mit einer mehr oder weniger dicken Kruste von kohlensaurem Kalk überzogen. Ungeheuere Gebirgsstöcke und geologische Formationen, z. B. die Kalkalpen, der ganze Muschelkalk stellt nichts anderes dar als Kalkausscheidungen aus dem Urmeer, indem von organischen Gebilden Kohlensäure verbraucht und so der Kalk niedergeschlagen wurde. Alle Kalksteine und der Dolomit (eine Verbindung von kohlensaurem Kalk und kohlensaurer Bittererde) sind so entstanden. Nicht oft kann man an diesen Niederschlägen ohne weitere Hilfsmittel und schon mit dem bloßen Auge erkennen, daß sie aus einer Unzahl von kleinen Kristallen (Rhomboedern des hexagonalen Systems) bestehen, daß sie eine kristallinische Struktur besitzen. Es ist zwar im ganzen leicht die Kalksteine und namentlich die aus Kalk bestehenden Niederschläge der süßen Gewässer zu erkennen, und man kann sich Gewißheit darüber durch eine sehr einfache Probe verschaffen. Salzsäure ist eine stärkere Säure als Kohlensäure und vertreibt diese aus ihren Verbindungen, so daß sie gasförmig entweicht. Kalksteine entwickeln kleine Gasbläschen, sie „brausen", wenn man sie mit kalter Salzsäure betropft, Dolomite nur, wenn die Salzsäure warm darauf gebracht wird.

Entweicht Gas aus einem Wasser allmählich oder namentlich beim Erwärmen, so ist es fast allemal Kohlensäure. Sehr seltene Ausnahmen davon kommen aber vor. Die erste erlebte ich in Aschaffenburg, wo das Wasser der städtischen Leitung beim ruhigen Stehen bald trüb wie Milch, durch unzählig viele äußerst feine Bläschen wurde, die viel kleiner waren als man dies bei der entweichenden Kohlensäure zu sehen pflegt, und in der Tat bestanden sie auch nicht aus Kohlensäure, sondern aus atmosphärischer Luft, die in der Leitung durch das Wasser mitgerissen wurde, so unter sehr hohem Druck gelöst wurde und in der Leitung aufgelöst blieb, beim Verlassen des Rohres aber unter dem einfachen Druck einer Atmosphäre frei wurde. Die gleiche

Beobachtung habe ich später an anderem Orte nochmals
gemacht. Vorübergehend trat die milchweise Trübung
des Trinkwassers auf, als ein Schaden an der Leitung aus-
gebessert wurde, um nachher wieder zu verschwinden.
Zum Verständnis muß man ein wenig weiter ausholen.
Wasser vermag von Gasen um so mehr gelöst zu halten,
unter je höherem Druck diese stehen. Daher kommt das
Schäumen der kohlensauren Getränke, wenn man den
Kork lüftet oder entfernt. Füllt man Most, solange er noch
gärt, in Flaschen und verstopft diese fest, so kann die Kohlensäure nicht entweichen, muß in der Flasche bleiben und
erhöht hier den Druck bedeutend. Das gibt dann den
Schaumwein. Oder man füllt Flaschen mit natürlichem
oder künstlich hergestelltem kohlensauren Wasser, „Säuer-
lingen‟, unter hohem Druck und verschließt sie sofort.
In beiden Fällen erhält man ein Getränk, das den gelockerten
Stopfen mit lautem Knall herauswirft und unter Gasent-
bindung mehr oder weniger stark schäumt, wenn nach
Sprengung des Verschlusses die Flüssigkeit mitsamt der
darin gelösten Kohlensäure nicht mehr unter dem erhöhten
Druck, sondern jetzt nur unter dem Druck der freien Atmosphäre steht. Ferner muß man wissen, daß der Druck in
einer ruhig stehenden Flüssigkeit und der in einer bewegten
zwei ganz verschiedene Dinge sind. Den ersteren heißt
man den h y d r o s t a t i s c h e n Druck, den letzteren
den h y d r o d y n a m i s c h e n. Der hydrostatische Druck
ist allemal größer als der hydrodynamische und der Unterschied ist um so bedeutender, je größer die Geschwindigkeit
ist, mit der sich die Flüssigkeit bewegt. Schon bei den Wasserläufen haben wir darauf hingewiesen, und das gilt erst recht
für den Stromlauf in Röhren, daß jeder Querschnitt in der
Zeiteinheit von der gleichen Flüssigkeitsmenge durchflossen
werden muß. An den engen Abschnitten eines Rohrs muß
sich der Strom also mit einer größeren Geschwindigkeit
bewegen als an den weiteren. Daher kommt es, daß bei
einem Rohrbruch nicht allemal das Wasser mit starkem
Strom sich nach außen ergießt. Es kommt darauf an,
an welcher Stelle der Bruch erfolgt ist. Das Wasser mag
unter einem recht hohen Druck stehen, beim Öffnen des
Hahns mit großer Gewalt entströmen, der hydrodynamische
Druck kann trotzdem an einzelnen (engen) Stellen, wo eine
große Geschwindigkeit besteht, sehr niedrig sein, kleiner
sogar als eine Atmosphäre. Erfolgt gerade an einer solchen

Stelle der Bruch, so springt dann das Wasser nicht heraus, sondern im Gegenteil Luft dringt von außen in das Rohr ein. Diese Luft kann dann, um auf unseren Ausgangspunkt zurückzukommen, vom Wasser fortgerissen an die weiteren Stellen der Strombahn und hier wieder unter höheren Druck geraten, dementsprechend sich reichlicher lösen, bis beim endgültigen Verlassen der Leitung aus dem Hahn die ganze Masse gasförmig frei wird. Um kein Mißverständnis zu erwecken, noch eine Bemerkung! Im ganzen bewegt sich die Flüssigkeit immer von Stellen höheren zu denen niedereren Drucks. Ist sie aber einmal in Bewegung, so trifft das nicht immer zu. Wegen des Unterschiedes zwischen hydrostatischem und hydrodynamischem Druck kann es sich jetzt ereignen, daß das Wasser auch einmal — dank seiner lebendigen Kraft — sich von einer Stelle niederen zu einer höheren Druckes begibt. Wahrscheinlich handelt es sich um solche Vorgänge, wenn das in Wasser gelöste Gas ausnahmsweise einmal nicht aus Kohlensäure, sondern aus gewöhnlicher Luft besteht.

In der einfachsten Weise prüft man Wässer auf Kohlensäure, indem man in eine kleine Menge Kalkwasser (klare Lösung!) ein wenig des zu prüfenden Wassers hineingießt. Enthält es Kohlensäure, so trübt sich das Gemenge, weil sich neutraler kohlensaurer Kalk ausscheidet; gibt man aber noch mehr des Wassers hinzu und schüttelt, so verschwindet die Trübung, weil der gefällte kohlensaure Kalk im Überschuß der Kohlensäure unter Bildung von saurem Salz wieder in Lösung geht. Auch kann man das Wasser erhitzen und mit destilliertem Wasser befeuchtetes blaues Lackmuspapier darüber halten. Die Kohlensäure rötet das Papier und läßt man es liegen, so wird es wieder blau, weil die Kohlensäure von selbst abdunstet. Eine andere Säure, z. B. Salzsäure rötet blauen Lackmus dauernd. Noch schärfer ist die Probe, wenn man über das erhitzte Wasser einen Glasstab hält, der in klare Barytlauge getaucht war. Kohlensäure verbindet sich mit dem Baryt dort zu unlöslichem kohlensaurem Barium, die Flüssigkeit am Stab wird trüb und weiß gefärbt.

Es ist nicht selten, daß die Niederschläge aus natürlichen Wässern, Quellen, Bächen, nicht rein weiß, sondern braun bis rostfarben sich ausscheiden. Dann enthalten die Wässer neben dem Kalk auch eine Spur Eisen. Überhaupt ist überall da, wo Gesteine eine gelbe bis braune oder rote

Farbe haben, der erste Verdacht der, daß Eisen, und zwar in einer Verbindung mit Wasser und Sauerstoff, ganz ähnlich wie beim Eisenrost, die Farbe hervorgebracht hat. Die schönen roten, bald feinen, bald breiteren Streifen, die den geäderten Marmor (kohlensaurer Kalk) zieren, sind auch nichts anderes als eine derartige Eisenverbindung, die den mineralogischen Namen Goethit führt. Bei manchen Mineralien und Gesteinen kommt die braune oder rötliche Farbe erst bei der Verwitterung zutage.

Unter V e r w i t t e r u n g versteht man die Veränderung, die Mineralien und Gesteine durch den Einfluß der „Atmosphärilien" erleiden. Ein Teil ihrer Bestandteile geht zu Verlust, wird gelöst und fortgeschafft, ohne durch etwas anderes ersetzt zu werden, als durch die Atmosphärilien: Sauerstoff, Wasser und Kohlensäure. Dabei wird das Gestein gelockert, zerkleinert, manchmal ganz zum Zerfallen gebracht, so daß die frühere Form völlig verloren geht. Der Verwitterungsprozeß beginnt natürlich stets an der Oberfläche, dringt aber auch in die Tiefe, namentlich entlang von Spalten und Zerklüftungen. Verwitterungsprodukte bedecken oft weithin das ursprüngliche Gestein, als „Dammerde", soweit sie durch Vegetation und menschliche Tätigkeit noch weiter verändert worden sind. Dann kann das „anstehende Gestein" nur an einem „Aufschluß" erforscht werden, der durch Abheben der Dammerde, durch einen Durchstich, Steinbruch u. dgl. oder in einem Schacht, Bohrloch bloßgelegt wird. Manche Gesteine bieten dem Angriff der Atmosphärilien dauernden, hartnäckigen Widerstand, andere zerfallen so leicht, daß man selbst an einem Durchschnitt, einem Steinbruch nach Jahresfrist schon kein unverändertes Gesteinsstück und statt dessen nur Verwitterungsprodukte vor sich hat, die zu gröberem oder feinerem Grus und Gerölle werden, oft ihren Ort verlassen und nach unten gleiten oder fallen, abbröckeln. Mauern, Gesimse, die aus solchem leicht verwitterndem Material bestehen, zeigen die gleichen Erscheinungen, sie blättern ab, zerfallen und die architektonischen Gebilde sind frühem Untergang geweiht. Oft sind gerade Steine, die frisch gebrochen sich durch eine hübsche Färbung auszeichnen, recht wenig haltbar; beim größten Teil des Kölner Doms trifft dies zu. Da beim Verwitterungsprozeß stets das Wasser eine Hauptrolle spielt, so ist an Gebäuden die Wetterseite, wo der meiste Regen anschlägt und das Fundament, das

im feuchten Boden steckt, am meisten gefährdet. Wo
Gesteine eine Spur Eisen (meist als kohlensaures Eisen,
„Eisenspat") enthalten, gibt schon die Gelb- bis Braunfärbung
an den Bruchflächen das erste Zeichen für beginnende
Verwitterung ab. Gewöhnlich sind gerade solche eisen-
haltige Gesteine leicht verwitterbar. Der Eisenspat löst
sich wie der Kalkspat in Wasser, das Kohlensäure enthält,
ziemlich leicht und wird ausgespült, und in den zurück-
bleibenden Spalten und Lücken finden die Atmosphärilien
ihren Weg weiter in die Tiefe zu zerstörender Tätigkeit.
Diesem Umstande verdanken z. B. viele Dolomite, die
große Gebirgszüge zusammensetzen, ihre starke Verwitterung.
Die grotesken Gestalten, die dabei in Form von Felsen,
Zacken, Spitzen zurückbleiben und gewaltigen Domen gleich
pittoreske Gruppierung aufweisen, bilden oft eine herrliche
landschaftliche Schönheit. Die „Dolomiten" in den Alpen
werden ja deswegen alljährlich von so vielen Naturfreunden
aufgesucht. Andererseits bieten gerade diese zerfetzten,
ausgenagten Formen dem Bergsteiger eine um so größere
Gefahr, als ihrer Haltbarkeit niemals so recht zu trauen ist.
Ähnliches gilt für gewisse Kalke in der Juraformation
und dem Keuper. Alljährlich kann man im Frühjahr
größere oder geringere Veränderungen der Profile an Ge-
steinsaufschlüssen bemerken, größere und kleinere Fels-
massen stürzen ab und können, namentlich wenn sie an
Gehängen talabwärts weiterrollen, menschliche Kunstbauten
bedrohen. Ein Hauptfaktor für solche gesteinszerstörende
Arbeit gibt die Eisbildung im Winter ab. Wenn das Wasser,
das in den Gesteinsspalten sich angesammelt hat, gefriert,
und dabei sein Volumen um ein Zehntel vergrößert, so übt
es dabei eine unerhört große Kraft aus. Eiserne Bomben,
die man bis oben mit Wasser gefüllt, dann verschraubt und
der Winterkälte ausgesetzt hat, sind — der Versuch ist oft
gemacht worden — immer zerrissen worden und aus den
Spalten ist das Eis hervorgequollen. Wenn die Wasserleitung
im Winter einfriert, platzen die Rohre, was freilich meist
erst erkannt wird, wenn beim Tauwetter aus dem Riß sich
eine Überschwemmung ergießt. Jedes fest verschlossene,
mit Wasser gefüllte Gefäß, das im Winter im Freien oder
im ungeheizten Zimmer dem Frost ausgesetzt wird, ist dem
Untergang geweiht. Erst in der neueren Zeit hat man im
besten Kruppschen Gußstahl ein Material gefunden, das dem
Druck des Eises standhält. Dann bleibt aber auch das

Wasser flüssig, selbst wenn es um viele Grade unter Null abgekühlt ist. Man hat z. B. in ein Kruppsches Geschützrohr eine leicht bewegliche Kugel gebracht, das Rohr mit Wasser gefüllt, verschraubt und lang bei —10 Grad liegen lassen. Beim Neigen des Rohres rollte die Kugel dann noch hörbar im Rohr auf und ab. Das Wasser hätte längst gefrieren müssen, konnte aber nicht, weil die dabei notwendige, unausbleibliche Ausdehnung durch die starken unnachgiebigen Stahlwandungen verhindert wurde, das Wasser war „u n t e r k ü h l t".

Gesteinzerstörend heißt man den Einfluß der Atmosphärilien und des Eises. Man darf aber nicht vergessen, daß beides die Grundbedingungen für das Gedeihen der Pflanzenwelt und damit für die Entwicklung des ganzen organischen Lebens abgibt. Allerdings gibt es Pflanzen, die durch Abscheidung von Säure an ihren Wurzeln sich auch auf widerstandsfähigen Gesteinen ihre Nahrung holen können und der Abdruck ihrer Wurzeln bildet, namentlich auf glatten Flächen, wie z. B. den Solnhofer Kalkplatten, zierliche eingeätzte Figuren. Im allgemeinen aber sind die Pflanzen in ihren Bedürfnissen nach anorganischen Nährstoffen, nach Salzen, auf Verwitterungsprodukte der ursprünglichen Gesteine angewiesen. Nur ein Beispiel von besonderer Wichtigkeit hierfür wollen wir kurz erwähnen. Eine eigene Klasse von Mineralien, die man Feldspäte nennt, hat eine weite Verbreitung in den verschiedensten Gesteinen, so z. B. dem Granit, dem Gneiß, dem Basalt, Trachyt und vielen anderen. Aus dem Verwitterungsprodukt der Feldspäte beziehen die Pflanzen das Alkali, speziell die Kaliumsalze, ohne die sie nicht leben und wachsen könnten, womit natürlich auch das Leben der Tiere und der Menschen, die in allerletzter Linie direkt oder nach dem Durchgang durch einen tierischen Körper sich von Pflanzen nähren, nicht möglich wäre. Die Feldspäte sind Verbindungen der Kieselsäure mit Tonerde und Alkalien (Kalium, Natrium, auch Kalzium). Durch den Einfluß von Wasser und Kohlensäure werden sie zersetzt, verwittern, wobei sich kohlensaures Kalium usw. abspaltet und im Wasser gelöst von dem Pflanzenwuchs in Anspruch genommen wird, während kieselsaure Tonerde, d. i. Ton, Porzellanerde, Kaolin zurückbleibt. Überall, wo Tonlager angetroffen werden, stellen sie nichts anderes dar als ein Verwitterungsprodukt, sie sind s e k u n d ä r e G e s t e i n e, im Gegensatz zu den p r i -

m ä r e n , den Graniten, Basalten usw., deren Gemengteile,
die Feldspäte, (freilich auch noch manche andere, z. B. die
Olivine), nach dem hier kurz angedeuteten Schema zersetzt
werden. Die kieselsaure Tonerde hat in der Mineralogie
den Namen Kaolin, und den geschilderten Vorgang heißt
man demnach auch K a o l i n i s i e r u n g der Gesteine.
Bei ihr tritt allmählich Zerkleinerung, Zerfall der ursprünglichen Form zur chemischen Veränderung noch hinzu
und so besteht die Tonerde aus vielen nur lose zusammen-
gehäuften Teilen. Ist nun der eine Teil der Verwitterungsprodukte, das kohlensaure Alkali, geradezu lebensnötig
für die ganze organische Welt, so ist der andere Teil, das
Kaolin, der T o n , auch für die Verbreitung und den Bestand derselben von sehr großer Wichtigkeit, denn an sein
Vorkommen ist auch das Bestehen von Wasserbecken,
das Entstehen von Quellen und Wasserläufen, von Grundwasser aufs innigste verknüpft. Leider müssen wir uns
jedes tiefere Eingehen auf Mineralogie und Geologie ja
versagen, aber einiges, was von besonderer allgemeiner
Bedeutung für den Menschen und dessen Kenntnis für die
Naturbeobachtung und das Verständnis vieler Erscheinungen
unerläßlich ist, müssen wir doch wenigstens berühren.

In der Natur vorkommende organische Körper heißen
wir M i n e r a l i e n . Sie sind nur zum geringen Teil
Elemente im Sinne der Chemie und bestehen dann aus einem
einzigen nicht weiter zerlegbaren Stoff, wie Kohle, Schwefel,
Quecksilber, edle Metalle. Zum allergrößten Teil sind
die Mineralien chemische Verbindungen, d. h. sie sind zwar
nicht mechanisch, wohl aber chemisch in verschiedene
Bestandteile, allermindestens in zwei, zerlegbar. Bei allen
Mineralien zusammen beträgt der Sauerstoff, chemisch gebunden, an Gewicht mehr als die Hälfte. G e s t e i n ist
wieder etwas anderes als Mineral und bezeichnet eine Zusammensetzung bald von Mineralien zu einem festen Gefüge, bald von einem Mineral allein, wie Kreide und Marmor
aus dem Kalkspat, oder aus zweien, selbst mehreren, wie
z. B. der Granit und der Gneiß aus Quarz, zwei Feldspäten
und meist noch aus Glimmer (oder Hornblende usw.) besteht. Man unterscheidet demnach e i n f a c h e G e s t e i n e,
z. B. Marmor, und z u s a m m e n g e s e t z t e , z. B. den
Granit. Mit dem bloßen Auge oder wenigstens mit Lupe
oder Mikroskop, kann man die einfachen Gesteine von den
zusammengesetzten oft leicht unterscheiden. Bei solchen

Untersuchungen muß der zu prüfende Stein jedenfalls angeschlagen werden, so daß eine frische Bruchfläche sichtbar wird. An dieser wird man meistens an Färbung, Glanz usw. die einzelnen Bestandteile der zusammengesetzten Gesteine erkennen, z. B. an vielen Graniten den weißen Quarz, den fleischroten Kalifeldspat, den schwarzen Glimmer. Jedes Gestein, dessen Bruchfläche verschieden gefärbte Stellen aufweist, muß zunächst als zusammengesetzt bezeichnet werden. Aber nur eine nähere Untersuchung kann lehren, ob nicht vielleicht ein spärlich vertretener Bestandteil ein mehr zufälliger, für die Gesteinsart nicht wesentlicher ist. So z. B. enthalten manche Glimmerschiefer häufig eingesprengte rote Granaten, andere tun es nicht und sind trotzdem immer noch Glimmerschiefer. In solchem granatführenden Glimmerschiefer tritt der Granat als „akzessorischer" Bestandteil auf. Oder ein grünlicher Gabbro ist von weißen Adern, „Schnüren", die aus Kalkspat bestehen, durchzogen u. dgl. Stets sind aber solche Vorkommnisse ein Zeichen, daß das ursprüngliche Gestein bereits spätere Umwandlungen erlitten hat. Im oben erwähnten Beispiel ist der Gabbro durch chemische Wasseraufnahme zum Teil in grünem Serpentin umgewandelt, „serpentinisiert" worden u. dgl. Diese Dinge können wir hier nicht weiter verfolgen, müssen aber noch den Unterschied zwischen den beiden großen Gruppen der Gesteine hervorheben, die wir als p r i m ä r e oder k r i s t a l l i n i s c h e und als s e k u n d ä r e oder T r ü m m e r g e s t e i n e u n t e r s c h e i d e n, denn diese Einteilung ist für die Naturbeobachtung von grundsätzlicher Bedeutung und kann auch wirklich von jedem und ohne jedes weitere Hilfsmittel getroffen werden.

Die primären oder kristallinischen Gesteine heißen so, weil sie wirklich aus kristallinischen Teilen zusammengesetzt sind, oft freilich aus so feinen, daß diese nur mit dem Mikroskop erkannt werden können und weil sie sich gebildet haben, wie sie jetzt noch sind, zum größten Teil als Niederschläge aus dem Urmeer, „s e d i m e n t ä r e" Gesteine, zum geringeren Teil beim Erstarren aus Feuerfluß „p l u t o n i s c h e" und „v u l k a n i s c h e" Gesteine.

Durch mechanische Verkleinerung gehen aus diesen primären Gesteinen die sekundären oder „klastischen" Gesteine oder Trümmergesteine hervor. Diese wieder werden unterschieden als „l o s e Trümmergesteine" (Gerölle, Sand

usw.), und „z e m e n t i e r t e Trümmergesteine“, in denen
die vordem losen Körner durch einen Kitt, der meist aus
Ton und Kalk besteht, zu mitunter sehr fester Masse zusammengehalten werden. Dahin gehören z. B. alle „Sandsteine“, mit grobem oder feinem Korn. Sind deutlich größere
Bruchstücke, kleinere und größere Steine verkittet, so heißt
man das Gebilde N a g e l f l u h wenn die Steine rund,
B r e c c i e wenn sie eckig sind.

Der fundamentale praktische Unterschied zwischen
primären und sekundären Gesteinen, der uns hier interessiert,
besteht darin, daß die primären Gesteine w a s s e r u n
d u r c h l ä s s i g , die sekundären w a s s e r d u r c h
l ä s s i g sind, mit noch zu erwähnenden Ausnahmen.
Ton ist auch ein Trümmergestein, ebenso wie sein unreines
Gemenge mit kohlensaurem Kalk, der Lehm und Mergel,
die meist durch etwas Eisen gelb oder rötlich gefärbt sind.
Ton nimmt Wasser begierig auf, saugt sich voll davon
und wird dabei knetbar, „plastisch“, hält aber das Wasser
fest, läßt es nach unten nicht abtropfen. Je mehr Ton ein
Trümmergestein enthält, desto wasserundurchlässiger ist es,
und so ist an sehr vielen Orten der Wassergehalt des Bodens,
die Bildung von Grundwasser, von Quellen und Wasserläufen, an das Auftreten von Ton- und Mergelschichten geknüpft. Weite Landstriche in Deutschland sind von losem
Trümmergestein bedeckt, wie die Mark, die Küsten der
See vom Sand, oft bis zu gewaltigen noch nicht ganz durchbohrten Tiefen wie im ganzen voralpinen Vorland bis zur
Donau, das mit dem Schutt der Alpen, grobem und feinerem
Gerölle überschüttet ist, von angeschwemmten Teilen (Alluvium) oder vom Eis her transportiert (glaziale Bildungen).
In diesen Gegenden trifft man nur Wasser bei Bohrungen,
wenn unten eine Schicht von Mergel, Flinz, Letten, kurz
tonhaltige, das Wasser am weiteren Versinken hindert.
Bei Durchschnitten durch Hügel, Bahneinschnitten u. dgl.
treten solche feinkörnige feuchte, ziemlich horizontal gelagerte Schichten zutage. Ihre Anwesenheit wird man mit
Sicherheit überall da annehmen können, wo Wasser durch
loses Gestein hindurch erbohrt oder von Quellen spontan
durchbrochen wird. Im Bereich von primären Gesteinen
liegt die Sache anders, das wasserdurchlässige Gestein läßt
das Regenwasser und das Schmelzwasser vom Schnee nur
durch zufällige Spalten eindringen, es sammelt sich in den
Klüften und tritt dann an Einschnitten und Gehängen in

meist starken Quellen zutage. Gute Beispiele hierfür geben die Kalkalpen.

Wenn man von den immerhin seltenen und auf kleine Örtlichkeiten begrenzten Tropfsteinbildungen absieht, so haben alle sedimentären Gesteine, alle die aus Wasser sich absetzten, ursprünglich eine horizontale Schichtung aufzuweisen, und viele haben sie auch behalten, viele aber sind auch in ihrer Lage durch mannigfache Einwirkungen verändert worden. Die Schichtung und Lagerung der Schichten kann man natürlich nur erkennen und verfolgen, wo die Gesteine nackt zutage treten, am besten an Durchschnitten, wie sie in der Natur vorkommen oder so häufig durch menschliche Tätigkeit erzeugt werden. Gesteinsprofile kann man also an Weg- und Eisenbahnbauten, Steinbrüchen u. dgl. am schönsten studieren. Auch ohne die besonderen Meßinstrumente, deren der Geologe bedarf, kann man irgend erhebliche Abweichungen der Schichten von der ursprünglichen Horizontalen oft schon beim bloßen Ansehen leicht erkennen. Die Richtung, in der sich eine Schicht gesenkt hat, heißt das „F a l l e n“, die senkrecht dazu stehende Richtung das „S t r e i c h e n“ der Schicht. Letztere kann eine nach vielen Kilometern zu bemessende Ausdehnung haben, beide erleiden aber oft auch dazwischen eine Unterbrechung ihres regelmäßigen Verlaufs, die je nach ihrer Art verschiedene Namen führen, wie „Faltungen“, „Knickungen“ und die eigentlichen „Verwerfungen“. Bei den letzteren ist die Schicht im Streichen derart unterbrochen, daß plötzlich der eine Teil der Schicht ein stärkeres oder schwächeres Fallen aufweist oder selbst von einer bestimmten Stelle an tiefer liegt als der andere. Diese Verschiebung erfolgt entlang einer Spalte, die „Verwerfungsspalte“ heißt und häufig durch Ausscheidung von anderen Gesteinen oder Mineralien zum Teil oder ganz ausgefüllt ist. So kann man z. B. im Gebiet der Muschelkalk-Formation, deren Gesteine im wesentlichen aus kohlensaurem Kalk bestehen, Verwerfungsspalten mit Gips (schwefelsaurer Kalk) oder Schwerspat (schwefelsaures Barium), Witterit (kohlensaures Strontium) u. dgl. angefüllt finden. Eine solche Verwerfung kann zustande kommen, indem ein Teil der Schicht aus der ursprünglichen Lage nach unten sinkt oder einer durch eine Kraft von unten her gehoben wird. Liegt die Möglichkeit vor, das Streichen der Schicht auf größere Entfernung hin zu verfolgen, so kann die Entscheidung meist leicht getroffen werden, womit aber die Frage noch nicht gelöst ist, welche Kraft die Verwerfung bewirkt hat, die gleiche Frage, die auch bei den anderen Dislokationen, den Faltungen, Knickungen, Neigungen sich aufwirft. Im Bereiche oder in der Nähe von vulkanischen Formationen wird man freilich an vulkanische Tätigkeit als Ursache mit Recht in erster Linie denken. Dabei darf der Begriff vulkanischer Bildungen nicht zu eng gefaßt und nur auf Gegenden beschränkt bleiben, in denen noch jetzt tätige Vulkane oder ihre letzten Spuren, Gasquellen, Fumarolen u. dgl. angetroffen werden. Man bezeichnet Gesteinsbildungen, die aus Feuerfluß entstanden sind, als „vulkanisch", wenn sie aus den letzten Epochen der Erdgeschichte noch in die Jetztzeit herüberragen, als „plutonisch" dagegen, wenn ihre Bildung so weit zurückliegt, daß jede vulkanische Tätigkeit als längst erloschen gelten darf. Die Kuppen, welche z. B. Basalte bilden, gehören hierher. Sie selbst zeigen natürlich nicht die Schichtung, die den sedimentären Formationen zukommt, ihre eigene Bildung kann aber an diesen in ihrer Nachbarschaft in mannigfachen Dislokationen, Verwerfungen durch Druck von unten oder auch durch Einstürzen usw. hervorrufen. Auf deutschem Boden wird man solchen Vulkanen z. B. begegnen in der Rhön, am Vogelsberg, im Westerwald, in der vulkanischen Eifel, wo jüngere vulkanische Gesteine (Basalte usw.) anstehen.

Auch in diesen Gegenden liegt die vulkanische Tätigkeit gewiß hunderte von Jahrtausenden zurück und tätige Vulkane gibt es in Deutschland bekanntlich nicht. Ob wir jemals wieder einen tätigen „feuerspeienden Berg" haben werden, läßt sich weder bejahen noch verneinen. Wahrscheinlich ist es ja nicht, am ehesten noch von der vulkanischen Eifel zu erwarten. Die Geologen aber sagen, daß man auch dem ältesten, längst erloschenen Vulkan nicht sicher trauen dürfe. Beispiele dazu in der Erdgeschichte gibt es genug und man braucht sich nur an das bekannte Beispiel von Herkulanum und Pompeji zu erinnern, wo eine Ruhe, seit Menschengedenken andauernd, plötzlich und ganz unvorhergesehen, durch einen vernichtenden Ausbruch unterbrochen wurde. E r d b e b e n gibt es aber auch in Deutschland, wenngleich seltener als in anderen Gegenden. Erdbeben kommen aber zwar in vulkanischen Gegenden häufig genug vor, sind aber keineswegs auf sie beschränkt. Die

Mehrzahl der Beben ist überhaupt gar nicht in Zusammenhang mit vulkanischer Tätigkeit und nicht Folge davon.

Man unterscheidet auch andere Formen von Erdbeben, z. B. E i n s t u r z b e b e n , die meistens eine nur eng begrenzte Örtlichkeit befallen, durch Auswaschen des Untergrunds, Höhlenbildung und Einsturz. Viel wichtiger sind die t e k t o n i s c h e n B e b e n . Sie entstehen durch seitlichen Druck. Durch die zunehmende Erkaltung der Erdoberfläche zog und zieht sich noch heutigen Tages die Erdrinde zusammen. Dabei faltet sie sich, und die wichtigsten Gebirgszüge, auch die Alpen, sind so entstanden. Die Kräfte, durch die so große Massen bewegt werden, sind natürlich ungeheuere. Lange Zeiten können vergehen und gewaltige Spannungen können auftreten, bis auf einmal ein Ruck entsteht und eine Verschiebung, die nicht einmal an der Oberfläche Veränderungen zu machen braucht, die aber doch eine bemerkbare Erschütterung bewirkt, die in einem oder in mehreren Stößen auftritt. Manche werden sich noch des Bebens vom Jahre 1913 erinnern, das als kurze, etwa ein paar Sekunden dauernde Erschütterung in Schwaben, Bayern, den Rhein hinunter bis etwa Mainz sehr deutlich gespürt wurde. Solche tektonische Beben stehen in gar keinem Zusammenhang mit Vulkanismus. In den Alpen, wo von diesem keine Rede sein kann, sind sie gar keine Seltenheit, wenn man alle Erschütterungen zusammenrechnet, die von feinen, empfindlichen Instrumenten verzeichnet werden.

Ich kann meinen Lesern nicht versprechen, daß sie dieses interessante Naturereignis auch einmal kennen lernen, ich selbst habe es nur dreimal erlebt, eines davon als Kind, wo von Beobachten noch keine Rede war. Für den Fall aber, daß doch einmal einer ein Beben erleben kann, soll er darauf vorbereitet sein, auf was er achten muß. Selten dauert ein Beben bei uns länger als ein paar Sekunden, zum Besinnen ist keine Zeit und die seltene Gelegenheit sollte doch nach Möglichkeit ausgenützt werden. Damit leistet man auch der Wissenschaft einen Dienst, und deswegen hat die Zentrale für die Erdbebenforschung eine Anweisung ausgegeben, deren weitere Verbreitung sehr zu wünschen wäre. Sie soll hier wörtlich folgen. Man sieht daraus zugleich am besten. auf was man gelegentlich eines Erdbebens zu achten hat. Die Zeitbestimmung mit der Uhr soll möglichst rasch geschehen, nicht erst später aus dem Gedächtnis und schätzungsweise. Einen guten Behelf gibt es ab, wenn durch das Beben Wand- oder Standuhren zum Stehen gekommen sind, am besten ihrer mehrere.

Es ist von wissenschaftlichem Wert, wenn bei einem Beben möglichst viele und möglichst genaue Beantwortungen des nachfolgenden Fragebogens einlaufen. In der guten alten Zeit sollte man ihn an die Kaiserliche Hauptstation für Erdbebenforschung in Straßburg i. E. senden. Wohin jetzt, weiß ich nicht, am besten wohl an die Sternwarte in München.

Wann wurde das Beben verspürt? (Tag, Stunde, Minute. Wenn möglich den Fehler der Beobachtungsuhr gegen die nächste Bahn- oder Postuhr angeben!)

Wo befand sich der Beobachter (im Freien?, in einem Gebäude?, i n w e l c h e m S t o c k w e r k?). Bei welcher Beschäftigung wurde das Beben verspürt?

Auf welchem Boden steht der Beobachtungsort? (Ebene? Gehänge? Fels? Schuttboden? Sumpfiger Boden? Wie dick ist der Schutt bis zur Felsunterlage?)

Wieviel Stöße wurden verspürt? (In welchen Zwischenräumen? Welcher war der stärkste?)

Welcher Art war die Bewegung? (Schlag von unten? Langsames Schwanken? Kurzer Ruck? Zittern? Wechselten diese Bewegungsarten miteinander ab? Wie?)

Aus welcher Himmelsrichtung kam die Bewegung?

Nach wieviel Zeit trat Ruhe ein?

Welche Wirkung übte die Erderschütterung aus? (z. B. Zittern der Möbel? Leises oder lautes Klirren von Gläsern, Geschirren, Fenstern? Krachen von Türen, Balken, Dielen? Bewegung von Bäumen, Sträuchern usw.? Schwanken frei hängender Gegenstände? Verschieben oder Klappern von Bildern? Tönen von Hausklingeln? Umfallen kleiner Gegenstände, wie Nippsachen, Umfallen an die Wand gelehnter Gegenstände? Anschlagen von Kirchenglocken? Verrücken von Möbeln? Herabfallen der Gegenstände von den Standorten? Umfallen von Möbeln? Von welchen? Abbröckeln des Verputzes? Mauerrisse usw. Bei Gebäudebeschädigungen, Veränderungen des Erdbodens und ähnlichem ist eine ausführliche Beschreibung zu geben.)

Gab es ein unterirdisches Geräusch? Ging es voraus? War es gleichzeitig? Folgte es nach?

Sind noch schwächere Erschütterungen vorher oder nachher beobachtet worden? Zu welcher Zeit? Mit welchen Wirkungen?

Ist das Beben noch von anderen Beobachtern des Orts gefühlt worden? Von vereinzelten? Von vielen? Von allen?

Wichtig ist die Angabe, ob das Beben nicht gefühlt worden, trotzdem der Beobachtungsort nahe dem Bebengebiet lag.

Der Beobachtungsort ist auch nach Bezirk, Gemeinde anzugeben.

Stärkere und verbreitete Erdbeben sind in Deutschland meistens Fernbeben. Das Epizentrum, die Stelle, die senkrecht über ihrem Entstehungsort liegt, befindet sich meistens in den Alpen, häufiger noch südlich davon. Man wird also bei uns kaum jemals in die Lage kommen, die so viel heftigeren Folgen eines Nahbebens zu beobachten. Auch Versiegen von Wasserläufen, von Quellen, Ausbleiben von Brunnen gehören dazu. Auch können sich längst eingetrocknete Wasserläufe wieder füllen, kurz mit Verschiebung der wasserführenden Schichten können teils vorübergehende, teils aber auch bleibende Veränderungen in der Verbreitung und Bewegung des Wassers eintreten.

Umgekehrt ist das Wasser ein mächtiger Faktor, der auf die Umgestaltung der Erdoberfläche jahraus jahrein den allergrößten Einfluß ausübt.

Weiter oben haben wir schon bemerkt, daß Wasser und Eis gesteinzerstörend wirken können. Was eine Wasserflut bei Hochwasser in kurzer Zeit und in leicht nachweisbarer Weise zustande bringt, was an wilden Gebirgswässern augenscheinlich ist, das leisten auch ruhig fließende Wasserläufe in längeren Zeiten. Fast alle Flußtäler hat sich das Wasser selbst in die Gesteine eingeschnitten, hat Berge und Gebirgsketten an vielen Orten durchbrochen, und es läßt sich nachweisen, daß der Wasserstand früher viel höher oben gewesen sein muß an Resten von angeschwemmtem Flußsand und Lehm gleich dem, wie ihn der Fluß noch heute mit sich führt. Auch horizontale Verschiebung des Flußbettes ist eine gewöhnliche Sache. Wo der Fluß in hügeligem Gelände eine Biegung macht, gilt ganz allgemein die Regel, daß das Ufer an der Konvexität des Bogens steil, an der Konkavität flach ist, hier oft eine beträchtliche Strecke vom Gebirgs- oder Hügelzug entfernt. Gegen den Hügel rückt der Fluß vor, und sobald er das bewachsene Land weggespült hat und bis zum anstehenden Gestein vorgedrungen ist, geht es viel schneller als vorher und in der Höhlung seines Bogens läßt er oft weite Ebenen, gewöhnlich fruchtbaren Landes, zurück. Die Fruchtbarkeit ist bedingt durch die Mengen verwitterter, „aufgeschlossener" Gesteinsprodukte, die der Pflanzendecke zur Nahrung dienen können und durch den Stand des Grundwassers, durch das allein an vielen Orten das Gedeihen der wichtigsten Pflanzen, namentlich der Gräser, gewährleistet wird. Überhaupt muß man sich erinnern, daß das fließende Wasser durchaus nicht etwa auf das Bett eines Flußlaufes beschränkt ist. In ihm fließt das Wasser nur oberirdisch, unterirdisch aber, langsamer, auf beiden Seiten des Flusses noch weit ins Land hinein. In diese Wasseransammlungen münden auch alle Sickerwässer. Legt man künstlich, z. B. durch Kanalisation, den mittleren Wasserstand tiefer, beschleunigt die Wasserbewegung, so senkt man dadurch auch das Grundwasser im ganzen Stromgebiet und große Flächen Landes können dadurch in ihrer Vegetation schwer geschädigt werden. Man muß mit solchen Dingen vorsichtig sein. Den besten Aufschluß über diese Verhältnisse gibt die Prüfung des Wasserstandes in Bohrlöchern, also zunächst in Pump- und Ziehbrunnen. Im allgemeinen zeigen tief niedergetriebene Bohrlöcher einen konstanteren Wasserspiegel als seichtere; die Jahreszeiten sind auf den Wasserstand bei oberflächlich gelegenem Grundwasser gewöhnlich von größerem Einfluß. Die Örtlichkeit spielt dabei freilich oft eine ausschlaggebende Rolle. In wasserarmen Gegenden mit geringen Niederschlägen kann schon ein größerer Wasserverbrauch den Spiegel senken oder die Brunnen trocken legen. Wenn aber unter Berücksichtigung aller dieser Zufälligkeiten dauernde Veränderungen im Wasserstand und in auffallender Weise bemerkbar werden, dann liegt der Schluß nahe, daß die Abflußverhältnisse sich geändert haben, sei es durch Naturereignisse, sei es durch menschliche Tätigkeit. So trocknen z. B. viele Moore in jedem heißen regenarmen Sommer aus und werden im nächsten Frühjahr wieder naß, es kann aber auch geschehen, daß die Erbohrung eines Brunnens, die Erschließung einer Quelle an recht weit entlegenem Orte einen Sumpf endgültig trocken legt, womit dann der Beweis für die Herkunft des „Brunnenwassers" gegeben ist. Ich habe selbst erlebt, daß eine ganze kleine Ortschaft sich einer neu angelegten Wasserleitung nur zwei Jahre lang erfreute, dann war ein nahe gelegener Sumpf trocken gelegt, d. h. ausgetrunken. Es ist oft ungemein schwer, von der Verteilung des Wassers unter der Erde, von der Kommunikation der wasserführenden Schichten untereinander ein richtiges Bild zu bekommen, sehr schwer sogar in vielen Fällen für die Geologen vom Fach. Wenn wir hier von Quellenbildung einige Worte sprechen wollen, so kann damit nur das allerallgemeinste berührt werden.

Bäche und Flüsse führen ihr Wasser dem Meere zu, durch Verdunstung kommt es dort, zum Teil auch schon von der Oberfläche der Wasserläufe aus, wieder gasförmig in die Atmosphäre, ballt sich zu Wolken, fällt als Regen und Schnee, dringt auch gasförmig in die oberflächlichen Schichten des Erdbodens, wird dort verdichtet, speist die Wasserläufe und hält so den Kreisgang „ewig wechselnd" aufrecht. Stets gehört zur Quellenbildung eine wasserundurchlässige Schicht, die von wasserdurchlässigen überdeckt ist. Die undurchlässige Schicht verhindert das weitere Fallen des Wassers nach unten, die durchlässige darüber das Ablaufen und Verdunsten und beherbergt es in ihren Spalten, größeren und kleineren Räumen, zwischen den festen Teilen, wie ein Schwamm. Bringt man ein Bohrloch nieder, so fließt in dasselbe von den Seiten her Wasser, sobald man die „wasserführende Schicht" erbohrt hat, d. h. die wasserdurchlässige oberhalb der wasserundurchlässigen. Je nach der Menge der Niederschläge und der vorhandenen Abflußwege, z. B. nach einem Fluß hin, ist diese wasserführende Schicht hoch (mächtig) oder seicht, liefert der erbohrte Brunnen reichere oder spärliche Wassermengen, die durch Pumpen oder Eimer zutage gebracht werden können. Was hier menschliche Tätigkeit leistet, das geschieht in der Natur überall da, wo eine undurchlässige Schicht durch irgendeinen Einschnitt, ein Tal, eine Schlucht usw. angeschnitten wird. Da tritt allemal direkt oberhalb der undurchlässigen Schicht eine Quelle zutage.

Sind die Schichten auf beiden Seiten eines Tales in gleichem Sinne geneigt, so hat das Tal eine quellenreiche und eine quellenarme Seite. Ein Berg ist auf der Seite, wo seine Schichten einfallen, wasserarm, und hier kann man nie hoffen, einen Brunnen mit Erfolg zu bohren, nur auf der anderen Seite kann dies gelingen. Ein Tal mit synklinen Schichten ist auf beiden Seiten quellenreich, eines mit antiklinen Schichten auf beiden Seiten quellenarm. (Synkline Schichten nähern sich im Fallen, antikline entfernen sich dabei voneinander.) „Hungerq u e l l e n“, die in jedem warmen Sommer versickern, entspringen da, wo die wasserführende Schicht nur seicht und oberflächlich gelagert oder sonst bei unregelmäßigem Verlauf der Schichten räumlich begrenzt ist. Ob eine Quelle langsam aussickert oder hervorsprudelt, oder gar in mächtigem Bogen herausspringt, wie an manchen Wasserfällen in den Alpen, hängt von dem Druck ab, unter dem das Wasser im Gestein steht, also von der Höhe des Wasserspiegels oberhalb der Ausflußstelle. Manche natürliche oder erbohrte Quellen springen sogar viele Meter aus dem flachen Boden in die Höhe. Ist die durchlässige, wasserführende Schicht muldenförmig gekrümmt und nicht nur unten, sondern auch oben von einer undurchlässigen Schicht abgeschlossen, so steht das Wasser unter einem Druck und kann, wenn unten ein Loch da ist oder gebohrt wird, an dieser Stelle fast bis zur Höhe des unterirdischen Wasserspiegels springen. In manchen Gegenden sind solche Vorkommnisse nicht selten, namentlich in der Grafschaft Artois häufig, woher diese Brunnen gewöhnlich auch a r t e s i s c h e B r u n n e n genannt werden. An Stelle des Wasserdrucks kann auch der Druck von Kohlensäure treten, an der manche Quellen sehr reich sind. Die Kohlensäure entbindet sich aus dem Wasser, sammelt sich in unterirdischen Räumen an und preßt das Wasser durch präformierte Spalten in die Höhe. So entstehen manche „k o h l e n s a u r e S p r u d e l“.

Wasser nimmt wegen seiner großen Wärmekapazität die Temperatur des Bodens langsam an und um so langsamer, je größer seine Menge ist und je rascher es sich erneuert. In ihrer Temperatur Sommer wie Winter ziemlich gleich bleibende Wässer stammen aus größerer Tiefe, ganz oberflächliche machen die Temperaturschwankungen der Luft und des Bodens getreulich mit, nur etwas später. Sehr kalte zeigen, daß sie viel Schmelzwasser aus Schneefeldern und Gletschern führen, kommen also namentlich im Hochgebirge vor. Besonders warme oder sogar heiße Quellen stammen immer aus großer Tiefe.

Feuer.

In Bohrlöchern und Schächten steigt die Temperatur um einen Grad, wenn man um etwa 33 Meter tiefer kommt. Man heißt die Entfernung von der Erdoberfläche, die für je um einen Grad höhere Erdtemperatur nötig ist, die g e o - t h e r m i s c h e T i e f e n s t u f e. Sie ist freilich nicht überall genau die gleiche, an manchen Orten, z. B. in Wiesbaden, in Homburg, bedeutend geringer. Hier würde man bei weiterem Vordringen viel früher auf die Tiefe stoßen, in der der Berechnung zufolge eine Hitze herrschen muß, bei der alle Gesteine schmelzen müßten. Nimmt man als Durchschnitt die geothermische Tiefenstufe = 30 Meter an, so kann man also ungefähr aus der beobachteten Temperatur einer warmen Quelle berechnen, in welcher Tiefe im Innern sie ihren Ursprung hat, „wo die Quelle aufsetzt“. Auch wenn man seitlich in das Erdinnere, in einen Berg vordringt, bemerkt man eine Zunahme der Temperatur, die bekanntlich beim Bohren sehr langer Tunnels, z. B. durch den Simplon, ein schwer zu überwindendes Hindernis für die Arbeit abgab. Auch lokale Ursachen für Erhöhung der Erdtemperatur gibt es. Solche finden sich in Oxydationsprozessen, langsamer Verbrennung von kohle- und schwefelhaltigen Mineralien. Solche Beispiele trifft man an in der Nähe von Kohlen- und Torflagern, auch ohne daß wirkliche Brände stattfinden, wie beim „brennenden Berg“ von Duttweiler, bei zufälligen Bränden von Kohlenlagern u. dgl. Wahrscheinlich verdanken auch manche warme und heiße Quellen („Thermen“) einer langsamen Verbrennung des anstehenden Gesteins ihre hohe Temperatur. Organische

Substanz, also kohlenstoffhaltige, ist in den Gesteinen viel weiter verbreitet, als es bei oberflächlicher Betrachtung den Anschein hat. Viele Schiefer verdanken ihre schwarze Farbe ihrem reichlichen Gehalt an Kohle; manche kann man in der Kerzenflamme anzünden und sie brennen mit rußender Flamme weiter. Bei Schadenfeuern können von Schieferdächern brennende Schieferplatten vom Wind weit fortgetrieben werden und den Brand verbreiten, meist erlöschen sie allerdings, wenn sie aus der Hitze des ursprünglichen Brandherdes kommen, nach einigen Sekunden und man findet sie dann mit angeschmolzenen Kanten und Ecken am Boden liegend. Brennende Schiefer liefern ein prachtvolles Schauspiel, wenn sie beim Einsturz des Dachstuhls hell leuchtend durch die Luft prasseln. An Feuersicherheit kann also diese Art harter Bedachung mit den gebrannten Ziegeln nicht wetteifern, die weder entzündbar, noch schmelzbar sind. Lang abgelagerter Staub unter Schieferdächern neigt sogar zur Selbstentzündung oder verbreitet wenigstens einen kleinen Brand mit Riesenschnelle durchs Gebälk des ganzen Daches; so geschah es z. B. beim großen Brand des herrlichen Schlosses in Würzburg im Jahre 1895. Wenn sich brennbarer Staub (es braucht gar nicht Kohle zu sein, feiner Mehlstaub verhält sich ebenso) in großen Massen der Luft beimischt, so entsteht ein Gemenge, das bei der Entzündung mit großer Gewalt explodiert. Solche Staubexplosionen können z. B. in Kohlenbergwerken so verheerend wirken wie die Entzündung von Gemischen brennbaren Gases (Grubengases) mit Luft, wie die eigentlichen „schlagenden Wetter". Deswegen muß in solchen Bergwerken der Kohlenstaub immer berieselt und naß gehalten werden, damit er nicht aufgewirbelt werden kann. „Verbrennung" heißt man das Eingehen einer chemischen Verbindung mit Sauerstoff. Sie verläuft allemal mit Temperaturerhöhung, und es ist nur ein gradueller Unterschied, ob dabei die Temperatur bis zur Feuererscheinung führt oder nicht. Alle Körper fangen bei einer Temperatur von 500 Grad zu leuchten an, und zwar senden sie zunächst rote, dann bei 600 Grad gelbe, bei 1000 Grad weiße Lichtstrahlen aus. Man unterscheidet demnach Rot-, Gelb- und Weißglut. Bei einem Stück Eisen von 200 Grad kann man sich schwer verbrennen, es ist „glühend heiß", aber es „glüht" noch nicht. Schwarzglut kann man solche Temperaturen, die hoch, aber noch unter Rotglut liegen, heißen. Jedes Gramm Kohle entwickelt

bei seiner Verbrennung die ganz gleiche Wärmemenge,
d. h. etwa 8000 Kalorien, gleichviel in welcher Zeit die
Verbrennung abläuft. Aber für die erzielte Temperatur
ist dies keineswegs gleichgültig. In jeder Zeit gibt nämlich
ein erwärmter Körper auch Wärme gegen die kältere Umgebung ab, in längerer Zeit mehr als in kürzerer. Wenn ein
Verbrennungsprozeß in einer Sekunde abläuft, so kann er
Weißglut an einem Körper erzeugen, der kaum merkbar
warm wird, wenn die Oxydation im Verlauf eines Jahres
vollendet wird. Nicht immer gelingt es also erhöhte Temperatur als den Effekt langsamer Verbrennung nachzuweisen,
auch·wenn solche sicher stattfindet. Läßt man z. B. einen
Haufen Kohlen ein Jahr lang an der Luft liegen, so wird er
im Verlauf dieser Zeit leichter, deswegen weil ein Teil der
Kohle mit dem Sauerstoff der Luft unter Bildung von Kohlensäure verbrannt ist, dabei fühlt sich die Oberfläche des
Kohlenhaufens keineswegs warm oder heiß an, denn die
gebildete Wärme fließt gegen die Umgebung, die kalte
Luft, immer wieder ab. Steckt man aber ein Thermometer
ins Innere des Haufens, dorthin wo die Abkühlung nach
außen durch eine dicke Schicht schlecht wärmeleitender
Kohle verhindert ist, so findet man die Temperatur oft um
viele Grade höher als außen. Je mehr Angriffspunkte
der Sauerstoff an der Kohle hat, desto rascher verläuft die
Verbrennung. Mit Zerkleinerung eines Kohlenstückes wird
dessen Masse nicht geändert, wohl aber seine Oberfläche
vergrößert, es erfolgt die Verbrennung rascher und erzeugt
an der gleichen Masse eine höhere Temperatur, wie bekannt
ist oft bis zur Selbstentzündung. Was man an reiner Kohle
beobachtet, kann auch an anderen kohlenstoffhaltigen
Stoffen geschehen. In nassen Heuhaufen wird der Oxy-
dationsprozeß eingeleitet und unterhalten durch die Lebens-
tätigkeit von Spaltpilzen. Der Bacillus coli bewirkt erst
eine Temperaturerhöhung bis etwa 40 Grad, dann setzt die
Tätigkeit des Bacillus calfactor ein, der selbst hohe Temperaturen verträgt und sich bei 70 Grad noch weiter entwickeln kann. Zur Entwicklung dieser niederen Organismen
ist aber Wasser unumgänglich nötig, in trockenem Heu
finden sie nicht die Bedingungen zu ihrer Entwicklung.
Im Innern von Heu- oder Misthaufen kann die Temperatur
um so leichter in die Höhe steigen, als die Poren durch die
Feuchtigkeit verstopft sind und keine frische Luft zutreten
kann und so die Abkühlung verhindert ist. Ist die Tem-

peratur auf einen hohen Grad gestiegen und tritt dann frische
Luft hinzu, wenn man z. B. den rauchenden Heuhaufen
auseinander reißt, so kommt es zur Entflammung. Auf diese
Weise entstehen bekanntlich in jedem Herbst nach der
Heuernte viele Brände, durch die Scheunen und Bauernhöfe
eingeäschert werden. Man begegnet dem Brand, indem
man frühzeitig das Heu auseinanderbreitet, bevor die Entzündungstemperatur erreicht ist, damit das Heu sich abkühlen und trocknen kann.

Kohle kommt nicht nur in Dach- und Brandschiefern,
sondern außerdem noch in sehr vielen sedimentären Gesteinen vor, als Überbleibsel verwester organischer Substanz,
als Rest also von Pflanzen und Tieren. Ein großer Teil einer
ganzen geologischen Formation, des „Karbon“, besteht,
wie allbekannt, aus den Resten riesiger Farne und bildet
die mächtigen Flötze der Steinkohlenformation. Auch in
anderen Formationen bis ins „Tertiär“ hinein trifft man
auf Kohlenlager, meist von geringerem Wert, als Braun-
kohle und selbst jetzt noch bilden sich verkohlte Überbleibsel von Pflanzen als Torf und Moor, die immer noch
einen bedeutenden, wenngleich geringeren Heizwert haben.
Bei der Verwesung von organischer Substanz entstehen
zunächst Kohlenwasserstoffe, z. B. das Grubengas, dessen
kleinste Teile, die Molekule, aus je einem Atom Kohlenstoff
und 4 Atomen Wasserstoff, nach Gewichtteilen aus 14 Teilen
Kohlenstoff und 4 Teilen Wasserstoff bestehen. Auch
Wasserstoff verbindet sich in der Hitze begierig mit Sauerstoff, verbrennt zu Wasser, indem dabei jedes Gramm
2000 Kalorien Wärme liefert, ein Gramm reiner Kohlenstoff
liefert aber bei seiner Verbrennung zu Kohlensäure ihrer
8000, und da außerdem bei der Verbrennung von Kohlenwasserstoffen zu Wasser und Kohlensäure ein Teil der gebildeten Wärme immer dazu verwendet werden muß, um
die Verbindung des Kohlenstoffs mit dem Wasserstoff zu
sprengen, so hat also die reinste, von Beimengungen —
auch von Wasserstoff — freieste Kohle (der Graphit, der
Anthrazit) den höchsten Heizwert, den geringsten haben
die noch nicht völlig verkohlten Stoffe, das Torf und Moor.

Kohlensaurer Kalk ist aufgebaut von Pflanzen und
Tieren, er besteht aus dem farblosen Mineral Kalkspat,
und wenn er, wie so oft, grau oder bläulich gefärbt ist,
so verdankt auch er diese Farbe spurenhaft beigemengten
Resten organischer Materie, dem sog. Bitumen. Bei manchen

Gesteinen fällt dieser Gehalt an Bitumen sogar dem Geruchsinn auf, sie haben einen „bituminösen Geruch". Bei manchen kommt er beim Anhauchen zum Vorschein, wie bei vielen Arten von Töpferton, tonige Gesteine kann man sogar an diesem Geruch erkennen, wenn man sie anhaucht. Andere haben sogar einen ziemlich starken Geruch, wie z. B. der Stinkkalk, ein durch Bitumen dunkelgrau, fast schwärzlich gefärbter Kalkstein, der den Geruch deutlich werden läßt, wenn man ihn reibt oder mit einem Schlüssel anschlägt, kurz an der Oberfläche leicht verletzt.

Gegenüber der Kohle spielt der Schwefel bei seiner langsamen Verbrennung zu Schwefelsäure nur eine untergeordnete Rolle, weil seine Verbreitung und die Menge seines Vorkommens eine viel geringere ist. Hauptsächlich kommt hier seine Verbindung mit Eisen, der sog. Schwefel- oder „Eisen"kies in Betracht. Oft in sehr schönen kristallinischen Formen, in gelben, metallisch glänzenden Würfeln und Oktaedern findet er sich an vielen Orten, z. B. im bayerischen Wald, Harz, Siegner Land; sehr weit verbreitet aber, wie die mikroskopische Untersuchung des Gesteins lehrt, als allerkleinste Beimengungen vieler Gesteine vulkanischen Ursprungs, die große Gebirgsstöcke zusammensetzen, und in den Diabasen, Basalten. Manche Tone und Kalksteine sind durch feine Beimengungen von Eisenkies bläulich gefärbt.

Man darf die Wärmemenge, die durch die erwähnte langsame Verbrennung von Kohle und Schwefel entsteht, nicht zu hoch, aber auch nicht zu niedrig anschlagen; für lokale Temperaturerhöhungen der Erdtemperatur können sie sehr wohl in Betracht kommen, für die der ganzen Rinde wohl kaum. Die Selbstentzündung von Kohlenhalden ist manchmal auf die langsame Verbrennung von Eisenkies zurückzuführen, die an feuchter Luft immer erfolgt.

Um den Unterschied zwischen langsamer Verbrennung und dem F e u e r , beides alltägliche Erscheinungen, uns recht klar zu machen, wollen wir noch einige Betrachtungen anstellen.

Wenn zwei Körper chemisch aufeinander einwirken, so daß der eine mit dem anderen eine chemische Verbindung eingeht, so ist die Schnelligkeit, mit der dies geschieht, nicht nur abhängig von der Begierde, mit der sich die beiden Körper vereinigen, von ihrer „Affinität", die z. B. zwischen Kohle und Sauerstoff und Wasserstoff und Sauerstoff eine sehr große ist, abhängig, sondern auch von der Temperatur, bei der dieser chemische Prozße abläuft. Ganz allgemein verläuft jede chemische Reaktion doppelt so schnell bei jeder Temperaturerhöhung von 10 Grad. Bei den allermeisten chemischen Vorgängen wird Wärme frei und erhöht die Temperatur der Körper, die im Spiel sind. Dies trifft vor allem zu bei der Verbindung des Kohlenstoffs und des Wasserstoffs mit dem Sauerstoff der Luft. Darauf beruht ja die Möglichkeit durch Verbrennung von Kohle, Holz, Gas, Petroleum und Öl, kurz einer großen Reihe von Körpern, die Kohlenstoff und Wasserstoff enthalten, Wärme zu erzeugen zum Heizen, Kochen, andere Körper bis zur Glut zu erhitzen, so daß sie leuchten usw. Je wärmer aber die Körper werden, desto mehr Wärme geben sie auch an die kältere Umgebung ab, ein eingeleiteter Verbrennungsvorgang verläuft daher durch Erhitzung der Brennmaterialien (des Kohlenstoffs und des Wasserstoffs) so lang immer rascher, bis zwischen der Verbrennungswärme und der Wärmeabgabe ein Gleichgewichtszustand erreicht ist. Dieser liegt um so höher, je schlechtere Wärmeleiter in Betracht kommen.

Bei jedem brennbaren Körper unterscheidet man eine Entzündungstemperatur und eine Verbrennungstemperatur. Beides ist durchaus nicht dasselbe; die erstere genügt, um den Körper zur Entzündung an der Luft zu bringen, d. h. zur Oxydation unter Feuererscheinung, die zweite muß dann wenigstens ebenso hoch sein, damit der Körper wirklich fortbrennt und nicht wieder erlischt, er muß durch die Verbrennungswärme dauernd auf seiner Entzündungstemperatur gehalten werden. In den meisten Fällen, wo brennbare Körper in Betracht kommen, ist dies auch wirklich der Fall, die Verbrennungstemperatur ist sogar meistens erheblich höher als die Entzündungstemperatur. So kann man an einem Holzfeuer bekanntlich einen Holzspan mit Leichtigkeit anzünden, neue Kohlen, die auf einen mit brennenden Kohlen beschickten Rost geworfen werden, fangen ebenfalls Feuer usw. Jedes Nachlegen und Nachfeuern beruht darauf, daß die Entzündungstemperatur des Brennmaterials niederer ist als die Temperatur, die vom Brand hervorgebracht ist. An einem leicht anzustellenden Versuch kann man sich den Unterschied zwischen Entzündungs- und Verbrennungstemperatur recht deutlich machen. Wenn man einen

Glasstab mit konzentrierter Essigsäure („Eisessig") be-
feuchtet und in die Flamme eines Spiritusbrenners hält,
so verbrennt der Eisessig mit Flamme, die Temperatur der
Spiritusflamme ist höher als die Entzündungstemperatur der
Essigsäure. Dagegen ist die Verbrennungstemperatur der
Essigsäure nicht so hoch wie letztere, deswegen erlischt
die Flamme am Glasstab, wenn man diesen rasch aus der
Spiritusflamme entfernt, die Essigsäure brennt nicht von
selbst weiter. Befeuchtet man dagegen den Glasstab mit
Spiritus und zündet diesen an einer Flamme an, so brennt
er weiter, auch wenn man den Glasstab aus der Flamme
herauszieht. Die Verbrennungstemperatur des Spiritus ist
bei dieser Versuchsanordnung höher als seine Entzündungstemperatur; brennender Spiritus zündet sich, wenn wir so
wollen, immer und immer wieder selber wieder an. Auf
dieses Verhältnis wird auch wirklich in der Praxis stets
Rücksicht genommen, man muß stets, wenn ein Feuer,
ein Licht weiter brennen soll, dafür sorgen, daß die Temperatur wenigstens so hoch bleibt wie die Entzündungstemperatur. Dies geschieht in vielen Fällen durch den
D o c h t. Wenn ein Docht sich mit brennbaren Stoffen,
Fetten, Petroleum u. dgl. vollsaugt, so wird die Oberfläche
des brennbaren Körpers viel größer, die Verbrennung wird,
weil mehr Sauerstoff Zutritt hat, rascher, die Temperatur
höher und der Docht leitet die entwickelte Wärme nur schlecht
weiter. Paraffin und Wachs, auch viele Öle kann man wohl
für sich anzünden, z. B. mit einem weißglühenden Draht
entflammen, aber nur an einem Docht brennen sie „von
selbst" weiter. Die Oberflächenvergrößerung des geschmol-
zenen Wachses usw. geschieht dadurch, daß das Wachs in
die Zwischenräume des Dochtes eindringt und die einzelnen
Fasern desselben mit einer feinen Schicht überzieht, wohin
überall der Sauerstoff der Luft nachdringen kann. Eine
einfache Schicht um den ganzen Docht herum würde viel
ungünstigere Verhältnisse für die Verbrennung abgeben,
und in der Tat kann man ja die Flamme einer Wachskerze
dadurch zum Erlöschen bringen, „ersticken", daß man den
Docht von oben her mit einer anderen Wachskerze betropft.
Daß Kerzen, frisch entzündet, anfangs nur eine kleine
Flamme geben, fast oder ganz bis zum Erlöschen, kommt
eben daher: es ist zu viel Wachs oder Stearin aufgesogen
und muß erst verbrennen, damit die Poren im Innern des
Dochtes für den Sauerstoff durchgängig werden. Daß der

Docht, der doch selbst aus leicht brennbaren Pflanzenfasern (meist Baumwolle) besteht, nicht gleich von oben bis unten durch die ganze Kerze durchbrennt, daß der Docht einer Petroleumlampe nicht bis ins Petroleum hinunterbrennt und dieses in Flammen setzt, kommt daher, daß, während oben Fett, Öl verbrannt wird, unten immer neues, kaltes, durch Kapillarität nach oben gesaugt, durch seine niedere Temperatur den Docht abkühlt. Feste Fette wie Talg, Wachs, Stearin, müssen erst geschmolzen werden und verbrauchen dabei Wärme. So wird die Entzündungstemperatur nur oben in der Flamme erreicht, eine Kerze brennt langsam nieder in dem Maße, als alles geschmolzenes Fett verbraucht wird, dann wird der Docht unten heißer, schmilzt neues Fett; dann wird aber auch der Docht länger, seine obersten Teile werden nicht mehr vom Fett gespeist, er schaut oben aus der Flamme heraus, verbrennt selbst, verkohlt und bildet glühend den „Putzen". Bei den modernen guten Stearinkerzen wird dies ja kaum bemerkbar, eher an Wachsstöcken; aber manche erinnern sich vielleicht noch aus ihrer Kindheit an die „Unschlittkerzen" und die „Lichtputzschere", mit der man das glühende „Röschen" abzuzwicken, das Licht zu putzen pflegte.

Ein Verbrennungsvorgang im eigentlichen, engeren Sinne wird unterbrochen, das Feuer „g e l ö s c h t" durch Erniedrigung der Temperatur unter die Entzündungstemperatur. Darauf laufen wirklich alle Arten hinaus, mit denen man Feuer löscht. Man kann den Zutritt des Sauerstoffs verhindern, so daß keine neue Wärme gebildet werden kann, z. B. durch Bedecken des Brandherdes mit Sand, durch Verstopfen der Fenster bei einem Kellerbrand; dann muß man aber mit dem Öffnen und Freilegen warten, bis der Inhalt abgekühlt ist, sonst würde bei neuem Luftzutritt der Brand von neuem ausbrechen. Das Löschen mit Wasser beruht darauf, daß das Wasser im Brand verdampft und dabei ungeheuere Mengen von Wärme verbraucht, stellt also nichts anderes dar als Abkühlung unter die Entzündungstemperatur. Weil aber Holz ein schlechter Wärmeleiter ist, so werden durch und durch glühende Balken durch aufgegossenes oder -gespritztes Wasser nur an der Oberfläche abgekühlt und schwarz, es nützt auch nicht viel, einen solchen, dicken, anscheinend gelöschten Balken noch weiter zu bespritzen, sobald das Wasser darauf nicht mehr verdampft. Doch muß ein solches Holz noch im Auge behalten werden, denn nach dem Löschen kann die Gluthitze von innen nach außen wieder vordringen, glühende Kohle kommt wieder in Berührung mit Sauerstoff, der Brand bricht von neuem aus. Deswegen bleiben mit Recht Wachen bei jedem anscheinend gelöschten Brand, um sogleich beim Wiederaufflammen in Tätigkeit zu treten. Namentlich wenn verkohlte Dachstühle einfallen oder eingerissen werden, kommen beim Zerbrechen der Sparren und Balken die inneren noch glühenden Teile wieder zum Vorschein und müssen vollends abgelöscht werden. Bedeckt man eine Kerzenflamme von oben mit einem Metallhütchen, einem „Löschhorn", so erlischt die Flamme, weil unter dem Hütchen sich das Verbrennungsprodukt, die Kohlensäure, ansammelt, die als Endprodukt der Oxydation diese nicht weiter führen kann. Die Kohlensäure verdrängt den Sauerstoff aus der Nachbarschaft des Dochtes; sie entweicht auch nicht nach unten durch das offene Löschhorn, denn sie ist heiß und infolgedessen leichter als die kalte äußere Luft. Kalte Kohlensäure aber ist schwerer als Sauerstoff, und man kann eine kleine Flamme löschen, indem man von oben her Kohlensäure aufgießt, z. B. aus einer mit Kohlensäure gefüllten Flasche, aus der man durch Neigen gießt, wie wenn sie Flüssigkeit enthalten würde. Die Wirksamkeit aller Feuerlöschapparate, Exstinkteure, beruht darauf, daß aus ihnen große Massen von Gasen auf den Feuerherd ausströmen, die selbst die Verbrennung nicht weiterführen können, wie z. B. eben Kohlensäure oder Ammoniak, die den Sauerstoff verdrängen, ihm den Platz wegnehmen.

Man kann nun aber, wie bekannt, auch eine Flamme ausblasen. Die Abkühlung besteht dabei darin, daß die glühend heißen Gase, welche die Flamme bilden, sofort nach ihrer Entstehung entfernt, fortgeblasen und durch kalte Luft ersetzt werden. Das Ausblasen gelingt auch wirklich nur bei einer Flamme, nicht bei sonst glühenden Körpern. Glühende Kohlen, ein nur glimmendes Streichholz kann man nicht ausblasen, im Gegenteil die vermehrte Zufuhr von Sauerstoff beschleunigt hier den Verbrennungsvorgang, die Glut wird heller und was nicht war, das kommt: die Vergasung des Brennmaterials, die Flamme. So bläst man ja bekanntlich glühende Kohlen mit dem Blasebalg nicht aus, sondern gerade a n. Aber auch die Flamme darf nicht zu groß sein, soll sie noch durch Blasen gelöscht werden.

Es muß gelingen, rasch alle heißen Gase zu entfernen, sonst wird der Brand nur angefacht, wie man dies an verheerenden Bränden bei Sturmwind sieht. Während ein Streichholz durch einen leichten Hauch, eine Kerzenflamme, auch noch leicht, kann eine größere Flamme eines Spirituskochers nur mit der größten Anstrengung eines guten Brustkorbes bewältigt werden.

Alles, was beim Löschen nützlich ist, kommt selbstverständlich als schädlich in Betracht beim A n z ü n d e n und Anheizen. Man kann anfangs zu viel Brennmaterial anhäufen und zu dicht, zu fest aufeinander, so daß der Sauerstoff nicht genug Zutritt hat, man kann aber, wenn man den starken Zug eines Ofens nicht mäßigt, auch die erste kleine Flamme gleich wieder ausblasen. Man kann keine Steinkohle mit einem Streichholz allein anzünden, sondern wird zuerst kleine, dann größere Mengen leicht brennbaren Materials in Flammen setzen, dann erst die Kohlen, und anfangs nicht zu viel, darauf geben. „Leicht brennbares Material" enthält neben Kohlenstoff auch Wasserstoff. Kohle ist nichts anderes als unvollständig verbranntes Holz, wobei der Wasserstoff oxydiert wurde, und nur schwerer entzündbarer Kohlenstoff zurückblieb. Vergrößerung der Oberfläche, also Spalten der Holzscheite in Späne, lose zusammengekrümmeltes Papier u. dgl. geben die Möglichkeit, rasch eine hohe Temperatur zu erzeugen, die höher liegt als die Entzündungstemperatur der nachzufüllenden Klötze und Kohlenstücke, erst ganz zuletzt kann der schwer entzündbare Koks nachgefüllt werden.

Da es uns hier nur auf Betrachtung und Erklärung der Erscheinungen ankommt, ist es nicht am Platz, auf die tausendfältige Verwendung der Oxydationsprozesse einzugehen, auf den Segen, den die Menschheit dem Funken, dem Feuer zu danken hat. Doch muß hier noch eine andere Art von Wärmeerzeugung besprochen werden, obwohl sie oft oder gerade weil sie oft in unerwünschter Weise sich geltend macht. Wir meinen die Umwandlung mechanischer Arbeit in Wärme. Die Arbeit, welche ein Kilogramm Masse verrichtet, wenn es ein Meter hoch fällt, erzeugt, wenn sie ganz in Wärme verwandelt wird, 426 Kalorien, umgekehrt kann eine Wärmemenge von 426 Kalorien, wenn sie ganz in mechanische Arbeit verwandelt wäre, ein Kilogramm auf die Höhe von einem Meter heben („Satz vom mechanischen Wärmeäquivalent"). Überall, wo Bewegung von Körpern verzögert oder aufgehoben wird, lebendige Kraft (Masse mal dem halben Quadrat der Geschwindigkeit) vernichtet, wird Wärme frei. Dies geschieht bei allen den Vorgängen, denen man den Namen „Reibung" gegeben hat, gleichviel ob diese Reibung zwischen festen, flüssigen oder gasförmigen Körpern stattfindet. Die zwischen festen Körpern ist von allen bei weitem die bedeutendste und erzeugt demgemäß die meiste Wärme. Auf den Einfluß von Druck, Oberfläche usw. auf die Größe der Reibung sind wir weiter oben schon eingegangen, hier interessiert uns nur die Wärmebildung, die bei jeder Reibung erzeugt wird. Bekanntlich sucht man die Reibung an allen Maschinen und Werkzeugen möglichst klein zu machen, um keinen unnötigen Verlust an mechanischer Leistung zu erleiden. Deswegen pflegt man die Teile, die sich aneinander verschieben, Achsen, Gleitflächen, mit einem Schmiermittel zu überziehen, damit nicht feste Körper an festen, sondern flüssige und halbflüssige sich aneinander verschieben. Achsen, die nicht gut geschmiert sind, erhitzen sich, wie bekannt, oft bis zu gefährlichem Grad, manche Werkstätte, mancher rasch laufende Wagen ist schon durch glühende Achsen in Brand geraten, soviel mechanische Arbeit wurde vernichtet, weil die Reibung an den schlecht geschmierten Teilen zu groß war. Auch die Gefahr des Achsenbruches liegt vor, wenn die Achse sehr stark erhitzt wurde. Es erleidet das Eisen unter dem Einfluß häufiger Erhitzung, namentlich wenn es auch noch heftigen mechanischen Erschütterungen, Stößen, ausgesetzt ist, mit der Zeit eine Veränderung seines inneren Gefüges, es wird kristallinisch und brüchig.

Es ist erstaunlich, wie rasch man gegenwärtig einen schweren Eisenbahnzug aus voller Fahrt durch die modernen Luftdruckbremsen zum Stillstand bringen kann. Immer wird dabei die ganze lebendige Kraft der bewegten Masse restlos in Wärme verwandelt und diese ist, wie ein ungefährer Überschlag ergibt, eine außerordentlich große. Nehmen wir an, es bestehe ein Eisenbahnzug aus Maschine und Tender sowie aus 10 beladenen Wagen und fahre mit einer Geschwindigkeit von 10 Metern in der Sekunde. Das Gewicht jedes Wagens zu 17 000 Kilogramm, das von Maschine und Tender zusammen zu 60 000 Kilogramm angeschlagen, ergibt ein Gesamtgewicht von 230 000 Kilogramm oder 230 Tonnen. Die Hälfte des Quadrats der Geschwindigkeit ist 250. 11 500 000 Meterkilogramm ist also die Arbeit, die ein solcher Zug leisten kann, und diese ganze Arbeit wird durch die gut wirkenden Bremsen leicht in 15 Sekunden in Wärme umgewandelt und muß die Schiene sowohl, als auch das Fahrmaterial notwendig auf eine höhere Temperatur bringen. Weil alle Teile aus Eisen die Wärme sehr gut leiten, so verteilt sich die Wärme und wird so an den Orten, wo sie gebildet wird, nur selten in schädlichem Grade bemerkbar, doch kann man oft des Nachts an einem Zug, dessen Bremsen an abschüssigen Stellen der Bahn festgezogen sind, oder beim Einlaufen in den Bahnhof Funkensprühen an Radreifen und Bremsklötzen sehen. Ist somit die Reibung in der Technik gewöhnlich ein Gegner, dem man mit allen Mitteln entgegentritt, so darf man nicht vergessen, daß ohne Reibung überhaupt keine menschliche Tätigkeit möglich wäre. Ohne Reibung könnte man keinen Gegenstand mit der Hand, mit einer Zange, mit den Lippen, den Zähnen halten, ohne Reibung am Boden könnte man weder gehen noch stehen. Ohne Reibung bliebe kein Stein auf dem anderen liegen, denn niemals liegen die Schwerpunkte beider Steine absolut genau senkrecht übereinander. Aber selbst zu willkürlicher Erzeugung von Feuer sind wir, abgesehen von der Wärmeentwicklung durch Elektrizität, und den seltenen, längst abgeschafften chemischen Feuerzeugen, auf die Benützung der Reibung und die durch diese erzielte Wärmeentwicklung angewiesen. Das scheint wohl auf den ersten Blick unwahrscheinlich, seit die alten Methoden Feuer mit Stahl und Stein zu schlagen oder durch rasche Reibung von Hölzern aneinander zu erzeugen, ja doch längst durch das moderne „Feuerzeug" verdrängt sind. Allein auch der Kopf des Zündholzes muß durch Reibung bis auf seine Entzündungstemperatur gebracht werden, und das gleiche gilt für die neuesten Feuerzeuge, wo eine Schmirgelscheibe oder Cereisen durch Reibung erhitzt Funken gibt, die dann eine Lunte oder einen mit Benzin getränkten Docht entzünden.

Das Wetter.

Hoffnung breitet leichte Schleier
Nebelhaft vor unserm Blick:
Wunscherfüllung, Sonnenfeier,
Wolkenteilung bring' uns Glück!
Goethe, Jahres- und Tageszeiten.

Zu einer Gerichtsverhandlung sind Zeugen und Sachverständige geladen. Sie müssen im Zeugenzimmer warten und es ist ihnen verboten, über den Fall, der verhandelt wird und alles, was damit zusammenhängt, zu reden. — Ein langweiliger Besuch, den wir nur oberflächlich kennen, mit dem wir keine gemeinsamen Interessen nach keiner Richtung haben können, ist da, und uns erwächst die angenehme Aufgabe, ihn zu unterhalten. Was für ein Gesprächsthema werden wir wohl anschlagen? Von was wird wohl im Zeugenzimmer gesprochen werden? Man kann zehn gegen eins oder höher wetten: über das W e t t e r! Viel wichtiger noch als das Wetter, wie es war oder noch ist, erscheint allen die Frage, wie es wohl werden wird. Einer meint es zu wissen und die anderen hören ihm aufmerksam zu: „Das Barometer ist stark gefallen, mit dem schönen Wetter ist's vorbei" (das ist im Sommer). „Es ist Hoffnung, daß die strenge Kälte bald vergeht, denn das Barometer ist seit zwei Tagen bedeutend gefallen" (das ist im Winter).

In der Tat, fast ausnahmslos erweist sich das Wetter als ein Faktor, der von allen als ungemein wichtig für ihr Wohlbefinden angesehen wird, ganz zu schweigen von den Berufsklassen, die unbezweifelbar vom Wetter im höchsten Grade abhängen. Bekanntlich aber gilt bei dem Dunkel, in das sich die Zukunft, namentlich auch bezüglich des Wetters zu hüllen pflegt, das Barometer immer noch als das verlässigste Werkzeug zur Wettervorhersage. Trägt es ja doch in seiner ursprünglichsten Form geradezu den Namen „Wetterglas".

Wie jeder weiß, besteht es aus einem mit Quecksilber gefüllten Glasröhrchen, das U-förmig gebogen ist und zwei Schenkel hat. Der kurze Schenkel ist offen, der lange oben geschlossen. Auf dem kurzen lastet der Atmosphärendruck, auf dem langen nicht, weil in ihm über dem Quecksilber die Luft ausgepumpt ist.

Der Luftdruck hält an der Oberfläche des Meeres einer Quecksilbersäule von 760 mm Höhe das Gleichgewicht, der Barometerstand beträgt dort im Mittel 760 mm, mit Schwankungen nach oben und nach unten bis zu wenigen Zentimetern. An Orten, die über dem Meere gelegen sind, lastet eine kleinere Luftsäule auf dem freien Ende des Barometers und im langen Schenkel zeigt das Quecksilber einen geringeren Druck an. Für je 100 Meter über dem Meere nimmt der mittlere Barometerstand um rund 1 cm ab. Da an allen Bahnhöfen Höhenmarken angebracht sind, kann man daran leicht für seinen Wohnsitz den mittleren Barometerstand berechnen. Man wird finden, daß nur selten das Barometer für den Beobachtungsort „paßt". An den Instrumenten nun, die für billige Preise zu haben und die nicht für wissenschaftliche Untersuchungen bestimmt sind, pflegt man die bekannte Einteilung von „Sehr trocken" oben bis „Sturm" unten in ganz willkürlicher Weise anzubringen und in der Mitte steht „Veränderlich". Das soll dem mittleren Barometerstand des Ortes entsprechen und das trifft oft nicht zu, weil das Instrument vielleicht an einem weit entfernten Orte gefertigt ist. Man glaubt, daß Stand des Barometers unter Mittel im ganzen schlechtes, über Mittel gutes Wetter bedeutet. Mit welchem Recht, werden wir noch sehen. Hier nur die Bemerkung, daß man unter gutem Wetter gemeiniglich heiteres, trockenes, unter schlechtem Wetter vor allem Regen versteht, denn von allen Faktoren („Elementen"), aus denen sich das Wetter zusammensetzt, ist diese Unterscheidung für den Durchschnittsmenschen bei weitem die wichtigste.

Ein Quecksilberbarometer ist, wenn man nur e i n Instrument sich anschafft, den freilich viel bequemeren Metallbarometern, „den Anaeroid"- und den besseren „Holosterikbarometern" entschieden vorzuziehen, weil es zuverlässiger ist, wenn man nicht auf die ganz ausgezeichneten, aber natürlich auch sehr teueren Präzisionsinstrumente der letzteren Art reflektieren kann. Wesentlich ist für das Quecksilberbarometer, daß die Luft eben nur an dem unteren, offenen Ende des gebogenen Glasrohres auf das Quecksilber drückt, dann gibt die Höhe des Quecksilbers im langen Schenkel wirklich den Luftdruck an. Das geschlossene Ende darf also keine Spur von Luft enthalten, über dem Quecksilber muß wirklich ein ganz leerer Raum, die „Toricellische Leere" sich befinden. Ob dies zutrifft, prüft man, indem man das Barometer vorsichtig neigt, bis das Quecksilber oben sanft anstößt. Dabei muß man ein ganz kurzes, hohes, scharfes Ticken hören. Ist der Schall tiefer, weicher, hohl, so enthält das Instrument eine Spur Luft und ist auch für gewöhnliche Zwecke unbrauchbar. Beim Neigen des Instrumentes und beim Schwanken der Quecksilbersäule dürfen an der Glaswand keine feinen Tröpfchen hängen bleiben, sonst ist das Quecksilber unrein. Beim Ablesen des Barometers muß das Auge genau in die Höhe der Quecksilberkuppe gebracht werden, sonst erscheint diese an einer falschen Stelle der Skala. Die träge, schwere Quecksilbersäule folgt kleinen Schwankungen des Luftdrucks nicht sofort, deswegen klopft man vor dem Ablesen das Barometer leicht mit dem Fingerknöchel. Namentlich bei mittelmäßigen Instrumenten ist dabei häufig ein augenblickliches Sinken oder Steigen um vielleicht 1 mm zu beobachten. Besser ist es, das Barometer kurz aus seiner senkrechten Lage und rasch wieder in diese zurückzubringen. Die Quecksilbersäule gerät dadurch ins Schwanken nach oben und unten und kommt dann an der richtigen Stelle zur Ruhe. Bei solchen Schwankungen kann man im Dunkeln in der Torricelli-Röhre leicht einen ganz kurzen Lichtschein sehen. Es ist dies ein elektrisches Phänomen, das durch die Reibung des Quecksilbers am Glas erzeugt wird. Durch die Elektrizität gerät das äußerst verdünnte Gas im „leeren Raum" ins Leuchten und zeigt an, daß der Raum eben nicht a b s o l u t leer ist (denn absolut leerer Raum leitet die Elektrizität nicht), sondern nur äußerst verdünnte Luft enthält. Gegen die Brauchbarkeit des Instrumentes bedeutet diese geringe Spur von Luft aber nichts.

An den feinsten Präzisionsbarometern kann der Stand bis auf hundertstel Millimeter genau abgelesen werden. Dabei muß aber auch der Einfluß von Temperatur und Wassergehalt der Luft berücksichtigt und in Rechnung gestellt werden. Die gewöhnlichen Barometer in Privatbesitz haben nur eine Skala nach ganzen Millimetern und gestatten Schätzung bis auf halbe, und da kann von den Korrekturen nach Temperatur und Feuchtigkeit auch abgesehen werden, nur wird man das Barometer nicht gerade in der Sonne oder in der Nähe eines geheizten Ofens aufhängen und am besten immer an seinem Ort lassen.

Die Anaeroidbarometer haben unbestritten den großen Vorzug, daß man sie leicht überall hin mitnehmen und transportieren kann, weswegen sie auch fast ausschließlich als Höhenmesser (Hypsometer) in Betracht kommen. Endet der Zeiger in eine schlanke, feine Spitze, nicht in einen plumpen Pfeil, und ist das Instrument nicht gar zu klein, so kann man leicht $^1/_{10}$ Millimeter abschätzen. Bringt man ein solches Instrument nur in ein höheres Stockwerk oder erhebt es vom Boden auf den (ungeheizten!) Ofen, so bemerkt man ein Fallen des Zeigers durch die höhere Lage, weil ja bei Erhebung um 1 Meter das Barometer um $^1/_{10}$ Millimeter sinkt.

Man kann diese Instrumente mit auf Reisen nehmen und wird an höher gelegenen Orten, im Gebirge, ganz gewaltige, mehrere Zentimeter betragende Unterschiede gegenüber der Tiefebene wahrnehmen. Gegen Temperatureinflüsse freilich sind die Anaeroide, wenn sie nicht eigens „kompensiert" sind, ganz besonders empfindlich und ohne Kenntnis von diesem Einfluß schleichen sich recht große Fehler in die Beobachtung ein. Überhaupt tut man gut, seinen Anaeroid gelegentlich immer wieder mit einem zuverlässigen Quecksilberbarometer zu vergleichen.

Will man mit seinem Barometer Höhenmessungen vornehmen, so kann man genaue Resultate nur erwarten, wenn die Zeit, während deren beobachtet wird, nicht zu lang ist, namentlich also beim Aufstieg in Ballons und Flugfahrzeugen. Denn bekanntlich schwankt der Barometerstand fast täglich und kann selbst in den Stunden sich sehr merklich ändern, die man z. B. zum Besteigen eines Berges braucht. Man vermeidet diesen Fehler nach Möglichkeit, indem man beim Beginn des Aufstiegs und nach Schluß des Abstiegs den Barometerstand abliest, aus beiden Zahlen das arithmetische Mittel zieht (die Summe der zwei Zahlen halbiert) und diesen als Stand am Fuße des Berges in Rechnung setzt. Bei längerem, auf Tage sich erstreckenden Aufenthalt in der Höhe versagt auch dieses Mittel und es ist ganz unzulässig, dann den Barometerstand zur Höhenbestimmung zu verwerten.

Seine hauptsächliche Verwendung findet das Barometer aber bekanntlich als „Wetterglas", d. h. aus dem Barometerstand sucht man Aufschluß zu gewinnen, wie das Wetter in der nächsten Zeit, namentlich am nächsten Tag, sich gestalten wird. Und es ist richtig; die Beobachtung des Barometers ist in dieser Hinsicht unerläßlich, aber es zeigt nur die Höhe des Luftdrucks und seine Schwankungen an, nicht mehr und nicht weniger und der Luftdruck ist freilich ein wichtiger Faktor, aber nur e i n e r aus den vielen, von denen das „Wetter" abhängt.

Die Luft bewegt sich, so gut wie Wasser stets von oben nach unten fließt, immer von Stellen höheren zu Stellen niederen Drucks, sie bewegt sich aber nicht in einer geraden Linie gegen die Stelle des niedrigsten Drucks, auf das Minimum zu, sondern durch die Umdrehung der Erde und die ungleiche Geschwindigkeit an Stellen verschiedener geographischer Breite, wird sie von diesem Wege abgelenkt und umkreist das Minimum auf der nördlichen Halbkugel im Sinne gegen den Uhrzeiger. Einen solchen Winkel heißt man einen Z y k l o n. Stellt man sich so, daß der Wind genau vom Rücken her kommt und erhebt den linken Arm, seitlich und ein klein wenig nach vorn, so zeigt der Arm die Richtung an, in der augenblicklich das Minimum des Drucks liegt. Es bleibt freilich dort nicht immer liegen; auch die Minima und die dasselbe umkreisenden Luftwirbel haben ihre von vielen Faktoren abhängige Bahn, die sie bald schneller, bald langsamer zurücklegen. Kännte man die Faktoren genau und könnte man so die Bahn und Verlagerung der Minima mit Sicherheit voraussehen, so wäre damit für die Wetterprognose außerordentlich viel gewonnen.

Umgekehrt werden die Stellen des höchsten Druckes, die M a x i m a , von Luftströmen im Sinne der Uhr vom Winde umkreist. Auch die Maxima verschieben sich von Ort zu Ort, haben aber im allgemeinen mehr die Neigung, sich am Orte zu erhalten als die Minima, die von zuströmender Luft häufiger verdrängt oder wie Täler „ausgefüllt" werden. Mit dem Wandern der Minima und Maxima ändert sich natürlich am Beobachtungsort auch die Windrichtung, und zwar gilt die Regel, die wenig Ausnahmen zeigt, daß der Wind seine Richtung mit der Uhr wechselt, von West über Nord nach Ost usw., nicht umgekehrt. Der Westwind wird nicht erst Süd, dann Ost usw. Ausnahmen kommen namentlich vor, wenn ein Minimum südlich am Beobachter vorbeizieht oder mehrere „Teilminima" statt eines einzigen die Wetterlage beherrschen. Doch kann es geschehen, daß der Wind in Stunden, ja Minuten aus der verschiedensten Richtung bläst, jeden Augenblick umspringt und so namentlich für Segelboote höchst unangenehm oder selbst gefährlich werden kann, um so mehr, als dann auch meist die Stärke des Windes recht bedeutend ist und zudem rasch wechselt.

Was beim Wasser das Gefälle, das ist bei der Luft der Barometrische Gradient: die Druckdifferenz zweier Stellen bezogen auf ihre Entfernung. Auf den Wetterkarten sind die Stellen gleichen Luftdrucks durch Linien, die „Isobaren", verbunden. Überall, wo diese Isobaren nahe aneinander stehen, der barometrische Gradient also groß ist, finden sich auch die stärksten Winde eingezeichnet. Sehr rasche Luftdruckänderungen an demselben Ort zeichnen einen hohen barometrischen Gradient an und lassen heftige Winde erwarten. Es ist nur selten, daß auf ein sehr rasches und tiefes Fallen des Barometers das Wiederansteigen nicht vom Sturm begleitet ist, es kann aber vorkommen, daß das Minimum ausnahmsweise nicht von der Seite her, sondern von oben durch einen nicht bemerkbaren Fallwind ausgefüllt wird. So selten diese Ausnahme ist, man muß ihre Möglichkeit kennen, um in der Wetterprognose vorsichtig zu sein.

Da der Wind sich um ein Minimum in der Richtung gegen den Uhrzeiger bewegt, so herrschen an der südlichen Seite des Minimums westliche, an seiner Nordseite östliche Winde. Westliche Winde kommen bei uns vom Meer her und östliche vom Kontinent. Erstere sind mit Wasser gesättigt, letztere sind trocken. Wir werden also feuchtes Wetter bekommen, wenn ein Minimum nördlich und trockenes, wenn es südlich von uns vorbeigeht. Bei weitem die meisten Minima bewegen sich bei uns im ganzen von Westen nach Ost.

Durch Erwärmen wird die Luft ausgedehnt, leichter. Sinken des Barometers kündet also im Winter eintretende Erwärmung an. Kältere Luft ist schwerer und bei strenger Kälte im Winter werden, manchmal wochenlang, sehr hohe Barometerstände beobachtet. Umgekehrt im Sommer herrscht im Bereich eines Maximums manchmal wochenlang klares und warmes Wetter. Tritt jetzt in der Nähe ein Minimum auf, so fließt die Luft aus dem Bereich des hohen Drucks nach dem des tiefen ab, wird also selbst verdünnt.

Dehnt sich Luft aus, ohne daß ihr Wärme zugeführt wird, so erkaltet sie. In diesem Fall kündet also das Fallen des Barometers kühlere Witterung an. In warmer Luft kann viel mehr Wasser gasförmig gelöst sein. Erkaltet sie, so scheidet sich ein Teil des Wassers tropfenförmig aus, es kommt Regen. So deutet also im Sommer Sinken des Barometers im ganzen schlechtes Wetter an, es wird nicht nur kälter, sondern es kommen auch Niederschläge. Auch Wind ist beim Herannahen eines Minimums zu gewärtigen. Wind und Niederschläge sind auf der Rückseite stärker, weshalb das Wetter oft während des Fallens noch kurze Zeit schön bleibt und erst, wenn das Barometer wieder steigt, kommen Regen und Wind. Sturm ist bei raschem Sinken und Wiederansteigen des Barometers zu erwarten. Die Raschheit der Druckschwankung entspricht einem hohen barometrischen Gradienten. Auffallend rasches Wiedersteigen des gesunkenen Barometers kündet nur vorübergehende Besserung des Wetters an. So rasches Steigen beobachtet man meistens zwischen zwei Stellen tiefen Drucks. Gewöhnlich folgt da ein Minimum auf das andere, die Linien, die die Stellen gleichen Drucks miteinander verbinden, die Isobaren, liegen sehr eng beieinander, stürmisches und schlechtes Wetter sind zu erwarten.

Damit ist nur der allerkleinste Teil von dem besprochen, was über Barometerstand und seine Bedeutung zu sagen wäre. Immerhin wird man auch mit diesen kurzen Bemerkungen z. B. die von den meteorologischen Stationen täglich herausgegebenen W e t t e r k a r t e n mit mehr Nutzen studieren.

Auf diesen Karten sind auch die Orte mit der gleichen Lufttemperatur durch Linien verbunden, durch die sog. I s o t h e r m e n. Man sieht daraus unmittelbar, ob in der Nähe des Beobachtungsortes hohe oder tiefere Temperaturen herrschen. Besonders wichtig ist bei uns allemal, wie es im Westen und Nordwesten von uns aussieht. Denn die Wetterlage verschiebt sich bei uns gewöhnlich von Westen nach Osten. Überhaupt ist es, wenn man die Wetterkarten mit Nutzen lesen will, notwendig, immer wenigstens die beiden letzten Karten mit dem heutigen Stand zu vergleichen. Nicht das allein ist wichtig, was eine Wetterkarte zeigt, sondern namentlich die Veränderung, die im Verlauf einiger Tage sich ergeben hat. Unfehlbar ist die Prognose, die man aus dem Studium der Wetterkarten schöpft, keineswegs. Auch nicht die Wettervorhersage, die alltäglich an den Postanstalten angeschlagen wird. Man muß aber anerkennen, daß in der jüngsten Zeit ein unbestreitbarer Fortschritt in ihrer Zuverlässigkeit zu bemerken ist. Und das wird noch besser werden, wenn die Zahl der Beobachtungsstationen auf der Erde noch weiter vermehrt und namentlich die Wetterbeobachtungen in größerer Höhe zahlreicher werden.

Mit „Windrichtung" haben wir bis jetzt immer die Richtung des Windes unten, in der Nähe des Bodens gemeint. Hoch droben weht er aber gewöhnlich aus einer ganz anderen Richtung. Meistens dreht sich aber der Bodenwind nach einiger Zeit in die Richtung des Oberwindes. Daher die Regel, daß „der obere Wind recht behält". Die Richtung des oberen Windes erkennt man am Zug hoher Wolken, namentlich der Cirri.

Im allgemeinen bringen uns ja die Westwinde trübes, nasses Wetter, die Ostwinde schönes und trockenes. Darauf gründen sich auch gewisse Wetterregeln, denen man ihre örtliche Bedeutung nicht ganz abstreiten kann. Ein leiser Luftzug, den man kaum bemerkt, kann doch genügen, um den Schall aus der Ferne besser herzutragen. Hört man also z. B. Geräusche, Glockenläuten, Hundebellen u. dgl. aus westlich gelegenen Ortschaften besonders deutlich, so gilt das vielerorts als ein schlechtes Wetterzeichen und nicht mit Unrecht, denn offenbar beginnt Westwind, der „Regenwind" allmählich einzusetzen. Solche Beobachtungen macht man gewöhnlich abends, wenn das Geräusch des Tages nicht mehr stört, außerdem hört man in der Nacht in der Tat weiter, weil die Luft nachts gleichmäßiger erwärmt ist als am Tage und ungleich warme Luftschichten den Schall durch Reflexion abschwächen.

Von den Wetterregeln, die allgemein gültig sind und wirklich in fast allen Fällen das Richtige treffen, kenne ich nur zwei. Die erste ist die von Hermann Klein aufgestellte „Cirrusregel"; sie lautet: Wenn die Cirri aus einer Richtung, die zwischen Südwesten und Nordwesten liegt, kommen und zugleich das Barometer fällt, so regnet es am Ort der Beobachtung in längstens 24 Stunden. Nur in fünf Prozent aller Fälle erweist sich diese Prognose als unrichtig. Dazu muß man bemerken, daß eine ohne weiteres mit freiem Auge an den ungemein hohen Cirri wahrnehmbare Bewegung sicher eine ganz gewaltig schnelle Windströmung

dort oben beweist. Die andere Regel lautet: Wenn es vor
12 Uhr mittags donnert, so donnert es am gleichen Tage
nach 12 Uhr auch (sei es, daß ein neues Gewitter kommt,
sei es, daß sich eines gerade über die Mittagszeit erstreckt).
Auch von dieser Regel kann man erst nach Jahren der
Beobachtung Ausnahmen feststellen.

Im übrigen hat jeder Ort seine Wetterregeln und man
soll diese für die lokale Prognose nicht in den Wind schlagen.
So muß z. B. an einem Ort um eine bestimmte Zeit, etwa
abends oder am Morgen, der Wind aus einer bestimmten
Richtung wehen, damit das Wetter gut bleibt. Solche Regeln
sind in der Tat meist gut begründet und beruhen darauf, daß
Tal und Berge, festes Land und Wasser, sich ungleich
schnell erwärmen und wieder erkalten. So z. B. weht der
Wind an dem Ufer eines Sees nach Sonnenuntergang als
Landwind gegen die Mitte des Sees zu, weil das Land rascher
erkaltet als das Wasser mit seiner großen Wärmekapazität,
über dem also ein aufsteigender Strom von warmer Luft
sich bemerkbar macht und vom Ufer aus strömt kalte,
oft empfindlich kalte Luft nach. Umgekehrt am Morgen
wird das Land durch die Sonnenstrahlen rascher erhitzt
und es kommt der Seewind. Wo solche und ähnliche in
der Örtlichkeit wohl begründete Regelmäßigkeiten bestehen,
die meist den Eingeborenen wohl bekannt sind, beweist ihr
Eintreffen, daß größere allgemeine Störungen des atmo-
sphärischen Gleichgewichts fehlen und man demgemäß
auf gutes Wetter rechnen kann. Umgekehrt, wenn die
lokal bedingten regelmäßigen Luftströmungen n i c h t
eintreten, so liegt eine meist allgemeinere, weiter verbreitete
Ursache für die Störung vor, gewöhnlich ein nahe gelegenes
Minimum und der Umschlag des Wetters zum Schlechten
ist wahrscheinlich.

Daß man mit dem Barometer allein das Wetter nicht
vorhersagen kann, ist selbstverständlich. Sicher kann man
es ja leider nicht einmal mit Zuhilfenahme aller unserer
wissenschaftlichen Hilfsmittel. Immerhin ist die Bestimmung des Wassergehaltes der Luft dabei auch von Wert,
und was wir weiter oben davon und vom Hygrometer gesagt
haben, kommt hier zur praktischen Geltung. Im allgemeinen
kündet größerer Wassergehalt der Luft regnerisches Wetter,
Regen an. Die Horngebilde der menschlichen Haut sind
auch hygroskopisch, ziehen Wasser aus der Luft an und
schwellen dabei. So kommt es, daß Hühneraugen anfangen

zu schmerzen, auch alte Narben, und so mancher trägt, wie er sagt, seinen „Barometer mit sich herum“ („Hygrometer“ müßte es natürlich heißen), auf dessen Zuverlässigkeit er schwört.

Nicht immer ist aber bedeutender Wassergehalt der Luft ein untrügliches Zeichen für schlechtes Wetter. Wenn sich das Wasser am kalten Boden in Form von starkem T a u , im Herbst von R e i f niederschlägt, so bleibt das gute Wetter sogar mit großer Wahrscheinlichkeit zunächst noch erhalten. Ebenso wenn ein starker N e b e l „heruntergeht“, d. h. wenn beim Aufklaren zuerst die Spitzen der Berge, der Türme heraustreten, eine dicke Nebelbank darunter auf dem Boden liegt und diesen benetzt, so daß alles „patschnaß“ wird, so ist das ein sehr gutes Zeichen fürs Wetter auf die nächsten Tage. Wenn aber der Nebel „hinauf geht“, d. h. wenn die Nebelbank in die Höhe steigt, zuerst der Fuß der Berge, die Häuser sichtbar werden, dann allmählich der Nebel hoch am Himmel, wohin er sich verzogen hat, dünner und dünner, von der Sonne „aufgefressen wird“, so hält das gute Wetter wohl am gleichen Tage noch, am nächsten kann es vielleicht noch einmal ein Nebel „retten“, dann schlägt es aber höchstwahrscheinlich um und es kommen Niederschläge.

Nach vieljähriger - Beobachtung des Wetters will ich nicht verschweigen, daß mir die Kombination der Beobachtung von Barometer und dem von Lambrecht konstruierten Thermohygroskop (einem Instrument, den Taupunkt zu bestimmen), noch die zuverlässigsten Resultate gegeben hat.

Biegen und Brechen.

Zu weit getrieben
Verfehlt die Strenge ihres Zwecks,
Und, allzustraff gespannt, zerspringt der
Bogen.
Schiller, Wilhelm Tell.

Ich habe mir von einem Haselstrauche einen etwa 1 Zentimeter dicken Stock und eine dünne Gerte geschnitten. Die Gerte kann ich mit leichter Mühe zu einem Ring zusammenbiegen und lasse ich sie los, so wird sie wieder so ziemlich gerade. Wenn nicht ganz, so kann ich nachhelfen, die Gerte schwach nach der anderen Seite ausbiegen, dann wieder weniger nach der ersten und so komme ich schon bald dazu, der Gerte ihre frühere gerade Gestalt wieder zu verleihen. Biegungen innerhalb gewisser Grenzen macht sie von selbst wieder rückgängig, stärkere nur unvollkommen, wenigstens sogleich. Hebe ich eine mit Gewalt verbogene Gerte über Nacht liegend auf, so daß keine äußere Kraft, auch die Schwerkraft nicht, biegend auf sie einwirken kann, dann finde ich sie am Morgen gerade gestreckt daliegen. Einen mäßigen Widerstand habe ich gefühlt, wie ich die Gerte biegen wollte. Ich mache nun den gleichen Versuch auch mit dem Haselstock. Da gelingt er nur unvollkommen, der Widerstand gegen die Verkrümmung ist viel größer, ich bringe keinen Ring damit fertig, ich biege ihn, damit es besser geht, übers Knie, und auf einmal bricht er mit lautem Krachen mitten durch. Ich möchte aber wissen, ob auch der Stock, wenn man ihn biegt, von selbst seine frühere Gestalt wieder annimmt. Vielleicht war er schon alt, sehr verholzt, beim Schneiden habe ich nicht darauf geachtet; ich suche mir einen jungen, der hält gewiß besser, der ist zäher. Ich biege jetzt auch etwas vorsichtiger und beobachte den Vorgang.

Da sehe ich zunächst, daß ich beim Biegen aus dem Stock keinen Kreis mache, er nimmt eine andere Krümmung an. Da wo ich ihn fasse, an den beiden Enden, ist er entschieden weniger gekrümmt als in der Mitte. In der Mitte ist auch der erste Stock durchgebrochen. Vielleicht weil ich ihn aufs Knie gelegt habe. Ein paar andere dünne Stecken werden zur Probe, diesmal in freier Luft, zerbrochen, alle brechen in der Mitte durch, aber schwerer als übers Knie. So ist's allemal, wenn der Stab überall so ziemlich gleich dick ist. Bei einem Ast, der an einem Ende dick, am anderen dünn ist, liegt die Bruchstelle dem dünnen Ende viel näher. Der zweite Haselstecken kann noch zu einem Spielzeug für einen Knaben dienen. Er soll ein Bogen werden. Zwei Kerben nahe den Enden, diese mit einer kräftigen Schnur zusammengezogen, und der Bogen ist fertig!

Lauter Vorgänge, die gar nichts Verwunderliches an sich haben. Kein Mensch hätte es anders erwartet. Fangen wir jetzt aber an, nachzudenken, so mag sich doch manches ergeben, worauf wir nicht gleich gekommen sind.

Im Stock und in der Gerte liegen offenbar Kräfte, die sich meinen Bemühungen bei der versuchten Biegung widersetzen. Das fühle ich ohne weiteres. Sie sind im dicken Stock augenscheinlich stärker als in der dünnen Gerte. Vorher hat man von diesen Kräften nichts gemerkt. Sie sind erst durch den äußeren Eingriff geweckt worden und ihre Wirkung bestand nur darin, erstens sich der erzwungenen Formveränderung zu widersetzen und zweitens beim Aufhören des äußeren Zwangs die frühere Gestalt wieder herzustellen.

Solche schlummernde Kräfte gibt es nun wirklich, sie sind in der Natur und Erzeugnissen menschlicher Tätigkeit sehr verbreitet, auch in der Technik ungemein wichtig, man heißt sie e l a s t i s c h e   K r ä f t e. Mechanisch bewirkt eine Verbiegung nichts anderes als eine Verschiebung der kleinsten Teile gegeneinander. An der äußeren Seite des Bogens werden die Teile auseinander, an der inneren zusammengerückt. Beidem widerstrebt die elastische Kraft des Stabs, schwächer die der Gerte. Es gibt eine Elastizität gegen Zug und eine gegen Druck. Beim gebogenen Stab kommen die beiden zur Geltung, beim Dehnen eines Gummifadens nur die erstere.

Mit Überwindung der elastischen Kraft wächst diese selbst. Das fühle ich, wenn ich den Stab biege, deutlich. Wenn ich einen Bogen daraus mache, so muß ich mich sogar ordentlich anstrengen, um ihn zuletzt gehörig zu spannen, damit er zum Pfeilschießen taugt. Dabei, am schon gespannten Bogen, bedarf es dann nur noch einer weiteren geringen Mehrspannung, um eine sehr große elastische Kraft zu gewinnen, die genügt, um dem aufgelegten Pfeil eine große Anfangsgeschwindigkeit zu verleihen. Das geschieht bekanntlich, indem mit dem Pfeil zusammen die Schnur, die Sehne, angezogen wird. Aus der geraden Sehne wird damit eine gebrochene Linie, deren Enden sich also nähern, womit die Krümmung des Bogens zunimmt. Das Bespannen des Bogens hat mir Mühe gemacht, nachher kann auch der Knabe damit schießen. So ist's auch mit dem berühmten Bogen des Odysseus gewesen, den nur er, nicht aber alle die Freier zu spannen vermochten. Sie konnten ihn nicht b e spannen, versuchten es auf alle Arten, das Holz durch Fett, Hitze geschmeidiger zu machen, vergebens, und der alte Besitzer Odysseus konnte mit dem ihm wohlbekannten, nicht landesüblichen Schießzeug besser umgehen, er vermochte ihn zu biegen und die Sehne aufzuziehen. Einmal aufgezogen und bespannt, beflügelte der Bogen, der viele Jahre abgespannt gelegen hatte, einen tödlichen Pfeil um den anderen auf die Frevler. Man darf hintennach vermuten, daß die offenbar kostbare und geschätzte Waffe entspannt aufbewahrt worden war, damit sich nicht am ständig gekrümmten Bogen die elastische Kraft erschöpfe. So lautet wenigstens die neueste Auslegung der berühmten Stelle in der Odyssee. Das ist nämlich eine weitere Eigenschaft der elastischen Kraft, daß sie, einmal geweckt, unter gewissen Umständen nachlassen kann. Das geschieht durch einmalige Überdehnung wie bei unserer Gerte. Sie ist nach starker Biegung nicht wieder ganz gerade geworden. Ihre „Elastizitätsgrenze" wurde bei der Biegung überschritten. Nach einiger Zeit kann sich das wieder ausgleichen; auch das haben wir an unserer Gerte gesehen, am nächsten Morgen hatte sie, aber ganz allmählich, nicht plötzlich wie nach leichter Biegung, ihre gerade Gestalt wieder gewonnen. Ähnlich wie einmalige kurze Überschreitung der Elastizitätsgrenze wirkt dauernde Vermehrung der Spannung eines elastischen Körpers. S p a n n u n g heißt man hier die aufgetretene elastische

Kraft, die sich durch Änderung in der Lage der kleinsten Teile gegeneinander durch Zug, Druck oder Drehung ergeben hat. Auch bei längere Zeit anhaltender Spannung, nicht nur bei Überspannung „leidet die Elastizität".

Elastizität oder Grad der Elastizität ist aber etwas ganz anderes als elastische Kraft. Der Grad der Elastizität gibt das Verhältnis an, in welchem die elastische Kraft die Einwirkung einer äußeren Kraft, die Veränderung, die der Körper durch sie erlitten hat, wieder rückgängig machen kann. Damit ist über die Größe dieser Kraft noch gar nichts ausgesagt. Eine dünne Spiralfeder ist im hohen Grad elastisch; wenn sie durch eine Einwirkung von außen gespannt wird, so ist die Arbeit, die sie bei ihrer Zusammenziehung leistet, annähernd gerade so groß wie die Arbeit, durch die sie gespannt wurde, das Verhältnis dazu ist ungefähr wie 1 zu 1, aber absolut genommen ist die elastische Kraft der Feder eine kleine, mit leichter Anstrengung kann man sie spannen. Bei einer dicken, starken Feder, die den nämlichen Grad der Elastizität aufweist, geht die Spannung schwerer, die elastische Kraft, die man dabei überwinden muß, ist eine größere. So ist es auch bei der Gerte und dem Haselstab, der letztere hat eine größere elastische Kraft, man kann ihn als Bogen brauchen, die schwache Gerte nicht, die würde wohl kaum einem Pfeil die gewünschte Geschwindigkeit verleihen. Und dabei ist wahrscheinlich der Grad der Elastizität beim Stab geringer als bei der Gerte. Man beobachtet wenigstens allgemein, daß mit zunehmender Verholzung der Grad der Elastizität sinkt. Junge, frische, wasserreiche Triebe sind in höherem Grade elastisch als ältere, trockene. Auch der Bogen, den wir dem Knaben gemacht haben, wird seine Güte nicht lang behalten, dann wird er steifer, treibt den Pfeil nicht mehr so weit, und im nächsten Jahr ist er so ziemlich unbrauchbar und wahrscheinlich bricht er dann beim Versuch, ihn zu spannen, mitten durch. Dabei bedarf es aber doch noch einiger Anstrengung unsererseits, der Stab setzt dem Versuch, ihn zu biegen, Widerstand entgegen; insoweit er sich biegen läßt, bleibt er aber krumm, und biegen wir noch weiter, dann kommt ganz plötzlich der Bruch.

Im Stab sind auch wirklich, wie in allen festen Körpern, außer der elastischen Kraft noch andere Kräfte wirksam, die nur der Festigkeit dienen. Sie unterscheiden sich von der elastischen Kraft dadurch, daß sie nicht imstande sind, eine von außen bewirkte Änderung der Größe oder Gestalt wieder rückgängig zu machen. Die Grenze ihrer Wirksamkeit wird nicht allmählich wie bei der elastischen Kraft, sondern ganz plötzlich überschritten, es bleibt nicht ein Bruchteil davon übrig, sondern sie sind auf einmal und endgültig ausgeschaltet.

Ein Beispiel dafür kann altes, wohl getrocknetes Holz, etwa ein Bleistift, liefern. Er ist wenig biegsam, starr. Er gibt anscheinend dem Versuch, ihn mit Gewalt zu biegen, gar nicht nach, bis er ganz plötzlich bricht.

Die Bruchstelle liegt immer da, wo der Widerstand der Festigkeit gegenüber der Verschiebung der Teile, dem Zug, dem sie ausgesetzt werden, am geringsten ist, im ganzen also an den dünnsten Stellen, bei überall gleich dicken Stäben, da wo der Zug am größten ist. Das ist bei einem gebogenen Stab in der Mitte. Schon der Augenschein hat uns überzeugt, daß der Bogen an seinen Enden weit weniger gekrümmt ist als in der Mitte. Es ist eben kein Kreisbogen, der durch Biegung an einem überall gleich starken Stab erzeugt wird, sondern eine andere Kurve, deren Gestalt in der Mathematik eine besondere Behandlung erfährt. Denn diese Dinge, die auf den ersten Blick etwas gleichgültig erscheinen mögen, bekommen in der Mechanik, in der Festigkeitslehre eine Bedeutung von der ersten Ordnung. Sie sind bei der Konstruktion von Dachstühlen, von Trägern, von Brücken und tausend anderen notwendigen Dingen, wie jeder einsehen wird, von der allergrößten Wichtigkeit. Darauf können wir hier natürlich nicht eingehen. Wir wollen nur noch ein paar Worte sagen.

Es gibt eine Elastizität gegen Druck, Zug und Drehung (Torsion). Die letztere läuft eigentlich auch auf Zug und Druck hinaus. Wird ein Stab gewaltsam um seine Achse gedreht, so werden seine Teile auf der einen Seite auseinander gezogen, auf der anderen ebenso zusammen gepreßt. Bei einem und demselben Körper kann die Elastizität (und auch die Festigkeit) nach diesen drei Richtungen ganz verschieden entwickelt sein. Es gibt Körper, die sehr dehnbar sind, aber nur mit den größten Kräften zusammengepreßt werden können. Ein Bleidraht läßt sich z. B. leicht sehr merklich und ohne große Kraftanwendung dehnen. Er bleibt danach auch gedehnt, zieht sich kaum merklich wieder zusammen. Es ist ein Beispiel eines nachgiebigen, aber sehr wenig elastischen Körpers. Ein dünner Gummifaden ist auch sehr nachgiebig. Durch eine kleine Kraft kann er vielleicht auf seine doppelte Länge ausgezogen werden. Läßt man ihn aber dann los, so zieht er sich sogleich bis auf seine vorige Länge wieder zusammen. Der Gummifaden ist auch sehr nachgiebig wie der Bleidraht, aber er ist dabei sehr elastisch. Elfenbein und Stahl sind starre, wenig nachgiebige Körper, haben aber einen hohen Grad von Elastizität und ihre elastische Kraft ist eine große. Von der Elfenbeinkugel wissen wir das vom Billardspiel her, vom Stahl aus tausendfältiger Wahrnehmung im täglichen Leben und in der Technik.

Die Nachgiebigkeit hängt bei jedem Stoff natürlich auch von den Dimensionen des Körpers ab, ist um so kleiner, je größer die elastische Kraft ist, die sich der Deformierung des Körpers entgegensetzt. Und diese, die elastische Kraft, ist bei sonst gleicher Beschaffenheit des Stoffes bei doppeltem Querschnitt doppelt, bei dreifach so großem dreimal so groß. Ein überall gleich dicker Stab krümmt sich beim Biegen, wie wir gesehen haben, am meisten in der Mitte; dort bricht er auch schließlich. Er biegt sich auch am meisten in der Mitte, wenn wir uns auf ihn stützen. Ein Stock aber, der unten merklich dünner ist als am Handgriff, biegt sich unten am meisten. Wenn man, um die Elastizität zu prüfen, eine Klinge anstemmt, so biegt sich der dünne Teil gegen die Spitze zu (die „Schwäche der Klinge"), fast allein die „Stärke" bleibt gerade. An guten Klingen kann man so recht sehen, einen wie hohen Grad von Elastizität man durch geeignete Behandlung dem Stahl verleihen kann und wie lang guter Stahl seine Elastizität anscheinend ganz unverändert beibehält. Nicht mit Unrecht sind die Meisterstücke alter Waffenschmiede, die Toledaner Klingen, die Waffen aus Damaskus, auch heute noch in hohem Ruf und wertgeschätzt.

Gerade auch beim Stahl ist der starke Einfluß anscheinend geringer Einwirkungen auf den Grad der Elastizität ungemein deutlich.

Einerseits bewirkt das richtige „Anlassen" des Stahls im Feuer den gewünschten Grad der Elastizität, andererseits genügt einmaliges Erhitzen bis zur Glut, um die Elastizität sofort zu vernichten. Geglühter Eisendraht federt nicht mehr, läßt sich biegen wie etwa ein Bleidraht. Dabei ist die Art der Abkühlung, ob sie rasch oder langsam erfolgt, von ganz wesentlichem Einfluß. Nicht nur beim Stahl, auch

Glas hat ganz verschiedene Eigenschaften, je nachdem es aus dem Glasofen kommend, vorsichtig oder absichtlich rasch, abgekühlt worden ist. Bei größeren Gußstücken muß die Abkühlung viele Tage währen, sonst treten im Innern des Blockes Spannungen auf, die sich im optischen Verhalten des Glases verraten. Das Licht wird dann nicht an allen Teilen gleich stark gebrochen, es bilden sich „Schlieren" im Glas, die es zu feineren optischen Instrumenten unbrauchbar machen. Besonders hohe Spannungen treten bei sehr rascher Abkühlung auf, wenn man z. B. glühenden Stahl oder glühendes Glas sofort in kaltes Wasser taucht. Diese Spannungen bestreben sich, das Gefüge zu zerstören und die geringste Einwirkung von außen macht es ihnen möglich, bei Glas ein feiner Ritz in die Oberfläche, beim Stahl ein Schlag. Dann bricht nicht das Glas, sondern zerstäubt in tausend Splitter, der Stahl geht in mehrere Bruchteile auseinander. Solche Körper heißt man s p r ö d. Damit geht meistens Hand in Hand eine große H ä r t e. Das ist wieder ein anderer Begriff als Festigkeit. Härte ist der Widerstand, den die Oberfläche eines Körpers dem Versuch entgegensetzt, seine einzelnen Teile voneinander zu trennen. Der Gegensatz dazu ist weich. Flüssigkeiten sind alle weich, die festen Körper alle viel härter. Mit jedem festen Körper kann man ohne weiteres eine Flüssigkeit trennen, mit Eisen das Holz schneiden, aber nicht umgekehrt. Die Härte prüft man, indem man versucht, mit einem Körper einen anderen zu ritzen. Der Körper, der auf einem anderen Ritze erzeugt, und man tut gut, auf der einen Seite Spitzen und Kanten, auf der anderen möglichst glatte Flächen zu wählen, ist der härtere von beiden. Man sieht leicht, daß diese Art der Prüfung nur Vergleichswerte ergeben kann, nicht absolute. Gleichwohl spielt sie in der Mineralogie eine nicht unwichtige Rolle. Und auch im alltäglichen Leben ist es schon oft gut, wenn man weiß, welcher von zwei Körpern der härtere ist und daß immer der härtere den weicheren ritzt. Der Glaser verwendet den härtesten aller Körper, den Diamant, zum Schneiden des Glases, wir hüten uns gewöhnlich, schön geschliffene Gläser zu ritzen und so zu verunstalten, vermeiden es also mit einer Feile darüber zu fahren, das Glas mit Sand zu putzen u. dgl. Sand (Quarz) hat die „Härte 7", ist härter als Glas, auch als Stahl. Mit Glaspapier oder Sandpapier kann man Eisen rasch von Rost befreien, freilich bleiben dabei immer feine Ritze zurück, feinere oder dickere, je nach dem Korn des verwendeten Glas- oder Sandpapiers. Smirgel (Korund) ist noch härter als Quarz (Härte 9), damit geht das Abreiben und Reinigen noch leichter vor sich. Sand, Englisch Rot (Eisenoxyd), Smirgel, das sind Materialien, die in fein geschlemmtem Zustand zum S c h l e i f e n des Glases Verwendung finden können, weil sie alle härter sind als Glas. Der letzte Feinschliff, die Hochpolitur, kann nur mit den allerfeinsten Aufschwemmungen des Poliermittels erfolgen. Da müssen die Ritzen so äußerst fein werden, daß sie kaum mit bewaffnetem Auge sichtbar sind.

Alle sogenannten Edelsteine und auch die meisten Halbedelsteine werden von einer guten Feile nicht angegriffen. Das mag man zu einer vorläufigen Probe auf Echtheit benützen, aber fast alle greift der Smirgel an, diese Probe soll man also füglich unterlassen. In einsamer Größe strahlt der Diamant. Er kann nur mit seinem eigenen Pulver geschliffen und poliert werden. Fast, aber nicht ganz so hart, ist das Schleifmittel Borkarbid, eine Verbindung von Bor und Kohlenstoff.

Dem allen scheint ein Sprichwort zu widersprechen, das noch niemand bezweifelt hat: ,,Der Tropfen höhlt den Stein.'' Der Stein ist doch so viel härter als das Wasser, wie kann er durch das Wasser ausgeschliffen, ausgehöhlt werden, wenn er von ihm keinesfalls geritzt werden kann? Wo der kleinste Wasserlauf Steine bespült, oder wo auch nur Tropfen jahraus jahrein immer dieselbe Stelle des Steins treffen, wird wirklich der Stein ausgehöhlt und dabei ganz glatt geschliffen. Härtere Steine widerstehen allerdings länger und das Ausschleifen braucht längere Zeit. Es ist aber gar nicht reines Wasser, was abschleift, sondern es sind die immer darin mitgeführten allerkleinsten Gesteinstrümmer, der feine Mineralstaub, der das Schleifen besorgt.

Von zwei Steinen von gleicher Härte ritzt jeder den anderen und wird vom anderen geritzt. Fließendes Wasser führt immer kleine Teile von Gesteinen, oft von dem Gebirge, woraus es entspringt, weit mit sich. Im obersten Lauf sind die Brocken noch groß und eckig. Im Wildbach stoßen sie aneinander, werden weiter zerkleinert und zertrümmert. Dabei spielt die Härte keine Rolle. Z e r b r e c h e n ist etwas anderes als R i t z e n. Auch den härtesten Diamanten kann man mit Leichtigkeit zwischen zwei Steinen oder mit einem Hammer zertrümmern. Was hilft es dem Diamanten, wenn dabei die Steine oder der Hammer starke Schrammen davontragen und seine Bruchstücke jedes für sich unverletzt mit ganz glatten Flächen, haarscharfen Kanten sich erweisen? So werden auch das Gerölle im Bach, im reißenden Strom die Körner immer kleiner, nach und nach schleifen sie sich auch gegenseitig ab, verlieren ihre Kanten und Ecken, jeder Stein ritzt den anderen und wird von ihm geritzt, poliert. Es ist durchgehends bezeichnend für Steine, die durch fließendes Wasser transportiert wurden, daß sie im allgemeinen eine mehr rundliche Form, keine scharfen Ecken und Kanten aufweisen, mit einem Wort „abgerollt" sind. Steine, die vom Eis von Gletschern mitgeführt wurden, sind anders, sie sind noch eckig und kantig, zeigen aber andererseits oft Spuren, daß sie unter hohem Druck an ihresgleichen oder an noch härteren vorbeigeführt wurden, ihre Oberfläche ist entweder wie geschrammt, oder im Gegenteil fast spiegelglatt geschliffen. In den Alpen und in den Voralpen, auch in der norddeutschen Tiefebene, sind solche Spuren der Eiszeit und der Gletschertätigkeit dicht neben dem gewöhnlichen Gerölle, an dem Produkt des fließenden Wassers, nicht selten anzutreffen, so die großen „Findlinge" oder „erratischen Blöcke". Das nur nebenbei! Der mitgeführte Gesteinsstaub, mag er auch so fein sein, daß man ihn mit bloßem Auge nicht wahrnehmen kann, er ist es, der allein den Stein höhlt, wenn er durch lange Jahre immer und immer wieder daran reibt. Dazu kommt allerdings noch der Umstand, daß die meisten Gesteine zwar praktisch als in Wasser unlöslich gelten können, aber doch nicht absolut unlöslich darin sind, namentlich wenn das Wasser auch noch Kohlensäure gelöst enthält, wie das meistens der Fall ist. Schon früher haben wir ja von dieser gesteinszerstörenden Wirkung des Wassers ein paar Worte gesagt.

Hier wäre auch noch einiges zu erwähnen über die F e s t i g k e i t. Es muß uns wundern, wie an augenscheinlich so festen Körpern wie Steinen, Felsstücken, eine Zerkleinerung im Wasser stattfinden kann. Wir können ähnliche Stücke, auch wenn wir sie mit der Zange, also mit einem Hebel fassen, am ehesten noch, wenn sie klein sind, zertrümmern. Bei größeren nehmen wir einen schweren Hammer und schlagen damit den Stein leicht in Stücke. Man unterscheidet auch wirklich und mit Recht eine Festigkeit gegen Zug, Druck und Stoß. Alle drei Arten gehen durchaus nicht gleichmäßig Hand in Hand. Alle drei müssen in der Technik wohl berücksichtigt werden, wo es sich z. B. um Maschinenteile handelt, die starke und sehr häufige Stöße aushalten müssen. Dabei kann die öftere Wiederholung auch leichterer Stöße das innere Gefüge des Eisens, des Stahls derart lockern, daß schließlich nur ein ganz mäßiger Stoß dazu gehört, um den Bruch zu veranlassen. Geschmiedetes Eisen ist faserig und sehr widerstandsfähig, auch gegen Stoß, Gußeisen ist mehr körnig, kristallinisch und verträgt Stöße viel schlechter. Ein durch unzählig viel Stöße getroffenes Schmiedestück wird aber schließlich kristallinisch, ähnlich wie Gußeisen, bricht, und an der Bruchfläche ist die kristallinische Struktur schon mit dem bloßen Auge zu erkennen.

Schneiden und Stechen.

In mein Gewölbe schritt der bärtige
Kalif!
Sein glänzendes Gefolg sah man mein
Haus umringen;
Er aber wählte sich die schärfste
meiner Klingen
Mit diamantbesetztem Griff.
Freiligrath, Der Schwertfeger
von Damascus.

Die Zahl der Werkzeuge, die der Mensch aus dem wertvollsten Metall, das er der Natur abgewinnt, herzustellen gelernt hat, vermag keiner anzugeben. Je nach dem Zweck, zu dem sie dienen sollen, stellt er sie aus Eisen oder Stahl her, härtet sie oder läßt sie an, um sie elastisch zu machen. Die ursprünglichsten Werkzeuge aus der Eisenzeit, die in der Urgeschichte der Menschheit unmittelbar auf die Bronzezeit folgte, waren zum S c h n e i d e n und S t e c h e n bestimmt und die wichtigsten sind es heute noch. Da wird eine weitere Eigenschaft von Eisen und Stahl von Bedeutung, die Möglichkeit, daß man sie schleifen, ihnen eine Schärfe oder Spitze verleihen kann.

Wenn ein Messer nicht gut schneidet, eine Nadel nicht gut sticht, so sind wir mit unserem Urteil gleich fertig: Die Schneide, die Spitze ist eben zu stumpf. Ein wertloses Instrument wird dann fortgeworfen, ein wertvolles eben einfach geschliffen, dann ist dem Übel abgeholfen. Wieder etwas so Einfaches wie das Blatt Papier! Kann man auch damit etwas anfangen und lohnt es sich, auch nur einen Augenblick darüber nachzudenken?

Versuche ich, die Oberfläche eines Körpers zu beschädigen, in das Innere einzudringen, so widersetzen sich die inneren Kräfte des Körpers diesem Bestreben, wie wir schon gesehen haben. Je mehr Teile der Oberfläche dem Eindringen widerstreben, desto größer ist der Widerstand. Dieser fällt um so kleiner aus, je weniger Teile ihn leisten müssen. Die Frage, ob ich diesen Widerstand überwinden werde, hängt davon ab, ob ich auf die von mir angegriffene Fläche eine größere Kraft ausüben kann als auf der Fläche Widerstand geleistet wird. Die auf die Flächeneinheit wirkende Kraft heißt man D r u c k.

Wenn ich eine träge Masse in Bewegung versetzen will, ihr eine gewisse Beschleunigung oder Bewegung verleihen oder sie auch in ihrer Bewegung verzögern, ihre Wucht vernichten will, so kommt dabei lediglich meine K r a f t in Betracht. Ob ich dabei mit der flachen Hand oder mit einem Finger drücke oder ziehe, ob gegen eine Fläche oder Kante und Spitze des Körpers, die aufzuwendende Kraft ist in allen Fällen die gleiche. Aber für meine Hand und meine Finger ist es nicht gleichgültig, wie groß die Fläche ist, an der die Kraft angreift. Ich werde mich hüten, auf eine Spitze zu drücken, an einer Schneide zu ziehen. Wenn ich eine schwere Last hochheben will, so nebe ich sie lieber an einem breiten Gurt als an einem dünnen Draht. Die Schnürfurchen an meiner Hand würden mich im letzteren Fall belehren, daß meine Haut einen größeren D r u c k ausgehalten hat, als wenn die Kraft sich auf eine breite Binde verteilt hätte.

In der Tat ist es Zweck von Schneide und Spitze, daß eine gegebene Kraft auf eine möglichst kleine Fläche wirkt, damit der D r u c k so groß ausfällt, wie er von der aufwendbaren Kraft nur immer erzeugt werden kann.

Umgekehrt macht man es bei den Kraftmaschinen. Wenn es möglich ist, in einem Dampfkessel einen bestimmten Dampfdruck zu erzeugen und ich will mit diesem Druck, über den ich nun einmal nicht hinauskann, eine möglichst große Kraft ausüben, dann lasse ich den Druck auf eine möglichst große Fläche wirken. Ich mache also den Durchmesser des Kolbens, gegen den der Dampf drückt, möglichst groß.

Beim Barometer haben wir besprochen, daß eine Quecksilbersäule von 760 mm dem Druck der Atmosphäre das Gleichgewicht hält. Eine Quecksilbersäule von einem Quadratzentimeter Querschnitt und 760 mm Länge wiegt aber ziemlich genau ein Kilogramm. Auf jeden Quadratzentimeter drückt also die Atmosphäre so stark wie ein Gewichtsstein von einem Kilogramm oder mit anderen Worten der Atmosphärendruck beträgt ein Kilogramm auf jeden Quadratzentimeter.

Habe ich in meinem Dampfkessel einen Druck von 12 Atmosphären erzeugt, so drückt der Dampf auf jeden

Quadratzentimeter des Kolbens, gegen den ich ihn wirken lasse, mit der Kraft, mit der 12 Kilogramm von der Erde angezogen werden. Beträgt der Querschnitt des Kolbens 200 Quadratzentimeter, so drückt auf ihn ein Gewicht von 2400 Kilogramm. Dadurch wird vielleicht eine anfangs unmerkliche Bewegung herbeigeführt, weil vielleicht recht große Massen in Bewegung gesetzt werden müssen. Aber die beschleunigende Kraft wirkt fort, in jedem Zeitteilchen neu, die Wirkungen summieren sich, werden merkbar, rascher. In einem solchen Fall ist die Größe des Drucks gegeben, damit soll eine gewisse Kraft erzeugt werden. Wenn ich mit meinem Arm arbeite, dann ist seine Kraft gegeben, die nach meiner körperlichen Beschaffenheit und Übung nicht über eine gewisse Macht gesteigert werden kann.

Will ich mit einem Werkzeug in das Innere eines Gegenstandes eindringen, seine Oberfläche verletzen, die Teile der Oberfläche auseinanderdrungen, will ich schneiden oder stechen, dann muß ich wenigstens, da ich mich nicht mehr als bis aufs äußerste anstrengen kann, dafür sorgen, daß der ausgeübte D r u c k möglichst groß ausfällt. Er ist um so größer, je kleiner die Fläche ist, auf die die Kraft wirkt, wie umgekehrt und wie wir gerade gesehen haben, der Druck eine um so größere Kraft entfalten kann, je größer die Fläche ist, auf die er wirkt.

Und die Fläche, auf die beim Schneiden und Stechen gewirkt wird, ist wirklich außerordentlich klein. Gleich Null ist sie nicht, sonst würde beim Schneiden und Stechen gar keine Kraft, auch nicht die allergeringste, aufgewendet werden müssen, es gäbe gar keinen Widerstand mehr für das Eindringen der Klinge, wie hart auch die geschnittene oder gestochene Körperoberfläche sein mag. Aber es gibt schon bekanntlich Schneiden, so haarscharf, Spitzen so ungeheuer fein, daß wirklich schon die leiseste Berührung ein Eindringen, z. B. eine Verletzung der Haut, nach sich zieht.

Beim Überwinden eines Widerstandes, einer Kraft, wird Arbeit aufgewendet. Die Arbeit wird in unserem Falle von der Wucht des eindringenden schneidenden oder stechenden Instrumentes geleistet. Die Geschwindigkeit, mit der der Schnitt oder der Stich geführt wird, kommt also auch in Betracht. Das ist ja schon bei der Festigkeit so; sie ist gegen Druck und Stoß verschieden.

Ist die Schneide oder die Spitze einmal eingedrungen, so kommt für ihr weiteres Vorwärtsrücken, für die Vertiefung des Schnitts oder des Stiches außer dem Widerstand vorn an Schneide oder Spitze auch noch die Reibung beiderseits der Klinge in Betracht. Eine Klinge, deren Dicke ganz allmählich wächst, eine schlank geformte Nadel wird leichter vorwärts rutschen als ein gröberer Keil. Keilförmig sind alle schneidenden und stechenden Instrumente geformt. Beim K e i l kommt das Gesetz der schiefen Ebene zur Geltung und dieses beruht auf dem allgemein gültigen Satz, daß immer, was an Kraft gewonnen, auch an Zeit verloren, die Größe der Arbeit aber durch kein Instrument irgend geändert wird. Die Arbeit wird gemessen durch das Produkt der Kraft mal dem Weg, entlang dem die Kraft wirkt. Wenn ich eine Last um 10 Meter hebe, so ist die dabei verrichtete Arbeit ganz die gleiche, ob ich sie gerade in die Höhe hebe oder auf einem Umweg, sanft ansteigend auf die gleiche Höhe bringe.

Ich bin zu schwach, um z. B. 10 Zentner an einem Seil 10 Meter hoch hinauf zu ziehen. Ich lade die Last auf einen Wagen und fahre sie jetzt leicht mitsamt dem Wagen auf die gewünschte Höhe auf einem Weg, der sanft ansteigend, vielleicht alle 200 Meter um einen Meter, also bei einer Steigung von $1/_2$ Prozent, hinauf. Dazu gehört (abgesehen vom Wagen, der noch dazu gekommen ist) nur der zweihundertste Teil der Kraft, die ich bräuchte, um die Last senkrecht in die Höhe zu schaffen. Die zweihundertmal so kleine Kraft, die habe ich nun, bin also imstande, das, was ich wollte, überhaupt auszuführen. Am Ende ist die Last richtig oben und ich nehme gern in Kauf, daß der Weg, den ich dabei mitsamt meiner Last zurückgelegt habe, 200mal so lang war, als er es beim Transport senkrecht in die Höhe gewesen wäre. Noch mehr! Ich habe nicht einmal wirtschaftlich gut gearbeitet, ich habe mehr gearbeitet als ursprünglich von mir verlangt war, ich habe auch noch den Wagen, der recht gut unten bleiben konnte, und mich selber auch noch hinauf geschafft. Und trotzdem habe ich im ganzen nicht unklug gehandelt. Mein eigentlicher Zweck ist erreicht worden und auf andere Weise, auf kürzerem Weg und mit weniger Arbeit, hätte ich ihn überhaupt nicht erreicht. So ist es allemal, wenn man Maschinen verwendet, und auch die schiefe Ebene und der Keil gehören zu den „einfachen Maschinen", niemals wird an Arbeit gewonnen, oft sogar nicht unwesentlich mehr aufgewendet, aber man bringt eben Dinge fertig, die sonst unmöglich gewesen wären.

Zurück zu unseren Keilen, der schneidenden und stechenden Klinge! Manchmal wird sogar die Form des Keils zur Erreichung des eigentlichen Zwecks ausgenützt. So beim Holzspalten. Ein Scheit Holz soll der Länge nach zerkleinert werden, die einzelnen Teile, die Scheite sollen rasch voneinander getrennt werden. Deswegen wird mit kräftigem Hieb ein Beil in das Holz getrieben. Es ist vorn mäßig scharf, damit es gut eindringt, wird aber dann rasch dicker. Trotz dieser raschen Verdickung dringt es durch die Wucht, die dem schweren Beil vom Arm des Holzhauers verliehen worden, etwa bis zur Hälfte in das Holz und reißt es, eben weil es so dick ist, vollends auseinander.

Das Hobeleisen, das Schnitzmesser, sie haben eine andere Aufgabe. Sie sollen im Holz einen langen Weg zurücklegen. Deswegen dürfen sie nicht so breit gebaut sein wie das Beil, sondern schlank, damit auf ihrem langen Weg die Reibung nicht zu groß wird. Je weiter die zwei Hälften des geschnittenen Holzes auseinander gedrängt sind, mit desto größerer Gewalt drängen sie gegen die Klinge, desto größer wird die Reibung. Hier ist also ein schlanker Keil, einer, dessen Spitze einen möglichst kleinen Winkel bildet, der vorteilhafteste. Beim Schneiden wird der Keil noch schlanker durch die Führung der Klinge gestaltet. Theoretisch wird eine Linie nach vorn geführt. Drückt man die Klinge einfach vorwärts, so verdickt sich der eingedrungene Teil langsam, um so langsamer, je langsamer sich die Klinge verjüngt. Drückt man nicht, sondern schneidet, wie sich's gehört, dann nimmt die Dicke des eingedrungenen Teils noch langsamer zu, der Keil ist noch schlanker, die Reibung noch geringer. Namentlich da, wo es darauf ankommt, eine möglichst glatte Schnittfläche ohne Quetschung der Nachbarteile zu erzielen, ist eine kunstgerechte Schnittführung viel wert. So ist es auch beim Schlagen mit scharfer Waffe. Wenn sie kunstgerecht geführt wird, d. h. halb ziehend, halb schlagend, dann dringt der Hieb tiefer ein, die Wunde wird aber glatter und heilt besser. Dem berühmten Operateur Dieffenbach hat sein Biograph nachgerühmt, daß er das Messer so rasch und glatt durch die Gewebe zog, daß jede Quetschung ausgeschlossen war. Je schärfer die Klinge, desto behutsamer muß der Schnitt geführt werden. Mit neu geschliffenen Taschenmessern ist es fast unausbleiblich, daß sich die Knaben, oft auch andere Leute in den Finger schneiden.

Noch erstaunlicher ist das leichte Ein- und Vorwärtsdringen beim Stich. Hier wird ja theoretisch nicht eine Linie, sondern ein Punkt vorwärts getrieben. Erstaunlich besonders, da wir über den Stich gewöhnlich keine so große Erfahrung haben wie über den Schnitt! Die Warnung ist nicht überflüssig, mit Stoßwaffen, Degen, Dolchen, Messern äußerst vorsichtig zu sein. Man sollte es gar nicht glauben, wie leicht sie hineinrutschen. Man meint, nur die Spitze angesetzt zu haben und dieselbe schaut schon hinten wieder heraus. Wenn Soldaten oder Sicherheitsbeamte im guten Glauben die Leute nur zum Fortgehen mit den Bajonetten anstupfen wollten, könnten gleich ein paar Leichen liegen bleiben.

Sonst gehören scharfe Schneiden, scharfe Spitzen notwendig dazu, damit der Zweck des Werkzeuges voll erfüllt wird. Doch darf man auch damit nicht zu weit gehen. Namentlich muß für den gewöhnlichen Gebrauch auf die Schneide und Spitze eine nicht unbedeutende, wenn auch sehr kurze Verdickung der Klinge folgen, um ein Verbiegen oder Ausbrechen zu verhüten. Das Rasiermesser ist das schärfste, das wir im täglichen Leben gebrauchen, aber es ist nicht das beste für alle Zwecke. Man könnte damit auch Kartoffeln schälen, aber dann wäre es bald zu nichts anderem mehr gut. Ein paar Holszpäne könnte man allenfalls auch noch damit schneiden, dann auch diese nicht mehr. Die Schneide wäre schlechter geworden als die des schlechtesten Taschenmessers. Daher der Satz „allzu scharf macht schartig!“

Nach eingedrungener Klinge hemmt, wie wir gesehen haben, die seitliche Reibung das weitere Vordringen. Dem begegnen die Instrumente, durch die ein weiterer Weg gebahnt wird, indem kleine Teile losgerissen und aus dem Wege geräumt werden. Das geschieht beispielsweise mit der Säge. Jeder Zahn der Säge muß für sich scharf sein. Er dringt schneidend und stechend ins Holz ein. Durch den Zug der Säge wird aber der kleine Teil, der nun gefaßt ist, losgerissen und fällt als Sägespan zu Boden. Dadurch wird für das nachdringende Sägeblatt der Weg reibungslos und frei und es wird möglich, so durch dicke Bretter und Balken durchzukommen, die man mit dem nur schneidenden Messer nimmermehr hätte bewältigen können.

Ganz ähnlich ist es mit dem Bohrer. Auch bei ihm kommt das Gesetz der schiefen Ebene zur Geltung. Zur Fortbewegung um die Höhe eines Schraubenganges wird der viel längere Weg des Schraubenumfangs eingeschlagen. Noch mehr wird an Weg und Zeit verloren, indem man den Bohrer selbst nicht unmittelbar mit den Fingern, sondern an einem Quergriff anfaßt und führt. Der Quergriff wirkt wie ein längerer Arm eines Hebels, an dessen kürzerem Arm, dem Umfang der Schraube, die Reibung angreift. Trotz dieser Vorteile würde man mit einem dicken Bohrer in hartem Holz nicht weit kommen. Aber der Bohrer wird von unten an bald hohl. Die Höhlung ist wieder schraubenartig gedreht und in ihr winden sich die abgeschnittenen Bohrspäne nach oben, kommen aus dem Bohrloch heraus, die Reibung darinnen wird wesentlich vermindert.

Da! Soeben ein heftiger ganz feiner Stich auf meiner Hand! Unwillkürlich bin ich danach gefahren und habe eine Wespe totgeschlagen. Aus ihrem Hinterleib bewegt sich noch ihr Stachel vor und zurück. Die Spitze des Stachels ist viel zu fein, als daß man sie mit dem bloßen Auge erkennen könnte. Ich habe mein großes Mikroskop nicht da, aber ich weiß, daß man auch mit den stärksten Vergrößerungen vorn an der Spitze keine Fläche sehen kann, wirklich unmerklich fein spitzt sich der Stachel zu. Der Radius der Spitze ist gewiß kleiner als 0,00001 Millimeter, die Fläche, gegen die die Wespe gestochen hat, also gewiß kleiner als 0,000000003 Quadratmillimeter, oder 0,00000000003 Quadratzentimeter. Die Kraft, mit der der Stachel vorgetrieben wurde, ist freilich auch sehr klein, aber immerhin meine ich doch, daß das Tier damit ein Milligramm hoch heben könnte. Mit diesen Annahmen können wir den Druck in Atmosphären berechnen, den der Stachel beim Stich ausübt. Der Druck einer Atmosphäre beträgt auf den Quadratzentimeter ein Kilogramm, auf den Quadratmillimeter 100mal weniger. Ein Milligramm ist der millionste Teil eines Kilogramms. Die weitere Rechnung, die jeder ausführen kann, ergibt die erstaunliche Zahl von rund 300 000 Atmosphären! Man sollte meinen, daß einem solchen Stachel nichts, auch kein Panzer widerstehen könnte. Das wäre auch sicher der Fall, wenn der Stachel selbst nur den starken Widerstand, den er dort fände, aushalten könnte.

Messen und Wägen.

Aller Dinge Maß ist der Mensch.
Protagoras.

Es ist ein weit verbreiteter Irrtum, anzunehmen, daß der wissenschaftliche Naturforscher in immer möglichst weit getriebene Genauigkeit der Messung seinen Stolz setzt. Das trifft nur für die Fälle zu, in denen die höchste Genauigkeit auch wirklich für den Zweck der Forschung erforderlich ist, und nur bis zu dem Grade, in dem sie es ist. Im Gegenteil, der richtige Naturforscher macht es sich von vornherein klar, bis zu welcher Grenze die Genauigkeit des Messens im Einzelfall überhaupt Sinn und Verstand hat, bevor er das Messen nur anfängt. Er weiß, daß eine a b s o l u t e Genauigkeit niemals erreicht werden kann und sucht sich ihr nur so weit zu nähern, bis entweder das Interesse an noch weiter getriebener Feinheit erlischt oder bis klarerweise die überall unvermeidlichen sich einschleichenden Fehler, die Zufälligkeiten, nachweisbar höhere Werte zeigen als er in seinen Messungen berücksichtigt. Er wird die F e h l e r g r e n z e n seiner Beobachtungen bestimmen und schließlich zusehen, wie weit er unter dieser Berücksichtigung in den Schlüssen gehen darf, die er aus seinen Beobachtungen zieht. Wo es nicht angeht, diese Dinge gleich von vornherein zu übersehen und abzuschätzen, wird er freilich in Messung und Berechnung lieber feiner vorgehen als weniger fein, dann aber, wenn er sieht, daß die Genauigkeit größer geworden ist, als er sie braucht, oder als er für diese Genauigkeit auch einstehen kann, wird er die erhaltenen Werte nach oben bis auf die gewünschte und zulässige Größenordnung a b r u n d e n. Von der Abrundung gefundener Werte nach oben wird in der Naturwissenschaft der ausgiebigste Gebrauch gemacht. Die Regel dabei ist, Bruchteile der Einheit, wenn sie unter der Hälfte dieser bleiben, einfach wegzulassen, sobald sie die

Hälfte oder darüber betragen, sie auch wegzulassen, dabei aber die nächst höhere Stelle um 1 zu erhöhen.

Beträgt das Ergebnis einer Wägung z. B. 10,653 Gramm und es wird nur eine Genauigkeit bis auf ganze Gramme verlangt, so schreibt er 11 Gramm, für eine Genauigkeit auf Dezigramme 10,7 Gramm, für Zentigramme 10,65 und 10,653 Gramm schreibt er nur dann, wenn die Kenntnis des Gewichtes bis auf Milligramme überhaupt von Wichtigkeit ist und wenn er für die Genauigkeit seines Wägens bis auf Milligramme einstehen kann, wenn er sicher ist, daß er sich um kein Milligramm geirrt hat. Man drückt dies aus, indem man bemerkt $\pm$ 0,00005 Gramm, um anzugeben, daß der mögliche Fehler sicher nicht größer als ein halbes Milligramm ist, daß also unter Anwendung der Kürzung und Abrundung nach oben kein Fehler größer als ein Milligramm begangen wurde.

Will einer herausbringen und sagen, wie lang er zum Zurücklegen eines bestimmten Weges braucht und ist er nach seiner Uhr 5 Stunden und 43 Minuten lang gegangen, so kann er sagen, er sei rund 6 Stunden lang gegangen; dann begeht er einen Fehler von 17 Minuten, würde er sagen: 5 Stunden lang, so betrüge der Fehler 43 Minuten, er wird also beim Abrunden der Wahrheit näher mit der Angabe von 6 Stunden bleiben. Er wird also in beiden Fällen sagen, r u n d so viel Stunden, um anzudeuten, daß er die Bruchteile der Stunde, soweit sie nicht die Hälfte der Stunde betragen, weggelassen, waren sie aber höhere, die Zahl der Stunden um eins erhöht habe. Dieses Abweichen von der Wahrheit ist erlaubt und sogar wahrhaftiger oft als ein Messungsresultat ungekürzt zu geben, wodurch der lügenhafte Schein einer doch nicht erreichten Genauigkeit erweckt würde. Wer sagt, er habe zum Zurücklegen eines Weges 5 Stunden 43 Minuten gebraucht, lügt freilich nicht; sicher weiß er aber nur, daß er zum gleichen Weg ein anderes Mal nicht mehr als 6 Stunden und sicher nicht weniger als 5 Stunden brauchen wird, dafür kann er einstehen und so sagt er lieber 6 Stunden als 5 Stunden, wenn er weiß, daß er wohl einmal langsamer, das andere Mal schneller zu gehen gewohnt ist. Gibt er sich Mühe immer gleich schnell zu gehen, so kann er ja wohl auch sagen $5^3/_4$ Stunden, er weicht dann von der wirklich beobachteten Zeit nur zwei Minuten ab und bekundet, daß seines Dafürhaltens der Fehler höchstens $\pm \, ^1/_4$ Stunde betragen mag. Nach

Wahrheit muß jeder Beobachter streben, von keinem kann volle Wahrheit offenbar verlangt werden, wohl aber volle Wahrhaftigkeit.

Wie es mit Selbstkritik und mit der Wahrhaftigkeit aussieht, kann man auch in wissenschaftlichen Arbeiten leider manchmal auf den ersten Blick erkennen, wenn man die Genauigkeit der angegebenen Werte der Messung mit der vergleicht, die nach der Natur der Sache und der angewendeten Methode überhaupt zu erwarten möglich ist.

Auf der anderen Seite ist man aber auch unter Umständen bei aller Gewissenhaftigkeit berechtigt, über die Genauigkeit seiner tatsächlich erhaltenen Messungsresultate noch hinauszugehen und so der Wahrheit noch näher zu kommen, als dies die einfache Messungsmethode gestattet. Diese kann und darf auf zweierlei Wegen geschehen. Erstens durch Schätzung der Bruchteile. Angenommen z. B., um beim Fußgänger zu bleiben, er habe eine Uhr ohne Sekundenzeiger, er geht eine Strecke weit und die Ablesung der Uhr ergibt, daß der Minutenzeiger zwischen der neunten und der zehnten Minute, dieser näher steht, so wird er auf Minuten abrundend sagen: 10 Minuten. Bei einer so kurzen Zeit glaubt er sich sicher, daß er ein anderes Mal bis Viertelsminuten genau die gleiche Zeit brauchen wird wie das erste Mal. Jetzt teilt er schätzungsweise den Abstand der einzelnen Minuten an seiner Uhr in Viertel, beobachtet den Stand des Zeigers, schätzt ab, daß er etwa auf dem dritten Viertel zwischen 9 und 10 Minuten steht und ist berechtigt zu sagen, zu diesem Wege brauche ich $8\frac{3}{4}$ Minuten. Man sieht aber schon, daß in diesem Fall, wo eine größere Genauigkeit wünschenswert und auch erreichbar ist, der Besitzer eines feineren Meßinstrumentes, also hier einer Sekundenuhr, im Vorteil ist.

Ein anderer Weg zu genaueren Messungsresultaten zu gelangen, als unsere Meßinstrumente eigentlich gestatten, besteht darin, viele Messungen statt einer einzigen anzustellen und daraus den Mittelwert zu berechnen. In der Wissenschaft geschieht dies allgemein nach der Methode der kleinsten Quadrate, d. h. die Resultate der Einzelbeobachtungen werden so in Rechnung gestellt, daß die Summe der dabei untergelaufenen Fehler, diese in die zweite Potenz erhoben, möglichst klein, ein Minimum wird. Wer hiervon nichts versteht, zieht wenigstens aus den Beobachtungsreihen das arithmetische Mittel und stellt

diesen mittleren Wert als Endergebnis seiner Beobachtungsreihe auf. Nur z u f ä l l i g unterlaufende Fehler werden
dadurch möglichst unschädlich gemacht. Man kann nach
dem Gesetz der großen Zahlen, das in der Wahrscheinlichkeitsrechnung seine Rolle spielt, annehmen, daß Irrtümer
nach der einen Seite wie nach der anderen Seite im ganzen
ziemlich gleich oft und gleich stark sich einstellen werden und
so, wenn man schließlich das arithmetische Mittel zieht,
d. h. die Resultate aller Einzelbeobachtungen addiert, die
Summe durch die Zahl der Einzelbeobachtungen dividiert,
sich die Fehler gegenseitig aufheben werden, so daß der
richtige Wert herauskommt. Man mißt z. B. eine lange
Strecke mit dem Bandmaß nicht ein, -sondern zwei-, drei-
oder mehrere Male, addiert die erhaltenen Zahlen und dividiert
die Summe durch zwei, drei, kurz durch die Zahl der Messungen und erhält so ein zuverlässigeres, genaueres Resultat.
Nur zufällige Fehler, die hauptsächlich der Anwendung
der Methode entspringen, werden so ausgeschieden, n i c h t
k o n s t a n t e. Ist unser Bandmaß falsch, unser Maßstab
z. B. zu kurz, so wird das Resultat zwar durch die Zahl der
Messungen immer genauer, bezogen auf das angewendete
Maß, werden, aber wie dieses vom wahren Werte abweichen.

Wir wollen z. B. in einem Eisenbahnzug sitzend die
Zugsgeschwindigkeit kennen lernen und haben eine Sekundenuhr. Wir wissen, daß die Telegraphenstangen längs
der Bahn in Abständen von 30 Meter aufeinander folgen.
Wir sehen sie ruhig sitzend einzeln am Fenster vorüberfliegen, folgt auf eine nach drei Sekunden wieder eine, so
ist die Zugsgeschwindigkeit also 10 Meter pro Sekunde,
oder, wie man wissenschaftlich zu schreiben pflegt c =
10 m/sec. Nun ist dabei gar nicht ausgeschlossen, daß
wir uns um $1/_2$ Sekunde geirrt haben. Wären es statt drei
Sekunden nur 2,5, so betrug die Geschwindigkeit 30/2,5
= 12 Meter, waren es aber in Wirklichkeit vielleicht 3,5 Sekunden, so betrug sie 30/3,5 m/sec, rund 8,6 m/sec. Ist es
uns nicht gleichgültig, ob der Zug 8,6 oder 12 Meter in der
Sekunde zurücklegt, dann zählen wir eben mehr Telegraphenstangen ab, z. B. 10. Bis die zehn am Fenster vorbeieilen
(die erste heißt Null!), sollen 28 Sekunden verfließen. Dann
beträgt die Geschwindigkeit 300/28 = 10,7 m/sec. Wenn
wir uns hier auch um $1/_2$ Sekunde nach oben oder unten geirrt
hätten, so käme doch, wie eine einfachere Rechnung zeigt,
nur Werte von 10,5 oder 9,8 Meter heraus, die Bestimmung

wäre bis auf einen Meter sicher genau, was uns wohl in den meisten Fällen genügen wird.

Bei solchen Beobachtungen wird man sich nicht dicht ans Fenster setzen oder gar aus ihm hinaussehen. Da würde das Gesichtsfeld zu groß, das die Telegraphenstange durcheilt, die Zeitbestimmung, wann die nächste an der nämlichen Stelle erscheint, zu unsicher. Im Gegenteil, möglichst weit vom Fenster wählen wir unseren Platz. Dann ist die Strecke, die übersehen wird, nicht so sehr viel größer als die Fensterbreite, die Beobachtung, wann die Stange hier vorbeifliegt, viel schärfer. Dabei werden wir aber gleich das Mißliche bemerken, wenn man zwei Gesichtseindrücke zugleich beobachten will. Es bleibt uns kaum Zeit, rasch genug von der Uhr zum Fenster und von da wieder zum Sekundenzeiger zurück zu sehen. Hier hilft noch am besten das i n d i r e k t e S e h e n. Wenn wir unser Augenmerk auf irgend einen Punkt im Raum, z. B. auf unseren Sekundenzeiger richten, diesen Punkt „fixieren", so erkennen wir gerade diesen Punkt viel genauer als alles andere im Raum, sind aber für die anderen Dinge, sofern sie nur überhaupt Licht in unser Auge und so auf unsere Netzhaut werfen, nicht blind. Wenn ich diese Zeilen niederschreibe, so betrachte ich meine Buchstaben genau und kann deutlich an jedem unterscheiden, wie er aussieht. Aber auch die Hand sehe ich, die ich links vor meinem Ohr vorbeuge, ohne den Blick von meiner Schrift zu entfernen. Wie sie aussieht, kann ich nicht erkennen, nur daß sie da ist, daß und wie schnell sich sie bewegt. Man heißt dies das „indirekte Sehen". Bemerkenswerterweise ist der Unterschied zwischen Hell und Dunkel im indirekten Sehen sogar noch auffallender als im direkten. Daher kommt es, daß wir einen leuchtenden Punkt, z. B. einen Stern, manchmal sogar besser auffinden, wenn wir ein klein wenig daneben sehen. Deswegen besteht auch die Regel beim feinen Fechten zu Recht, der Klinge nicht mit dem Auge zu folgen, sondern den Blick auf des Gegners Auge unverwandt zu richten, dann erkennt man rasch und besser die Bewegungen der feindlichen Klinge seitlich, im indirekten Sehen und kann schneller seine Parade und Gegenstöße anbringen. So kann man es auch beim obenerwähnten Beispiel im Eisenbahnzug machen. Man hält die Uhr so gegen das Fenster, daß man die Sekunden bequem ablesen kann und zählt mit indirektem Sehen darüber oder daran vorbei die vorüberhuschenden Stangen.

Viel leichter ist es, wie wir bald bemerken, gleichzeitige Eindrücke von A u g e und O h r zum Decken zu bringen. So kann uns zweckmäßig ein Zweiter laut die Telegraphenstangen vorzählen, während wir die Sekunden ablesen. Die Eisenbahn selbst gibt aber auch brauchbare akustische Sekundensignale. So oft die Stelle von den Rädern überrollt wird, wo zwei Schienen aneinander stoßen, entsteht bekanntlich ein gut hörbarer Stoß. Weil nun jede Schiene 10 Meter lang ist, kann man die hörbaren Stöße auf freier Strecke auch zur Bestimmung der Zugsgeschwindigkeit mit der Sekundenuhr benützen und das geht dann auch im Dunkeln. So habe ich die Zahl der Stöße im langen Tunnel von Heigenbrücken wer weiß wie oft gezählt (den ersten natürlich Null geheißen), und, natürlich jedesmal, mit 51 ist der Zug aus dem anderen Portal herausgerollt. Müßte ich bei irgendeinem Unfall einmal im Tunnel den Zug verlassen, so würde ich, wenn ich schon 26 oder mehr gezählt hätte, noch weiter nach vorn, in anderem Fall zurücklaufen, um möglichst rasch heraus zu kommen.

Man bemerke sehr wohl den grundsätzlichen Unterschied, der zwischen den Wegen besteht, die wir eingeschlagen haben, um unsere Beobachtungen im Eisenbahnzug auf die von uns gewünschte Genauigkeit zu bringen. Der eine Weg führt dazu, die M e t h o d e zu verbessern, indem wir uns die Beobachtung durch Wahl des Standortes usw., durch die Hilfe eines Zweiten erleichterten. So wurde die Einzelbeobachtung sicherer und besser. Der andere Weg lief darauf hinaus, die Einzelbeobachtung, wie sie eben gegeben war, durch Zuhilfenahme der erwähnten Kunstgriffe zu verbessern und, wenn das nicht möglich war ohne sie, die Z u f ä l l i g k e i t e n der Einzelbeobachtung dadurch auszugleichen, daß wir eine ganze Beobachtungsreihe unserer Berechnung zugrunde legten. Beide Wege sind grundsätzlich voneinander verschieden, dienen aber beide dem gleichen Zweck, ein Ergebnis zu erzielen, das möglichst richtig ist, dem wahren Wert so nahe zu kommen, wie es uns möglich und — überhaupt für uns für Interesse sein kann. Keinem Menschen kann es einfallen, die Zugsgeschwindigkeit bis auf Millimeter zu berechnen.

Noch ein Beispiel von Anwendung des arithmetischen Mittels! Wir möchten gern die Dicke eines dünnen Drahts bestimmen, haben aber hierzu keine feinen Meßinstrumente, sondern nur ein Zentimetermaß. Da wickeln wir um einen

Bleistift den Draht so auf, daß die Windungen ganz dicht aneinander liegen und zählen, wieviel davon auf einen Zentimeter kommen. Es seien 50 Windungen, woraus sich die Dicke auf $^1/_{50}$ Zentimeter oder 0,2 Millimeter berechnet. Genauer wird auch hier das Resultat, wenn wir den Bleistift zwei Zentimeter lang mit dem Draht einhüllen usw. Und mit dem Wägen ist es ganz dasselbe. Überall, wo es eine Anzahl von Dingen, die untereinander ziemlich gleich sind, betrifft, kann durch Gewichtsbestimmung einer großen Zahl ein hinlänglich genauer Mittelwert, auch ohne feine Wage bestimmt werden. Wenn wir keine Wage haben, mit der wir das Gewicht eines Tropfen Wassers abwägen können, sondern z. B. nur eine, die nur ganze Gramme zieht, so tröpfeln wir eben in ein tariertes Gefäß so viel Tropfen Wasser, bis sich auf der Wage fünf Gramm das Gleichgewicht halten. Es mögen ihrer 100 sein. Dann wiegen 100 Tropfen fünf Gramm, einer wiegt 0,05, also fünf Zentigramm und 20 gerade ein Gramm usw. Die Genauigkeit wäre hier keine sehr große. Wenn der wahrscheinliche Fehler $\pm$ 0,05 Gramm beträgt, weil die Wage eben nur auf ganze Gramme genau wiegt, so ist dies ein Zehntel von den ausgewogenen fünf Gramm und wir sind nicht sicher, ob nicht statt 20 nur 18 oder selbst 22 aufs Gramm gehen. Wägt aber die Wage auch noch auf Dezigramm genau, ist kein Fehler größer als 0,01 zu gewärtigen, so ist die Genauigkeit eben 100mal so groß und gewiß nicht mehr als 100 und nicht weniger als 99 Tropfen werden auf fünf Gramm gehen, das Gewicht des einzelnen nicht höher als 0,0501 und nicht kleiner als 0,0499 anzuschlagen sein. Man sieht aus diesem Beispiele, daß in vielen Fällen der Vorteil feiner Meßinstrumente hauptsächlich darin liegt, daß man die Zahl der Messungen klein machen, oft auf eine einzige beschränken, bei gröberen nur durch Häufung der Zahl die gewünschte Genauigkeit erhalten kann. Diese Zahl müßte bei feinen Messungen so enorm groß gewählt werden, daß sie praktisch nicht mehr in Betracht kommen kann, und daraus ergibt sich die Notwendigkeit, für feine Messungen auch feine Instrumente zu verwenden.

Im gewöhnlichen Leben handhabt man Maße und Gewichte im vollen Vertrauen, daß sie eben richtig sind. Auch hier wird der Naturforscher doch wissen müssen, bis zu welchem Grade er sich auf diese angenommene Richtigkeit verlassen kann, wie groß die Genauigkeit der

Maß- und Gewichtsbestimmungen angenommen werden darf. Das Eichgesetz und die Ausübung desselben durch die Eichämter gibt die nötigen Anhaltspunkte hierfür. Meines Wissens hat die seit 1918 zur Wirksamkeit berufene Ochlokratie darin trotz ihrer überwältigenden höheren Einsicht noch keine Änderung eintreten lassen.

Aus den vielen einschlägigen Zahlen folgen hier nur einige wenige für die im gewöhnlichen Leben wichtigsten Maße.

Der zulässige Fehler beim Eichen beträgt bei Längenmaßen aus Metall

Längenmaße aus Metall				aus Holz u. dgl.			
für 2	m 1	mm Fehler		für 2	m 2	mm Fehler	
„ 1	„ 0,5	„	„	„ 1	„ 1	„	„
„ 0,5	„ 0,25	„	„	„ 0,5	„ 0,75	„	„

bei Handelsgewichten:

für 50	kg 5	g Fehler		für 500	g 250	mg Fehler	
„ 20	„ 4	„	„	„ 250	„ 125	„	„
„ 10	„ 2,5	„	„	„ 200	„ 160	„	„
„ 5	„ 1,25	„	„	„ 100	„ 60	„	„
„ 2	„ 0,60	„	„	„ 50	„ 50	„	„
„ 1	„ 0,40	„	„	„ 20	„ 30	„	„
				„ 10	„ 20	„	„
				„ 5	„ 16	„	„
				„ 2	„ 12	„	„
				„ 1	„ 10	„	„

Während also bei den Längenmaßen die Genauigkeit auch bei Maßstäben aus Metall 1/2000 oder 0,05 Prozent beträgt, bei hölzernen nur halb mal so groß, d. h. 0,1 Prozent ist, so ist sie bei den Gewichten zum Teil eine nicht unerheblich größere, selbst bei den doch verhältnismäßig groben Handelsgewichten, bei 50 kg = 0,01 Prozent, bei den kleineren Gewichten ist die Genauigkeit verhältnismäßig kleiner, so bei 500 Gramm nur 0,05 Prozent, bei 1 Gramm sogar nur 0,1 Prozent. Bei den „Präzisionsgewichten" hingegen ist eine viel größere Genauigkeit gefordert, z. B. bei 500 Gramm 1 Milligramm, also 0,0002 Prozent und selbst bei 1 Gramm noch 0,1 Milligramm, also 0,001 Prozent.

Bei Wagen für Handel und Verkehr ist beim Eichen eine Gewähr für Richtigkeit gegeben bei gleicharmigen Wagen

bei 100 Kilogramm Belastung und weniger für
2 Milligramm,
von 200 Gramm bis 5 Kilogramm für jedes Gramm
1 Milligramm.

Für ungleicharmige Wagen (Dezimal-, Zentesimal-
wagen) für jedes Kilogramm der zulässigen Last 0,6 Gramm.

Eine geringere Genauigkeit ist gefordert für „Römische
Schnellwagen" (mit Laufgewicht), nämlich
für jedes Kilogramm 1 Gramm.

Die angegebene Genauigkeit muß gegeben sein, damit
der Eichstempel aufgedrückt werden darf. Die zulässige
Genauigkeit im V e r k e h r also bei schon gebrauchten
Instrumenten und Gewichten ist stets halb mal so groß,
der zulässige Fehler ist also doppelt so groß wie bei der
Eichung. Ist er größer geworden, so erfolgt Einziehung
der fehlerhaften Maße. Hieraus kann man leicht ent-
nehmen, wie groß man die Genauigkeit in jedem Fall anschlagen kann, wenn man sich nur behördlich geeichter
und abgestempelter Maße und Gewichte bedient.

Die Genauigkeit der Hohlmaße ist eine viel kleinere,
beträgt z. B. für fünf Liter 12,5 Kubikzentimeter, für 1 und
$^1/_2$ Liter 2,5 Kubikzentimeter.

Winkelmessungen und ihre Anwendung können wir
hier nicht besprechen. Die senkrechte Höhe von Baulichkeiten, Häusern, Türmen, Masten usw. kann man aber auch
ohne Winkelmessung in sehr einfacher Weise bestimmen,
wenn man die Länge ihrer Schatten auf annähernd hori-
zontalem Boden messen kann an Tagen, an denen die Sonne
sich wenigstens 45 Grad über den Horizont erhebt. Das
trifft für Deutschland zu in der Zeit von Mitte März bis
Anfang Oktober. Man stellt eine Stange von bekannter
Länge, etwa 2—3 Meter möge sie betragen, senkrecht auf
und messe die Länge ihres Schattens. Sobald der Schatten
ebenso lang ist wie die Stange, wirft jeder senkrecht aufgestellte Körper ebenfalls einen Schatten ebenso lang wie er
hoch ist. Zur selben Zeit braucht man also nur die Schatten-
länge des Turms usw. zu messen, um damit auch seine
Höhe zu erhalten. Diese einfache und elegante Methode
hat der griechische Philosoph Thales aus Milet (im 6. Jahr-
hundert vor Christus), einer der „Sieben Weisen" Griechen-
lands, ägyptischen Priestern gelehrt, die zwar Meister im
Ausmessen von Bodenflächen, aber nicht imstande waren,
die Höhe ihrer Pyramiden zu berechnen.

Wie man Dimensionen nach Länge, Breite und Höhe mißt oder schätzungsweise durch Vergleich mit allbekannten Größen angibt, braucht nicht erörtert zu werden. Entfernungen findet man aus der Karte oder den Kilometersteinen der öffentlichen Straßen. Hier ist man aber sehr häufig auf den Maßstab des Schrittes angewiesen. Wer gedient hat, weiß, daß der vorschriftsmäßige Schritt 80 Zentimeter lang ist. Man tut aber gut, von Zeit zu Zeit, etwa alle Jahre, seinen Schritt zu eichen, indem man einmal auf der Landstraße einen Kilometer möglichst gleichmäßig abschreitet, die Zahl der Schritte, die man dazu braucht, notiert, daraus dann die durchschnittliche Schrittlänge berechnet. Bei größerer Wegstrecke wird aber leicht begreiflichweise nicht mehr nach Schrittzahlen gerechnet, sondern nach der Zeit, die man zum Zurücklegen dieser Strecke braucht. Es ist schon gut, wenn man weiß, wie viel Minuten man mit seinem gewöhnlichen Schritt auf den Kilometer rechnen, wie viel Kilometer man in einer Stunde zurücklegen kann, auch die Länge seines Arms, seiner Hand, seines Fußes, die Spannweite und welchen Umfang man mit ausgestreckten Armen umklaftern kann, sollte man kennen. Wenn man das nicht auswendig weiß, so muß man eben nach jeder Messung der Art Arm, Fuß usw. nachmessen.

Bestimmen von Ort und Zeit.

Dreifach ist der Schritt der Zeit:
Zögernd kommt die Zukunft hergezogen,
Pfeilschnell ist das Jetzt entflogen,
Ewig still steht die Vergangenheit.
Schiller, Sprüche des Confucius.

Für sehr viele Ortsbestimmungen ist die Bemerkung, wo und wann sie gemacht sind, von der allergrößten Bedeutung.

Die Orientierung im Raum ist leichter, aber für viele Fälle gerade so wichtig wie die in der Zeit. Zunächst wird wohl jeder die geographische Lage seines Wohnorts nach Länge und Breite feststellen, was mit einer guten Landkarte natürlich gar keine Schwierigkeit hat. Der Besitz einer solchen, wenn möglich des einschlägigen Blattes der Generalstabskarte (Maßstab 1: 100 000) ist sehr wünschenswert. Damit kann man auch leicht Lage und Entfernung benachbarter Orte, z. B. auch des Ortes bestimmen, an welchem eine besondere Beobachtung gemacht wurde, entweder an Ort und Stelle selbst, oder in der Ferne und nach einer bestimmten Richtung hin. Einen Kompaß bei sich zu tragen, und sei er noch so klein, an der Uhrkette oder in der Börse unterzubringen, ist sehr rätlich. Man wird sehr oft in die Lage kommen, ihn zu brauchen. Die Orientierung der Richtung geschieht wie allbekannt nach den Himmelsgegenden mit den Zwischenabteilungen: Nord, Nord-Nord-Ost, Ost-Nordost, Ost-Ost oder, wie allgemein geschrieben wird, N, NE usw., denn die englische Bezeichnung East für Ost ist international eingeführt. Diese Orientierung muß stets im astronomischen Sinne erfolgen. Wo die Erdachse die Oberfläche schneidet, liegen die Pole. Der Kompaß zeigt aber nicht genau nach dem geographischen Nordpol, sondern in einer Abweichung (Deklination), die groß genug ist, um nicht vernachlässigt werden zu dürfen. Der magnetische Nordpol liegt ungefähr

70 Grad 23 Minuten nördlicher Breite und 97 Grad 28 Minuten westlicher Länge von Greenwich auf der Halbinsel
Boothia, und die magnetischen Meridiane, d. h. die Linien,
welche für jeden Ort der Erde die Richtung der Magnetnadel angeben, sind zudem nicht größte Kreise wie die
geographischen Meridiane, sondern verwickeltere Kurven.
Es läßt sich also nicht von vornherein aus der bekannten
geographischen Lage eines Ortes auch sofort auf die dort
geltende Richtung der Magnetnadel, auf die dort zutreffende
„magnetische Deklination" schließen. Mühevolle Beobachtungen waren nötig, diese Dinge für möglichst viele Orte
auf der Erde festzulegen. In Deutschland, und das genügt
ja für unsere Zwecke vollkommen, beträgt die Deklination
überall rund 10—11 Grad, d. h. um so viel weicht das Nordende der Magnetnadel von der Richtung der geographischen
Meridiane nach Westen ab. Die Boussole muß also stets
so gedreht werden, daß das Nadelende vom Nordpunkt der
Skala um 10—11 Grad nach Westen zeigt. Bei größeren
und besseren Boussolen, deren Kreis in Grade eingeteilt
ist, ist dies leicht zu machen. An vielen ist zwischen Norden
und Westen ein kleiner Pfeil eingeätzt oder eingezeichnet;
auf diesen muß das Nadelende einspielen, dann ist die Windrose richtig orientiert und die Bezeichnungen N, E, S, W
gelten dann im geographischen (astronomischen) Sinne.
Daß an manchen käuflichen Boussolen der Pfeil nicht genau
an der richtigen Stelle sitzt, davon habe ich mich überzeugt.
Dieser Fehler ist freilich ohne weiteres nur zu entdecken,
wenn der ganze Kreisbogen in einzelne Grade eingeteilt ist.
Bei den kleineren ist man auf Schätzung angewiesen und
läßt also bei Bestimmung der Richtungen das Nordende
etwa auf das erste Neuntel von Norden gegen Westen einspielen. Hat eine Boussole zum Kreisbogen auch noch einen
Diopter zum Anfixieren, so ist freilich eine viel genauere
Bestimmung von Richtungen möglich, was gelegentlich
schon von Interesse werden kann. Dagegen trägt man
solche Instrumente schon ihrer Größe wegen nicht ständig
bei sich, sie können ihren Platz zu Hause finden, damit man
von hier aus die Richtung von besonders bemerkenswerten
Punkten der Nachbarschaft, von einzelnen Bäumen, Berg-
spitzen, Baulichkeiten u. dgl. gelegentlich zu bestimmen
und schriftlich niederlegt. Mitunter leistet diese Vor-
bereitung zur Ortsorientierung sehr willkommene Dienste.
Wenn z. B. eine Feuerkugel, ein senkrecht herabfahrender

Blitz od. dgl. nur allgemein in die Nähe eines bekannten Punktes verlegt werden kann, so ist es am andern Tag möglich, die Himmelsrichtung dazu zu finden .oder umgekehrt, man kann z. B. einen Feuerschein, eine Rauchwolke, wovon die Richtung mit der Boussole bestimmt wird, an einen bestimmten Orte der Gegend, einen Hof u. dgl. verlegen. Jedenfalls tut man gut, an jeder Front des Hauses mit freier Aussicht auf einer Fensterbank mit seiner Boussole eine kleine Windrose einzuzeichnen zur rohen Orientierung auch ohne Magnetnadel, aber auch, um gelegentliche Abweichungen der Magnetnadel, bei Nordlichtern z. B., beobachten zu können. Dann kommt der Kompaß auf die aufgezeichnete Windrose und da muß es sich ja zeigen, ob die Nadel noch genau nach der früheren Richtung weist. Für solche, freilich nur sehr seltene Gelegenheiten kann der Kompaß gar nicht groß, die Nadel gar nicht lang genug sein, und zu Messungen ist dann auch wenigstens eine Einteilung des Umfangs in einzelne Grade notwendig.

Beim Einkauf einer Boussole ist nicht nur Größe und klare, leicht abzulesende Windrose wesentlich. Die Nadel soll auch stark magnetisiert sein. Das prüft man in folgender Weise. Jedes Taschenmesser ist eine Spur magnetisch, hat also einen Nord- und einen Südpol. Der Kompaß liegt auf dem Tisch, man hält die Messerklinge mit der Spitze ca. 20 Zentimeter hoch senkrecht über den Punkt E oder W und sticht rasch nach unten am Kompaß vorbei, fast bis auf die Tischplatte, um ebenso rasch die Klinge wieder nach oben zu bewegen. Hierdurch erhält die Nadel eine plötzliche Ablenkung für ganz kurze Zeit, sie muß jetzt r a s c h e Schwingungen machen, um ihre frühere Nord-Südrichtung zu bekommen. Schwingt sie träge und langsam, so ist entweder die bewegende Kraft, der Magnetismus, zu klein oder die Reibung des Hütchens auf der Nadelspitze zu groß. Boussolen, deren Nadel bei Ortswechsel, beim Hin- und Herlegen, bei Erschütterungen in ein lebhaftes, langdauerndes, kurzschlägiges Zittern gerät, sind in dieser Hinsicht die besseren. Keinesfalls kaufe man ein Instrument, dessen Nadel bei dem oben beschriebenen Versuch langsam und träge schwingt, schon nach einer Schwingung oder zwei, gar auch noch in einer anderen Richtung zur Ruhe kommt als früher. Bei Boussolen, die man ständig bei sich führt, ist es gut, wenn ein Hebel angebracht ist, durch dessen Bewegung die Magnetnadel gehoben wird, damit die Nadelspitze, auf der sie sonst ruht, nicht durch Erschütterung und Stoß beschädigt wird. Natürlich trägt man die Boussole nicht an - einer stählernen Uhrkette, aber auch nicht mit einer feinen Uhr zusammen in der Tasche, weil deren stählerne Teile im Werk sonst auch magnetisch würden. Man tut gut, alle paar Monate seinen Kompaß auf seine Zuverlässigkeit und Empfindlichkeit, wie oben angegeben, zu prüfen. In der Nähe befindliche Eisenmassen lenken die Magnetnadel ab. Alle Eisenstäbe, die längere Zeit die nämliche Lage gehabt haben, werden, wenn sie nicht zufällig senkrecht zur magnetischen Erdachse stehen, magnetisch. Alle Gitterstäbe bei uns haben unten einen magnetischen Nord-, oben einen Südpol, ziehen also unten das Südende, oben das Nordende der Boussole an.

Wie die Ortsbestimmung, so ist bei allen naturwissenschaftlichen Beobachtungen die Notierung der Z e i t , zu der sie gemacht wurde, von großer Wichtigkeit; meist für die Bedeutung und Bewertung der Beobachtung selbst, mitunter um sie mit anderen Beobachtungen vergleichen oder auch nur identifizieren zu können. Es wird z. B. eine Feuerkugel gesehen, andere sahen sie auch, wie man durch die Tagesblätter oder Rundfragen erfährt. Das erste, was da festgestellt werden muß, ist selbstverständlich der Zeitpunkt der Beobachtung. Hier wird wohl die Angabe von Tag und Stunde meistens genügen, denn kaum werden wohl zwei Meteore nacheinander im Verlauf einer Stunde beobachtet werden. Auch für die Astronomen vom Fache sind solche Beobachtungen mit möglichst genauer Angabe vom Verlaufe der Erscheinungen und von möglichst vielen Beobachtern von Wert. Häufig erfolgen Umfragen danach in den Tagesblättern. Eine womöglich bis auf die Sekunde genaue Zeitbestimmung wäre sehr erwünscht bei ganz seltenen und wichtigen, kurz dauernden Naturereignissen, z. B. bei Erdbeben. Andere Male genügt die einfache Angabe des Datums vollauf, wie z. B. für den Tag, an welchem die ersten Schwalben, die ersten Veilchen, der erste Schneefall zur Beobachtung kam. Zeitbestimmungsinstrument ist hier einfach der Kalender, für jede genauere Zeitbestimmung die Uhr. Wer aber glaubt, daß man eben nur auf seine Uhr zu sehen braucht bei jeder Beobachtung, hat in der Tat seine Mittel für eine möglichst genaue Zeitbestimmung keineswegs erschöpft. Man darf wohl annehmen, daß jeder eine Taschenuhr mit Sekundenzeiger bei sich trägt. Von dieser Annahme wollen wir ausgehen und erörtern, wie man verfahren muß, um möglichst gut damit zu beobachten.

So oft man seine Uhr aus irgendwelchem Grund „richtet", muß sorgfältig darauf geachtet werden, daß der große (Minuten-) Zeiger in demselben Augenblick auf die gewünschte Minute genau eingestellt wird, in welchem der Sekundenzeiger die Zahl 60 überschreitet. Dann erst ist man in jedem Augenblick in der Lage, wirklich ablesen zu können, wie viel Stunden, Minuten und Sekunden die Uhr überhaupt zeigt. Andernfalls könnte oder müßte man oft im Zweifel sein, zu welcher Minute etwa abgelesene 25 oder 30 Sekunden gehören, wenn z. B. zur selben Zeit der große Zeiger zufällig auf einer vollen Minute steht. Lieber opfert man beim Richten der Uhr zunächst die Genauigkeit, mit der es geschieht, weil man eben nur die Minute, nicht auch die Sekunde richten kann. Z. B. wir beobachten am 10. Februar das Springen einer Normaluhr, nach welcher wir unsere eigene richten wollen. Die Normaluhr springe auf 10 Uhr 5 Minuten, während unsere 10 Uhr 3 Minuten 41 Sekunden zeigt, dann beginnen wir langsam den Minutenzeiger vorzurichten, daß er gerade auf 10 Uhr 5 Minuten steht nach genau 19 Sekunden, zu welcher Zeit unsere Sekunde 60 zeigt. Dann wissen wir, daß unsere Uhr genau 19 Sekunden nachgeht und notieren diesen Fehler: Datum, 10 Uhr 5 Minuten vormittags (a. m.) Fehler = —19 Sekunden, d. h. wir müssen jederzeit zu unserer Uhrzeit 19 Sekunden addieren, um die Normalzeit zu erhalten. So war es wenigstens am 10. Februar 1913 10 Uhr 5 Minuten vormittags. So wird es voraussichtlich nicht immer bleiben, denn es gibt keine Uhr, die nicht nach einiger Zeit etwas vor- oder nachgeht. Wie dieser Fehler auszugleichen ist, werden wir noch besprechen, zuerst aber, wie man die richtige Zeit bekommt.

Obwohl alle Orte von verschiedener geographischer Länge natürlicherweise auch eine verschiedene O r t s z e i t haben, an einem westlicher gelegenen Ort der Mittag später eintritt, die Sonne später „im Mittag", an ihrer höchsten Stelle, genau im Süden, „im Meridian" des Ortes steht, als an einem östlicher gelegenen, so ist doch offiziell im ganzen deutschen Reich eine einzige „Zeit" eingeführt, die „Mitteleuropäische Zeit" (M.E.Z.). Sie stimmt mit der mittleren Ortszeit von Stargard überein, durch welchen kleinen Ort der Meridian von 15 Grad östlich von Greenwich geht. Da die Sonne in ihrem scheinbaren Lauf zu 360 Grad 24 Stunden, also zu 15 Grad eine Stunde braucht, so muß man also zur Zeit von Greenwich noch genau 60 Minuten addieren, um M.E.Z. zu erhalten. Die deutschen Sternwarten haben natürlich alle die M.E.Z. bis auf Bruchteile der Sekunde genau, und auf telephonische Bitte kann man die Minute erfahren und die letzten Sekunden der gerade ablaufenden Minute vorgezählt bekommen. Diesen Weg habe ich schon einige Male beschritten, als mir an der Korrektur der eigenen Minute bis auf eine Sekunde viel gelegen war, z. B. bei der Beobachtung eines Erdbebens oder einer Finsternis. Bei den Sternwarten von München und Bamberg habe ich dabei das liebenswürdigste Entgegenkommen gefunden; Berlin ist etwas ängstlich. An der Hamburger Sternwarte Bergedorf ist eine sehr schöne Einrichtung getroffen, wodurch jeder, der am Telephonnetz angeschlossen ist, zu jeder Stunde des Tages und der Nacht die genaue Zeit erhalten kann. Die Verbindung der Fernleitung mit der signalgebenden Uhr geschieht automatisch, niemand wird durch den Anruf gestört oder geweckt; in Tätigkeit tritt nur das Personal der Fernsprechleitung. Man ruft Hamburg IV 4000 an, und sobald die Verbindung hergestellt ist, wartet man auf das akustische Signal. Mit der Sekunde 55 der gerade ablaufenden Minute ertönt ein Sirenenton, der ganz genau mit der Sekunde 60 aufhört. Alle fünf Minuten, also nach der nullten, fünften, zehnten usw. folgt nach weiteren fünf Sekunden ein Rasseln wie von einem Wecker, wodurch die betreffende Minute gekennzeichnet ist. Die gegebene Zeit ist bis auf eine halbe Sekunde genau, und damit keine g r o b e n Irrtümer in der Minute entstehen, muß man wenigstens durch Vergleich mit einer Bahnuhr annähernd die Zeit bis auf eine Minute besitzen. Die Kosten für das Ganze sind die des Ferngesprächs, weitere Gebühren werden nicht berechnet: so war es wenigstens in der guten Zeit. Es scheint, daß auch in Deutschland, ziemlich an letzter Stelle, die Einrichtung der Radiostellen dem titulierten Publikum allmählich, im Freistaat natürlich langsam, zugänglich gemacht werden sollen. Damit wäre die bequemste Gelegenheit gegeben, sich täglich die genaue Zeit zu verschaffen, indem man das Zeitsignal z. B. von Neufahrwasser, von Bergedorf oder vom Eiffelturm auffängt. An einer fahrbaren Militärantenne habe ich auch schon den Eiffelturm, und zwar sehr deutlich, rufen hören.

Wie bei allen Messungen und Vergleichen, so auch beim Ablesen der Uhr, gilt ganz allgemein der Grundsatz, zunächst nur abzulesen und sogleich zu notieren. Erst dann kommt die Korrektur durch Rechnung; sonst weiß man später nie, hat man bei der Ablesung die Korrektur schon vorgenommen, sind z. B. die zwei Minuten schon abgezogen oder nicht. Es gäbe z. B. die Sternwarte die Zeit 17 Uhr 5 Minuten, dann kommt die Sekunde 0 und unser Sekundenzeiger steht auf 10 Sekunden, die Uhr zeige 9 Uhr 59 Minuten, dann war es also genau 10 Uhr 6 Minuten 0 Sekunden, als unsere Uhr 9 Uhr 59 Minuten 10 Sekunden zeigte, letztere ging um 6 Minuten 50 Sekunden nach. Bedingung für diese genaueste Zeitkorrektur, die ohne eigene astronomische Instrumente möglich ist, ist natürlich die telephonische Verbindung mit einer Sternwarte. Nicht alle aber haben ein Telephon. Aber auch alle Post- und Telegraphenanstalten erhalten von ihren staatlichen Sternwarten aus täglich „die Zeit". Man erfragt beim Beamten, wann die Zeit kommt, stellt sich schon ein paar Minuten früher am Schalter auf und liest, sobald die drei Doppelschläge des Telegraphenapparats hörbar werden, seine Uhr ab, die Differenz wird sofort notiert. Diese Methode ist nicht so zuverlässig, wie sie zu sein scheint. Wohl erhalten einige Zentralstellen, die mit der Sternwarte direkt verbunden sind, die Zeit wirklich auf die Sekunde genau, die Zentralstellen sollen sie dann ebenso genau 60 Minuten später wieder weiter an die Zweigstellen geben, hier aber kommen immer Fehler vor, die meist größer als mehrere Sekunden sind, ja man pflegt, wie mir versichert wurde, lieber eine Minute zu früh zu telegraphieren, damit draußen die Uhren sicher nicht nachgehen! Auch durch den Vergleich mit sog. „Normaluhren" wird man die Zeit selten genauer als bis auf eine, allerhöchstens eine halbe Minute bekommen. Zweckmäßig ist es allemal, nicht mit dem Auge zwei Uhren, die Normaluhr und die eigene zu beobachten, sondern ein akustisches Signal abzuwarten, z. B. das Ausheben eines Schlagwerks an einer Bahnhofsuhr oder den kurzen Zuruf eines Mitbeobachters.

Wenn man einmal die richtige Zeit hat, so gilt es, sie festzuhalten. Dazu ist es zunächst notwendig, den Fehlgang der eigenen Uhr festzustellen. Dies geschieht, indem man nach einiger Zeit mit einer Normalzeit vergleicht und aus der Differenz, die sich seit dem letztenmal ergeben hat, den Fehlgang für je einen Tag berechnet. Ist es überhaupt eine gute Uhr, so muß die Differenz für jeden Tag ungefähr dieselbe bleiben. Damit ist man dann immer in der Lage, jederzeit den augenblicklichen Fehler zu berechnen und so zu der wahren Zeit zu kommen. Vorteilhaft ist es, wenn man nicht die Taschenuhr, sondern eine festhängende oder stehende Uhr für die eigenen Zwecke als annähernde Normaluhr einrichtet, weil diese im allgemeinen gleichmäßiger gehen als Taschenuhren, am besten einen Regulator. Je länger das Pendel ist, desto genauer läßt sich der Gang regulieren; durch Verkürzung des Pendels (Heben der Linse durch die unten befindliche Schraube) wird der Gang der Uhr beschleunigt, durch Verlängern (Senken der Linse) verlangsamt. Dies mag man wohl durch einige Wochen oder Monate unter gleichzeitiger Kontrolle nach der Taschenuhr, die, frisch mit einer Normaluhr verglichen, die richtige Zeit nach Hause bringt, bewerkstelligen. Ist der Fehlgang so nach mehrfachen Korrektionsversuchen ein unbedeutender geworden, z. B. auf Bruchteile einer Minute pro Tag, so hört man mit dem Regulieren auf und richtet nur die Uhr, so oft neuerdings eine Kontrolle mit Normalzeit möglich war. Sind z. B. nach dem letzten Richten acht Tage verflossen und weiß man, daß die Uhr alle zwei Tage um eine Minute vorgeht, so sind von der Regulatorzeit vier Minuten abzuziehen, um die Normalzeit zu erhalten. Wahl des Regulators, wenn man sich einen anschafft, und Behandlung desselben ist auch von Wichtigkeit, wenn es darauf ankommt, jederzeit möglichst genau die richtige Zeit zu besitzen. Auf Schlagwerk ist gar kein Wert zu legen, gerade die Uhren ohne solches pflegen oft am genauesten zu gehen. Uhren mit Gewicht sind solchen mit Federzug vorzuziehen. Die Spannung der Feder ist nicht zu jeder Zeit die gleiche, unmittelbar nach dem Aufziehen am größten, am Ende des Ablaufs am kleinsten, die Uhr läuft also anfangs rascher als am Schluß; bei der Gewichtsuhr fällt dieser Nachteil natürlich fort, denn die beschleunigende Kraft der Erdanziehung ist eine konstante Größe, jederzeit dieselbe. Da Wärme alle Körper ausdehnt, so wird das Pendel bei höherer Temperatur länger, der Gang der Uhr langsamer und umgekehrt. Der daraus entspringende Fehler ist bei „Kompensationspendeln" vermieden (bei den billigeren Regulatoren nicht immer sehr genau), aber auch ein trockener Fichtenstab mit schwerer Linse als Pendel kann einen recht guten und gleichmäßigen Gang geben. Hat man die Wahl und kann sich einen Regulator mit langem Pendel leisten, am besten mit einem „Sekundenpendel", also mit einem, das in jeder Sekunde eine Schwingung macht, so hat man schon etwas recht Gutes, etwas Vortreffliches, wenn der Regulator auch noch einen Sekundenzeiger besitzt. Bei solchem lohnt es dann auch die Genauigkeit weiter, ja bei besonders gutem Werk bis auf die Sekunde genau zu treiben. Unter günstigen Bedingungen läßt sich dies durch folgende Methode erreichen.

Erblicken wir einen Fixstern, so steht dieser nach 23 Stunden 56 Minuten und 4 Sekunden wieder genau an demselben Ort. Wenn wir z. B. heute um eine bestimmte Zeit beobachten, daß ein Fixstern hinter einem entfernten Gebäude, einem Turm od. dgl. verschwindet, oder hinter demselben wieder hervorkommt, so sind wir sicher, daß wir dasselbe vom nämlichen Beobachtungsort aus morgen nach 24 Stunden weniger 3 Minuten und 56 Sekunden wieder beobachten können, nach zwei Tagen beträgt die Differenz zweimal, nach drei Tagen dreimal 3 Minuten und 56 Sekunden usw. Es gibt diese Methode (nach dem berühmten Astronomen Olbers) ein sehr einfaches Mittel, die einmal erhaltene Zeit bis auf die Sekunde genau mehrere Tage festzuhalten, den Gang seiner Uhr zu kontrollieren, wenn Aussicht und Wetter dies erlauben. Der Gegenstand, der den Stern bedeckt, muß wenigstens 100 Meter entfernt sein (geheizte hohe Kamine eignen sich nicht), wenn große Genauigkeit beansprucht wird. Immer den nämlichen Stand geben wir unserem Auge durch Fixieren an einem Fensterkreuz vorbei, noch besser, wenn wir auf die Fensterscheibe ein dunkles Blatt Papier mit einer Öffnung kleben, durch welche wir hindurchsehen.

Auf den Sternwarten wird mit dem „Passageinstrument" der Durchgang der Sterne durch den Meridian des Ortes beobachtet und so die „Sternzeit" bestimmt. Aus ihr kann man dann durch Umrechnung die „Mittlere Ortszeit" erhalten. Das ist wieder etwas anderes als die „Wahre Ortszeit", die vom Stand der Sonne abhängig ist, und wieder etwas anderes ist die „Mitteleuropäische Zeit" (M.E.Z.), nach der wir uns alle richten.

Für den, der durch astronomische Beobachtungen die Zeit bestimmen will, ist die Kenntnis der Zeitgleichung für jeden Tag unumgänglich notwendig, von der früher schon die Rede war. Wir haben nur dafür zu sorgen, daß unsere mechanischen Uhren möglichst gleichmäßig gehen und ihren Stand nach der M.E.Z. zu richten.

Der Regulator soll an einem staubfreien Ort, wo auch keine zu großen Temperatu schwankungen zu gewärtigen sind, untergebracht und regelmäßig aufgezogen werden. Auch hier ist wieder die Gewichtsuhr gegen die Federuhr im Vorteil, weil man an den Gewichten ohne weiteres sieht, ob die Uhr bald wieder aufgezogen werden muß. Will man nicht ganz auf den Besitz einer möglichst genauen Zeit verzichten, so ist die richtige Aufstellung oder das Aufhängen der Uhr eine nicht mühelose, aber absolut notwendige Vorbedingung. Die ganz feinen Sekundenuhren sollen möglichst ihre Stellung so erhalten, daß das Pendel bei der Umdrehung der Erde annähernd immer in der gleichen Ebene schwingt, also an einer Wand, deren Richtung von Ost nach West, nicht von Nord nach Süd weist. Noch viel wichtiger ist die genau senkrechte Stellung der Uhr. Wo nicht unten in der Uhr eine Marke angebracht ist, auf welche das Pendel in Ruhestellung genau einspielen muß, kann man dies nur durch genaue Beobachtung der Pendelschwingungen erreichen. Das Pendel tickt bei jeder Schwingung zweimal, einmal rechts und einmal links am Umkehrpunkt. Beide Schallerscheinungen müssen zeitlich nach so genau gleich langen Pausen gehört werden, daß es unmöglich erscheint, beim bloßen Zuhören zu entscheiden, ob das Pendel gerade nach rechts oder nach links schwingt. Wo eine kürzere und eine längere Pause zwischen den beiden Schlägen kenntlich ist, zwei Schläge rascher aufeinander folgen, zusammengehörig erscheinen (meist ist dann auch der zweite Schlag des Doppelschlags der lautere), da hängt der Regulator schlecht, und zwar neigt er nach der Seite, nach welcher der zweite Teil des Doppelschlags erfolgt, der untere Teil des Regulators muß dann um eine Spur nach der gleichen Seite verschoben werden. Man lasse sich die Mühe nicht verdrießen und ruhe nicht eher, als bis man eine Genauigkeit im Gang erreicht hat, die man nach seinen Mitteln und Hilfsmitteln eben erzielen kann. Man soll gar nicht glauben, welche Annehmlichkeit es ist, auch für die Zwecke des bürgerlichen Lebens, wenigstens e i n e gut und genau gehende Uhr zu besitzen, die dann für das ganze Haus die Rolle der Normaluhr spielt, nach der alle anderen jederzeit leicht gerichtet werden können.

Wer sich in seiner Zeitbestimmung gern unabhängig machen möchte und die Ausgabe von etwa 20 Mark nicht zu scheuen braucht, dem kann das „Zeitbestimmungswerk von Eble" warm empfohlen werden. Es ist dies ein Sextant zum Messen von Sonnenhöhen und ein astronomisches Gradnetz, mittels dessen mit leichter Mühe bei Sonnenschein jederzeit die Zeit bis auf eine halbe Minute genau erhalten werden kann. Ich habe das Instrument viele Jahre mit voller Zufriedenheit benützt.

Mit der Uhr bestimmt man natürlich auch die D a u e r eines Phänomens und ein jeder denkt, daß er dies nach Stunden, Minuten und Sekunden leicht kann. Aber tatsächlich weiß nicht einmal jeder Arzt, daß man beim Zählen mit „Null", nicht mit „Eins" zu zählen anfangen muß, weil man immer sonst um einen Schlag zuviel zählt. Kann man wegen der Kürze der Zeit, oder weil es zu dunkel ist, die Sekundenuhr nicht benützen, so erhält man durch Zählen im Takt recht brauchbare Resultate, wenn man weiß, daß man zum Aussprechen (nicht zum Denken!) des Wortes „Feldzeugmeister" recht genau eine Sekunde braucht. Man zählt „Feldzeugmeister", dann weiter im Takt Zweizeugmeister, Dreizeugmeister usw. Durch vielfache Kontrolle habe ich mich davon überzeugt, daß man so recht gut bis 20 weiter zählen kann, ohne daß der Fehler am Ende eine ganze Sekunde beträgt. Bei überraschenden Phänomenen, auf deren Eintritt man nicht vorbereitet war, pflegt man leicht um eine bis selbst zwei Sekunden und mehr zu spät mit dem Zählen anzufangen. Noch etwas mehr Zeit geht verloren, um die Uhr zu ziehen und den Sekundenzeiger zu fixieren. Gleichviel, die erhaltenen rohen Zahlen werden gemerkt, notiert und erst nachträglich wird unter Berücksichtigung der besonderen Umstände eine Korrektur nach „bestem Ermessen" angebracht. „Chronographen", „Stoppuhren", bei denen die Sekunde, eventuell auch die Minute, erst durch Druck auf einen Knopf in Gang gesetzt, durch einen zweiten Druck ausgeschaltet werden, sind natürlich für genauere Zeitdauerbestimmungen höchst wertvoll, namentlich wenn auch noch die Sekunde in vier oder fünf Teile geteilt ist. Zu Sportzwecken haben solche, immerhin teuere Taschenuhren schon weitere Verbreitung gefunden. Auch beim Vergleichen mit Normaluhren, akustischen Zeitsignalen usw. sind solche Uhren äußerst bequem.

Schlußwort.

Ende gut, alles gut; Josef Verina.
Schiller, Fiesco.

Beobachtungen und Erwägungen, wie ich sie hier im engen Rahmen darzustellen suchte, und ungezählte weitere, hier nicht einmal gestreifte, haben mir schon viel Freude gemacht, wenn es mir vergönnt war, fern von den Pflichten des Berufs mich dem Genuß der Natur hinzugeben, und — wenn ich gerade Lust dazu hatte. Das ist aber, mit Nachdruck möchte ich es betonen, die Hauptsache. Nicht immer kann und soll man in der Stimmung sein, sich zur Naturbetrachtung auch nur zur Naturbeobachtung und zum weiteren Nachdenken und Grübeln veranlaßt sehen. Ein trockener Kamerad müßte es sein, der nicht auch einmal von der Herrlichkeit der Natur nur sein Gefühl berührt fühlte mit Zurücktreten des Verstandes, ja, man möchte sagen mit fühlbarem Zurücktreten, fühlbarem wohligen Ausruhen der Verstandestätigkeit. In solchem göttlichen Nichtstun und Nichtsdenken kann man am murmelnden Bach liegen und träumen, ohne an das halbe Produkt der Masse mal dem Quadrat der Geschwindigkeit zu denken, die die Wucht des bewegten Wassers darstellt; so kann man im Gras liegen, ohne an die zersetzten Feldspäte zu denken, die den Gräsern zur Nahrung dienen, so in der prächtigen, heiligen Sommernacht zum unermeßlichen Heer der Sterne emporschauen und dessen überwältigend schönen Anblick mitsamt der Stille ringsum auf sich wirken lassen, ohne an Zahl, Entfernung, Farbe und alles andere auch nur einen Gedanken zu verschwenden, von dem wir weiter oben des längeren und des breiteren gesprochen haben. Ich möchte wenigstens auf diese weit höhere Art des Genießens nicht deswegen verzichten, weil ich mir im Verlauf eines ganzen Menschenlebens die Fähigkeit erworben habe, auch noch in anderer Art aus der Naturbetrachtung, aus der Naturbeobachtung mir erlesene Genüsse zu bereiten.

Alles hat seine Zeit, das eine Mal ergötzt die Betrachtung, das andere Mal die Beobachtung. Es mag einer je nach seiner Ausbildung und Anlage eine Sinfonie von Beethoven mit dem Klavierauszug oder der Partitur in der Hand verfolgen und sich damit einen hohen Genuß verschaffen, aber auch ein anderer ist nicht schlecht daran, der die Größe des göttlichen Genius nur auf sich wirken läßt, ohne ihn zu zerstückeln. Auch das hat seine Zeit, die letztere Art des Genießens möchte ich, wenn mir nur die Wahl zwischen einem entweder oder bliebe, unlieber entbehren als die erste, aber vielleicht, mir scheint es so, wirkt gerade die letzte Art bei dem zu gelegener Stunde ganz besonders stark und günstig ein, dem auch die erste nicht fremd ist.

Dann hätte ich vielleicht gar einem oder dem anderen mit meinem gut gemeinten Versuch einen dauernden Dienst erwiesen. Das Feld hier ist noch sehr weit. Würde ich hier Anklang finden und die Überzeugung, den richtigen Weg beschritten zu haben, wer weiß könnte ich mich entschließen, auch noch eine zweite Stufe zu bearbeiten für die, die schon etwas wissen. Was hier oben steht, ist, nochmals sei es betont, nur für die, die nicht viel mehr mitgebracht haben als den Durst nach Wissen.